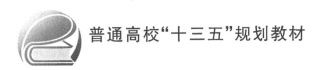

普通高校"十三五"规划教材

航空保障技术与工程导论

苏艳 编

U0244436

北京航空航天大学出版社

内 容 简 介

本书旨在建立航空保障技术与工程的整体体系和框架,全面介绍保障性及与综合保障相关的基本概念和理论方法、产品寿命周期涉及到的航空保障相关保障性分析技术、国内外先进保障设备技术,以及航空保障系统涉及的内容、程序和方法,共包含三部分内容:保障相关基本理论,航空保障涉及的先进保障技术与先进保障设备,建设航空保障系统所涉及的内容、程序和方法。

本书可以作为航空器维修专业高年级学生的专业教学教材,也可以作为该专业或相关专业的研究生和技术人员的参考书。

图书在版编目(CIP)数据

航空保障技术与工程导论 / 苏艳编.-- 北京 :北京航空航天大学出版社,2019.8

ISBN 978 - 7 - 5124 - 3025 - 9

Ⅰ. ①航… Ⅱ. ①苏… Ⅲ. ①航空器-维修-研究 Ⅳ. ①V267

中国版本图书馆 CIP 数据核字(2019)第 122244 号

航空保障技术与工程导论

苏艳 编

责任编辑 张 凌

*

北京航空航天大学出版社出版发行

北京市海淀区学院路 37 号(邮编 100191) http://www.buaapress.com.cn
发行部电话:(010)82317024 传真:(010)82328026
读者信箱:goodtextbook@126.com 邮购电话:(010)82316936
北京建宏印刷有限公司印装 各地书店经销

*

开本:710×1 000 1/16 印张:15.5 字数:330 千字
2019 年 8 月第 1 版 2019 年 8 月第 1 次印刷 印数:1 000 册
ISBN 978 - 7 - 5124 - 3025 - 9 定价:49.00 元

前　　言

　　航空保障是 20 世纪 60 年代兴起的一门学科。航空装备的保障能力是航空装备运行能力的重要组成部分,是保证航空装备充分发挥、保持、恢复与提高运行技术性能的重要因素。在航空装备研制过程和交付使用过程考虑保障问题是必不可少的一项技术和工程。目前国内关于"航空保障技术与工程"的教材很少,现有的教材侧重于装备综合保障工程,很少涵盖保障性设计分析与评估技术,且缺乏航空和民航特色,因此不能形成一个完整的体系和框架,无法使学生全面掌握和了解航空研制与运营相关航空保障知识,故不适于作为本科教学的教材。

　　本书旨在建立航空保障技术与工程的整体体系和框架,全面介绍保障性及与综合保障相关的基本概念和理论方法、产品寿命周期涉及到的航空保障相关保障性分析技术、国内外先进保障设备技术,以及航空保障系统涉及的内容、程序和方法,共包含以下三部分内容:

　　(1) 保障相关基本理论,包括保障相关基本概念及其相互间关系、保障性分析以及航空综合保障工程特点等;

　　(2) 航空保障涉及的先进保障技术与先进保障设备,包括故障模式影响及危害性分析技术(FMECA)、以可靠性为中心的维修分析(RCMA)技术、修理级别分析技术(LORA)、预测与健康管理技术(PHM)、支持维修保障的交互式电子技术手册(IETM)技术以及新型辅助维修装备技术等;

　　(3) 建设航空保障系统所涉及的内容、程序和方法,包括保障要求、保障方案、保障资源及其确定程序与分析方法。

　　本书可以作为航空器维修专业高年级学生的专业教学教材,也可以作为该专业或相关专业的研究生和技术人员的参考书。

　　由于作者水平有限和编写时间仓促,书中可能存在许多不足或错误之处,恳请读者指正。

　　为了形成本书的整体知识体系,在许多章节中参考了部分同类书籍中的相关内容,在此对其作者谨表示衷心的感谢。

　　同时要感谢在本书编制过程中支持、关心和帮助过作者的所有老师、朋友以及作者的研究生们。感谢作者博士后期间的合作导师、南京航空航天大学民航学院左洪福教授,是他带我进入了这个领域并开始了相关领域的科研和教学工作;感谢南京航空航天大学民航学院陈果教授、蔡景副教授对本书内容的审核;感谢王辉、顾晨轩、凌益琴、王晋军、王勇等同学对本书的文字录入、编排及校对工作。

苏艳

2019 年 7 月于南京

目　　　录

第1章 绪 论

1.1 概 述

1.1.1 现代局部战争中飞机的保障特点

从 20 世纪 80 年代以来的局部战争可以看出,未来战争是以信息为中心、全方位、全时空、大纵深以及陆、海、空、天、电多维一体的信息化战争。空军作为夺取制空权的主战力量将首当其冲,并被全程使用。

现代局部战争,空军的作战地位突出,空袭成为战争的主要打击方式,战争中往往要使用种类繁多、技术含量极高的机群,而且作战环境复杂。如何保证在一个相对长的时间段内保持足够的空中力量,将是维修保障体系面临的严峻考验。正是由于战争需求的牵引,导致了各种航空维修保障新技术的出现。这些新保障技术在 20 世纪 90 年代以来的历次局部战争中的出现和运用,经受住了实战的检验,取得了很好的实效。现代局部战争中飞机的保障有如下特点:

1) 满足高强度出动保障要求。空军要实施滚动巡逻作战计划,作战节奏大大加快,飞机出动强度增加,再次出动准备时间受到严格控制,保障工作必须满足作战的需求。

2) 保障模式转变迅速,实现多机种保障能力。面对空前的出动强度,同一机场要能够迅速地转变保障模式,满足不同机型的保障要求,保持多机种协同作战的能力。

3) 高技术支持的实时保障。现代先进作战飞机普遍采用了单元体设计、机内自检测(BIT)技术、自保障技术、综合航电系统、交互式电子技术手册等高技术保障手段,如美国空军的 F-16、F-18 等飞机的外场维修中应用了联合分布式信息系统。这些高技术的支持,实现了将故障诊断转变为故障预测,使装备维修由被动维修转变为主动维修,实现了实时保障,大大提高了飞机的维修效率及飞机完好水平,保证了高强度出动的要求。

4) 多元化保障方式。为应付战争中高强度的保障需求,必须采用多种保障方式。在伊拉克战争中,美军启动了五种保障方式:后勤精确保障、自我保障、伴随保障、直达保障和社会化保障。值得关注的是突出了社会化保障。美军认为,许多后勤保障工作,特别是非战斗性保障工作,完全可以由市场承担,如社会服务、卫生勤务、基地维修等。因此,美军大量征召了从事各种专业勤务工作的后备役人员扩充兵力,从事通信、测地、架桥、医疗、运输、建筑、维修、翻译等工作。

在未来信息化战争中,航空装备维修保障的特点是:很强的快速反应能力,高强度的持续维修保障能力,多机种综合保障能力,高效的战场抢修能力,及时的组织指挥能力和可靠的装备防护能力。

因此,应当重新整合保障力量,合理利用保障资源,发挥资源的最大保障效能。

1.1.2　飞机维修性和保障性设计的特点

飞机维修性和保障性设计对维修保障产生着巨大的影响。先进的维修保障体制和保障方式是以飞机本身所具有的良好的维修保障设计特性为基础的。

1. 单元体设计

飞机的优化设计为二级维修的实施提供了前提。单元体和模块化设计,使易拆卸和隔离的机件大大增加,离位修理的范围大大扩展。大部分机件发生故障后,都可以在基层级直接换上良好的备件,将故障件送到维修机构进行修理。这样,既不影响装备的良好,又保证修理质量和提高经济性。在美伊战争中,美军使用的大部分飞机,如 F-117A、F-16 等都采用了单元体设计,使故障可以很快隔离到外场去更换组件(LRU),及时进行换件修复,减少停机修复时间,使机群战备完好率和出动架次率保持很高的水平。

2. 全机监控技术

全机监控技术最先应用于电子产品,最典型的是 BIT,可为设备提供检测和故障隔离的自动测试能力;随后扩展到其他系统,如输油/供油系统;利用传感器监控各功能系统从而实现全机监控。例如,F-16 等三代战机在传感器的基础上实现了部分的全机监控,通过传感器信息分析监测设备的运行状态,预测发展趋势,尽可能地将故障消灭在萌芽阶段,避免了大量的修复性维修工作,减少了维修待机时间。

3. 自保障技术

采用自保障技术的飞机可自行生产各种气源,无需地面各种气瓶保障,目前美军的作战飞机,尤其是大型飞机基本上都实现了自氧、自氮。F-22 的机载辅助动力系统(APU)可使飞机在启动时无需地面电源车的保障。一些轰炸机(如 B-1)还有自动挂弹设备。为此,飞机的再次出动准备时间可以大大减少,提高了出动架次率。

4. 交互式电子技术手册

交互式电子技术手册(IETM)以用户友好的方式提供一线维修人员所需的各种维修技术资料,结合基于网络的远程故障诊断系统还可以提高一线维护人员的维修能力,缩短停机时间,提高飞机完好水平。目前,美军的 F-18、F-15、F-14D 等飞机都配备了交互式电子技术手册。实践表明,若技术资料保障及时,有 85% 的维修任务可以在第一时间内完成,同时还减少了人为差错导致的停飞、误飞,提高了飞机出动架次率。

5. 综合航电系统

在航电系统中,各种无线电频率都有各自的传输路线和布局。综合航电系统采用统一总线以同种介质处理各种频率的传输路线,有利于维修保障设备及工作的简化。对伊战争中美军的 F-16C、F-15E 等机型都采用了综合航电系统,检测设备的通用化程度大大提高,专用检测设备数量减少,减轻了维修人员的负担,缩短了维修时间,提高了飞机的完好水平。

6. 综合诊断技术

综合诊断是通过综合自动和人工测试、维修辅助手段、技术信息、人员和培训等要素,使装备诊断能力达到最佳的设计和管理过程。它采用系统工程方法,通过诊断要素的综合、各维修级别的综合和采办阶段的综合,使装备具有 100% 的故障检测和隔离能力。如在对伊战争中使用的 C-17、B-2 等飞机都采用了综合诊断技术。一般故障检测时间在排故过程中占总时间的 60% 以上,该技术的采用可以大大缩短这一时间。

7. 综合维修信息系统

综合维修信息系统(IMIS)能够向外场(起飞线)维修人员自动提供来自各方面的维修信息。该系统由手提式计算机与显示器、飞机维修控制板、维修工作站和软件包等 4 部分组成,于 1994 年 10 月在 Luke 空军基地 F-16 飞机上完成了外场测试,美伊战争中充分应用于 F-16、F-15、F-18、B-2 等飞机的外场维修,使机群保持了很高的完好率,例如,美军的 F-15C 的完好率达到了 90% 以上。

8. 航空保障装备

航空保障装备小型化、多功能、模块化高,新技术的发展为航空保障装备的小型化、多功能、模块化创造了条件。例如,美军目前已经将改进后的更小的外场照明车和氮气自制加注车大量装备部队,并正在研究将挂弹车小型化,以代替现有的挂弹车。飞机的自动检测设备也逐步实现了小型化。并且从 20 世纪 90 年代初就开始研究和开发具有多种功能的地面保障装备,它采用模块化设计,可以代替多种现有的单一功能的地面保障车,并为多种飞机提供保障。美伊战争中使用了多功能飞机地面保障系统(MAGSS),模块化飞机保障系统(MASS),用于保障 F-15、F-16 和 B-52 飞机的日常维修。MAGSS 集工作区照明、环控、供氮和压缩空气于一体,在功能上代替了发电机、液压车、空调车、氮瓶车、照明车和低压空气压缩机。MAGSS 由一系列模块组成,功能包括:柴油发电,产生 135 kM 60 Hz 电源;空气冷却,提供冷气冷却飞机的电子设备;液体冷却,提供冷却液冷却飞机的电子设备;航空电子设备电源转换,将电源转换成 400 Hz 交流电或 270 V 直流电;气动,提供压缩空气和氮气;液压,提供 5 000 PSI 液压。上述模块可以按飞机的需要进行配置。

1.1.3　航空装备保障的发展

1) 加强测试技术研究,提高飞机测试性水平,采用外场可更换模块,实现机载设备的二级维修。虽然美伊战争中 F-22 没有参战,但其作为美军的第四代战机,所采用的一些维修保障新技术还是应该作为我军新机发展中的重要参考。F-22 大量采用了外场可更换模块(LRM),实现了机载设备的二级维修,精简了维修机构,实现了其维修保障的高速、机动性。采用 LRM,以飞机的测试性水平为基础,并面临着在 LRU 和内场可更换组件(SRU)间的权衡,如果 LRM 的等级过高,则与 LRU 相近,将给外场带来很大的备件供应压力;反之则与 SRU 相近,对飞机的自检测水平提出了很高的要求。根据我国的实际情况,应该加强测试技术的研究,提高飞机的测试性水平,在机载设备中尽量采用 LRM,实现机载设备的二级维修。

2) 智能 BIT 技术是解决虚警问题、提高装备故障诊断能力的关键技术。有计划地开展智能 BIT 技术和远程维修技术的研究,以改善故障诊断、预测以及排除手段,减少地面保障设备需求,提高飞机出动强度。加强全机监控研究,以实现对整个飞机的状况监控,在故障还没有出现时就进行预测和诊断,并将信息传给地面,减少对地面故障检测设备的需求。美国已将智能 BIT 技术列为 21 世纪的重点发展项目。我国一方面要加紧对美国等发达国家智能 BIT 技术发展情况的跟踪,另一方面也要有计划地开展自己的智能 BIT 应用研究,尽快缩小与发达国家的差距。远程维修技术是今后世界航空维修的一个重要发展方向,它对减少维修保障费用、降低维修人员技能水平的要求、提高军机的战备完好性具有重要作用。目前发达国家正大力开展该技术的研究和应用。

3) 航空保障装备将朝小型化、通用化、多功能化、模块化方向发展,以适应机动保障的要求。随着我国空军作战任务由国土防空型向攻防兼备型转变,作战空域加大,需要空军具备远程、高速机动的作战能力,因此,要求航空保障装备能够具备良好的机动保障能力。这就要求航空保障装备按照小型化、通用化、多功能化、模块化方向发展,从体积上、数量上减轻后勤运输保障的压力。

4) 将航空装备及其保障系统(其中包括保障装备)作为一个全系统,统一考虑,综合权衡,并同步设计,同步研制。为了使飞机具有最优化的后勤保障能力,最有效的方法是从飞机设计开始,通过并行工程、全面考虑飞机投入服役后的各种维修及后勤保障问题,并全面应用建模仿真与虚拟现实技术,开展保障性与飞机性能、进度及费用的权衡分析,开展保障性分析及保障性设计,实现飞机及其后勤保障一体化设计,从设计上保证新研制的飞机具有满足 21 世纪作战需求的最优的四性(可靠性、维修性、保障性、测试性)水平、后勤保障方案、后勤保障计划和充足的后勤保障资源等。

5) 充分利用现代信息技术,建立完善和高效的维修与保障管理体系,提高维修保障效率,保持机群的战备完好性水平。为了保证经过优化设计的飞机投入服役后,能够按优化的后勤保障方案实施有效的保障并按要求获得计划的后勤保障资源,以实现设计所要求的战备完好性指标,空军部队应建立完善的后勤保障管理体系,并充分利用现代信息技术提高管理效率,包括发展便携式维修辅助装置(PMA)、IMIS、综合诊断、IETM、机载故障预测技术、交互式补给系统等,从维修和后勤保障信息的收集、处理及分析、备件及各种保障资源的采购及分配,到飞机的调动及训练飞行、人员培训以及管理决策都应能够协调一致,形成一个完善和高效的管理体系。

作战需求是航空维修保障新技术发展的根本动力,科学技术是航空维修保障新技术产生的前提和基础。在未来的战争中,高技术武器装备起着决定战争胜负的作用,而大量维修与保障新技术的应用是高新技术兵器形成战斗力和发挥其作战效能的重要保证。通用航空服务保障体系主要是由通用航空机场、固定运营基地、飞行服务站、维修站组成的,在通用机场建设的基础上,FBO、FSS 和 MRO 三大服务保障体系的配套建立尤为关键。随着我国私人飞机和公务飞机的不断兴起,民间资本对通用航空投入不断提高,低空空域改革不断深入,我国的通用航空正面临着前所未有的机遇。

1.1.4　保障模式改革面临的机遇

1. 维修保障思想的发展趋势

随着信息技术在维修保障中的不断应用,美军在《2020 联合作战设想》中提出了"全谱优势"的作战思想,其战略目标是:具有在任何情况下,威慑甚至是击败任何可能潜在对手的能力。

优势保障作为全谱优势在航空装备维修保障领域的延伸和发展,将在提高空军战斗力中发挥重要作用,优势保障带给人们的是"保障制胜"的思考。

精确保障是由优势保障的形态特征演变而成的一种装备保障思想,要求装备保障应当适时、适地、适量、优质,发挥保障资源的最大效益。精确保障是目前各国普遍关注的一个航空机务保障思想。同时美军还提出了主动维修、敏捷维修等思想。

2. 新测试仪器、测试模式的出现

设计验证、生产检测、诊断维修标准化与一体化,功能模块化,测试系统向小型化、便携化和通用化方向发展;通用、综合型测试,本地、远程一体化测试,机内测试,新的测试仪器、测试模式,能够对装备进行个性监控、检测和故障隔离,大大提高故障诊断的效率和准确性,使未来复杂装备的安全可靠运行和维修保障得到保证。

3. 维修保障手段的发展

随着战争形态由机械化向信息化转变,航空维修保障手段在标准化、系列化的基础上,向综合化、智能化、机动化的方向发展。航空装备的联合作战以及航空装备的结构复杂性,使得维修手段向综合化的方向发展,主要是研发高性能的具有综合测试能力的通用测试平台,改变以往保障装备功能单一、品种多、体积大、不利于机动的状态。

1.1.5　航空装备保障问题

随着科学技术的飞速发展和在航空领域的广泛应用,军事航空装备迅速地向信息化、智能化、精确化方向发展,大型、复杂、精良的高技术装备不断被使用,使得在高技术战争中装备出动强度大、战损率高,因而装备保障的难度加大、保障任务加重,良好的装备保障成为提高装备战斗力的倍增器,是发挥装备运行效能的关键因素。此

外,民用航空需求持续增长,根据空客航空市场(中国)预测,从 2007 到 2026 年的
20 年里,中国内地将需要新增 2 800 多架客机和货机,价值 3 290 亿美元,占同期全
球新增客、货机需求总量(24 000 架)的 11.6％。中国内地所需新增飞机包括单通道
飞机 1 900 多架,双通道飞机约 700 架,超大型飞机 190 架。随着我国民航运输市场
需求的剧增,我国民用航空装备研制生产正在由传统的外购组装模式转向自主研制
生产模式,将自主研制与交付一大批新型民用飞机。新飞机研制过程中没有或很少
同步考虑保障问题,投入使用中,将存在保障困难、保障资源不配套、保障费用居高不
下、形成保障能力的周期长等问题。航空装备投入使用后能否充分发挥其效能,与装
备保障特性有着密切的关系。航空装备的保障特性是指航空装备保持或恢复战备完
好状态或持续适航的能力,它表现为航空装备便于进行使用与维修保障,并能在使用
与维修的过程中得到充足和适用的保障的特性,航空装备所具有的这种能力称为保
障能力。航空装备的保障能力是航空装备运行能力的重要组成部分,是保证航空装
备充分发挥、保持、恢复与提高运行技术性能的重要因素。为此,在航空装备研制过
程和交付使用过程中考虑保障问题是必不可少的一项技术和工程。

　　航空保障是 20 世纪 60 年代兴起的一门学科。航空装备综合保障的特征是为实
现飞机完好性目标,将后勤保障工作前伸到飞机设计阶段协调进行,在飞机设计过程
中综合考虑产品全寿命周期的保障问题,从而得以在使用阶段以最低的费用提供所
需的保障。航空装备综合保障,在军用飞机(简称军机)研制中被称为"综合后勤保
障"(Integrated Logistics Support,ILS),在民用飞机(简称民机)研制中则被称为"产
品支援"(我国俗称为"售后服务")。

1.2　保障性技术的研究现状与趋势

1.2.1　国外保障性技术的发展历程

　　国外的保障性技术是伴随着综合后勤保障(Integrated Logistic Support,ILS)而
发展的。为了解决装备保障问题,美国最早提出了综合后勤保障的概念。直至目前,
国外综合后勤保障的研究与实践已经历了半个多世纪,其整个发展历程可分为四个
阶段:初步发展阶段、全面发展阶段、深化发展阶段和创新发展阶段。在不同的发展
阶段,保障性技术也呈现出其相应的特点。

**　1. 初步发展阶段(1960—1975 年)——形成完整的保障性分析技术**

　　美国国防部最早在 1964 年颁发了指令 DoDD4100.35《系统和设备的综合后勤
保障的研制》,规定在装备设计中应用综合后勤保障工程技术,开展综合后勤保障的
管理活动。1971 年美国国防部颁布了 DoDD5000.1《重要武器系统采办》,明确提出
了将费用作为主要设计参数之一,要求使用和保障费用指标与系统性能指标处于同
等重要的地位,并予以综合。

1973 年美国国防部颁发 MIL – STD – 1388 – 1《后勤保障分析》和 MIL – STD – 1388 – 2《国防部对后勤保障分析纪律的要求》,规定综合后勤保障的主要目标是用可承受的寿命周期费用实现装备的战备完好性目标,提出要实现这一目标必须执行这两个军用标准。

在这个阶段,美国先后颁布了国防部指令和军用标准,使综合后勤保障的理论和方法在新装备的研制中都得到了不同程度的应用。

2. 全面发展阶段(1976—1990 年)——保障性分析技术的细化与全面应用

美国在 20 世纪 70 年代初开始研制的一批新型武器装备系统,都不同程度地开展了综合后勤保障的工作,综合后勤保障的理论和技术得到了不同程度的应用。通过应用验证,对已有的指令和军用标准进行改进和改版,颁布了一系列新的指令、条例、配套的军用标准,并开发了大量的计算机应用软件。从国防部、各军兵种到工业部门都成立了相应的组织机构,具体型号的研制也成立了综合后勤保障管理机构。综合后勤保障工作在具体型号的研制中得到了广泛应用,此时综合后勤保障工作得到了全面发展。

3. 深化发展阶段(1990—1999 年)——完善保障性标准,形成保障性模型与软件

经历近 30 年的发展变化,综合后勤保障的理论和方法日趋成熟,指令和军用标准体系已经比较完整。到了 20 世纪 90 年代,美国国防部开始推行采办后勤,为适应采办改革,对综合后勤保障进行补充和深化,综合后勤保障进一步得到了广泛的应用。

4. 创新发展阶段(2000 年至今)——保障性标准、模型与软件的进一步完善

随着新世纪的到来,国外综合后勤保障也进入了新的发展阶段。2000 年以来,美国国防部先后两次修订采办文件,提出基于性能的后勤(PBL)的概念,作为装备保障的新策略,把装备性能与保障作为一个整体来采办,指定项目经理作为装备采办和使用阶段装备保障的单一责任人,实现真正意义上的装备寿命周期保障综合,鼓励通过长期合作协议选择最适合的保障方对装备实施最有效的保障。英国也先后三次修订国防标准 Def Stan 00 – 60《综合后勤保障》,使其更加实用,并于 2007 年底出台了《全寿命周期保障标准(TLSS)》,贯彻装备寿命周期保障综合的思想,代替了 Def Stan 00 – 60。

1.2.2　国外保障性技术的研究现状与趋势

国外综合保障技术发展速度极快,一些国家已建立起综合维修信息系统(IMIS),基本实现综合保障远程维修。如 F – 22 战斗机,综合维修信息系统综合了维修技术规程、维修工作表和飞机履历等要素。该系统由 3 部分组成:便携式维修助理(PMA)、野战中队维修保障方舱(MSC)和基地车间保障所需的维修工作站(MWS)。其中,PMA 是可带到外场工作的加固型笔记本电脑,是维修人员与飞机及其系统的主要维修接口。PMA 能显示交互式电子化技术手册,能预定维修所需的部件,还能记录维修活动。而 MSC 和 MWS 是基于计算机的成套设备,是综合维修信息系统的中心。如"林肯"号航母作战群,利用远程保障系统,舰上的技术人员与岸上的专家进行即时交流,可以快速交流诊断图像、技术会议情况、后勤及技术问题的解决方案,及时排除故障。还有,美军近 10 年来发展起来的一种新型现场维修工具——可穿戴计算机,可提供维修用技术手册、数据、图表、程序、故障的判据和诊断步骤,而且能借通信网络实现外场维修与维修中心之间的交互式远程维修和会诊。所以,国外远程维修主要是借助于便携式计算机系统、交互式电子技术手册和网络通信来实现的。

美国国防部在 20 世纪 50 年代初成立了"军用电子设备可靠性咨询组",开始有组织有计划地开展可靠性研究。在 20 世纪 80 年代时,随着现代武器装备复杂性的迅速提高,使用和保障费用日益上涨,武器装备的保障性问题引起了普遍的重视。美国国防部在总结了前期工作经验的基础上,将过去分散的、零星的后勤保障工作和观点综合起来,逐步形成了装备综合保障工程的理论。美国 F - 16 飞机是首次采用综合保障方法进行研制的。在 1991 年美国国防部修改的 DODD5000.1《国防采办》指令中,首次提出装备的经济可承受性问题。在 1996 年、2001 年和 2003 年 5 月颁发的各版 DODD5000.1 和国防部指示 DODI5000.2 文件中,都要求以合理的价格采办优质产品,为武装部队服务。美国国防部发起的一场以经济可承受性为核心的采办改革得到了全面发展。主要内容包括:采办法规、军用规范和标准的改革;以费用作为独立变量,推行综合产品与过程研制(IPPD),实施以仿真与建模为基础的采办;优先采用民用技术产品(COTS)和广泛采用现代信息技术等。这一改革对可靠性、维修性和保障性带来重大的影响,可归纳为以下几点:

1) 以更低的费用开发可靠性更高的装备,以减少使用和保障费用;

2) 采用现代信息技术来实现备件供应现代化,以大量减少备件库存费用;

3) 通过推行综合产品和过程研制(IPPD),实现可靠性、维修性、保障性与其他性能的综合设计;

4) 采用并行工程,利用建模与仿真缩短采办过程的持续时间,减少所需的资源和风险,建模与仿真技术作为进行可靠性、维修性以及保障性分析、设计和验证的有效工具;

5) 优先采用性能规范、民用规范和标准,限制军用规范和标准的采用,部分可靠性、维修性、保障性军用标准和规范被取消或被民用标准替代等;

6) 提出"采办后勤"的新概念,突出保障性的地位和作用;

7) 重建后勤保障体系,能够以低费用为 21 世纪作战部队提供快速反应能力;

8) 重视可靠性研制试验,尽可能按照系统的实际操作程序进行可靠性、维修性、保障性验证。

在经历了长期的建设发展和多次战争的实践后,美军的装备维修保障已趋完善。近年来,世界科技发展迅猛,美军通过军地合作和竞争等手段将新技术应用于维修保障中,使维修管理和维修技术都有了较大发展,并形成了自己的特点。

美军装备由于贯彻了"以可靠性为中心的维修"(RCM)思想和全寿命管理,全寿命费用大大降低,可靠性、维修性和保障性水平获得显著提高。1975 年以前服役的战斗机每飞行小时的平均维修工时为 44 小时,在充分重视优生问题后,后续型号战斗机每飞行小时的平均维修工时下降到 15 小时。

美军在贯彻落实全寿命全系统理论的过程中,首先从体制和机构上采取措施,建立项目管理办公室,维修工程由专门的机构负责,各军种装备司令部归口负责装备从设计研制到使用、退役的全盘工作。

美军为了提高维修保障能力,节约维修保障费用,在基地级维修中大力提倡合同维修,主张在基地级维修中利用私营企业的力量,引入军民合作与军民竞争的机制。加强维修保障硬件的建设,将各种新技术应用到维修设备、设施上,以提高保障的效率,例如开展远程检测与诊断系统、综合自动检测设备(IATE)、自动识别技术(AIT)的研究等。

例如 F - 35C 舰载机保障性设计特点和自主式保障。虽然美国海军 F - 35C 舰载机的综合保障系统尚未付诸实施,但是其基于航母的综合保障有关概念却有了革命性的变化。这些概念包括:前所未有的机载在线的故障预测与状态管(Prognostics and Health Management,PHM)系统、高度自动化的综合保障信息系统、无需中间级的维修保障体制、更加紧凑有效的自动测试设备(ATE)。这些新的设计理念都符合美国海军对 F - 35C 舰载机提出的更快捷、更便宜、更简单的综合保障要求。F - 35C 的综合保障提出了 6 个关键性能参数(Key Performance Parameter,KPP),其中之一即再次出动准备时间,F - 35C 舰载机的再次出动准备时间以分钟为计算单位。舰载机的机载在线故障预测与状态管理系统的能力对于决定飞机的再次出动准备时间将是至关重要的,这套系统可以在飞机着舰之前将故障数据传送到航空母舰上。另一个重要参数就是出动架次率,目前,美国海军对 F - 35C 舰载机要求在每次飞行持续 2 小时的前提下,每天能出动 3 个架次以上。

20 世纪 90 年代初,英国国防部内对综合后勤保障(ILS)原则的实施一直是散乱无序的,各军种选择不同的发展道路并以不同的速度推进 ILS。1993 年英国防采购主任颁发了《在采购过程中应用综合后勤保障的政策》,1996 年英国颁布国防标准 00 - 60《综合后勤保障》,作为其综合后勤保障的标准体系。1997 年开始调整装备管理体制,成立综合项目组,负责项目的全寿命管理。英军在 1998 年对 00 - 60 进行了修订,修订后的主要特点有:

1) 新的综合后勤保障涵盖装备系统全寿命各阶段;

2) 新的综合后勤保障战略向国际化靠拢;

3) 新的综合后勤保障的实施同综合项目组(IPT)紧密相连;

4) 联合后勤将对 ILS 的实施产生重大的影响。

美空军首先进行了后勤工序重组,采用"精干后勤"之后,又采取"灵敏后勤"。"灵敏后勤"的目标是缩短后勤反应时间,形成紧密衔接的后勤系统,精简后勤基础设施。其结果引起维修体制的改革,并影响装备保障性设计和保障资源的规划。美国在综合保障方面,在目前和 2010 年或 2020 年采用的主要技术如下:

1. 综合化

综合化是综合保障工程发展的主要趋势。随着科学技术的快速发展,各种技术相互渗透、相互影响,特别是 CAD 技术和 IPPD 的广泛应用,全面促进了现代武器装备设计、制造、维修和保障过程的综合化,出现了多学科综合设计,即充分利用多学科(各子系统)之间的相互作用所产生的协同效应获得整体性能最优的装备。在工程设计综合化的环境下,进一步带动了可靠性、维修性、保障性(RMS)向综合化的方向发展,包括 RMS 设计分析综合化,如可靠性、维修性和保障性的综合设计分析,FMEA 与潜在通路综合分析,试验综合化保障和诊断综合化,硬件软件综合化,RMS 信息综合化等。

2. 信息化

信息化是综合保障工程发展的必然走向。利用当今快速发展的数字化通信、网络传输等信息技术来完善综合保障管理,改造现有的保障体系,已成为一条必由之路,如美国国防部一直在推行的持续采办和寿命周期保障(CALS)策略、保障商务系统,美国第四代战斗机研制中采用的交互式电子技术手册、无纸维修车间、综合维修信息系统以及在装备保障补给中采用的全资可视化系统等。

3. 仿真化

仿真化是 RMS 技术深入发展的必然趋势,它不仅可用于可靠性、维修性、保障性(RMS)的指标论证、方案权衡、分析与设计,还可用于 RMS 的试验验证与评价。目前,美国空军联合工业界已开发出大量 RM 仿真软件,如战备完好性试验采用可用性模型的快速构建软件、装备保障性仿真工具等,对于帮助提高 RMS 设计与分析精度,缩短产品研制周期,减少武器装备寿命周期费用,提高战备完好性,解决专家流动、减少维修人力需求问题等都有着极其重要的作用。

4. 智能化

人工智能技术在装备发展中得到了广泛应用,使各种系统具有在任务、环境变化的复杂状态下靠系统自身完成规定功能的能力,实现智能化,如在 F - 16、B - 1B 等在役装备中使用的智能故障诊断和维修专家系统,各种 RMS 管理和设计分析的专家系统,装备 RMS 的设计人员与维修人员培训专家系统等。21 世纪,随着人工智能技术的进一步发展,武器装备在容错与重构智能化、RMS 设计与制造智能化和保障智能化等方面将会有更快的发展。

5. 军民两用化

改进军用标准体系,发展军民两用的 RMS 技术和标准;鼓励采用商用现成产品和技术及开放式体系结构,便于技术更新和扩充,提高互用性。加强维修保障硬件的建设,将各种军民两用新技术应用到维修设备和设施上,以提高保障效率。例如,采用远程检测与诊断系统、综合自动检测设备,开展对维修自动识别技术、故障预测与状态管理技术的研究等。

6. 军民合作化

为了加速保障改革步伐，美军在 1996 年提出了实现 21 世纪初的国家战略目标的纲领性文件《2010 年联合设想》，其核心内容是关于未来联合作战的理论，它所采用的保障方案就是"聚焦式保障"，在很大程度上就是精确保障。2002 年，美国国防部提出了实现聚焦式保障的中期构想——未来后勤企业（Future Logistic Enterprise，FLE）。

1.2.3　国内保障性技术的发展历程与研究现状

我国装备保障性技术的研究和应用始于 20 世纪 70 年代，依靠引进和吸收美军"维修工程"概念及相关的理论，并进行推广应用。80 年代后期（1988 年），为了解决我军装备建设中采用的后勤保障与装备保障分离的体制，先发展主装备、再考虑保障配套而引起的保障问题，美军综合后勤保障概念被引入。由于"后勤"概念在国内外的不同理解，国内采用"装备综合保障"或"综合保障"替代了美军"综合后勤保障"。

我国开展综合保障研究与实践已有 20 多年的历史，主要经历了三个阶段。

1. 概念引进阶段（1985—1990 年）

20 世纪 90 年代以前，我国装备建设基本上采用传统的序贯式模式，即先开发研制主装备，再考虑保障配套问题。随着装备日益先进和复杂，这种序贯式的做法暴露出很大的问题，即由于研制中对装备保障问题考虑不周，导致装备在使用过程中保障困难、保障费用高、难以形成保障能力。国外开展综合后勤保障的成功经验表明，开展综合后勤保障是改变上述状况的有效途径。于是，国内的一批学者和专家开始引进国外综合后勤保障的概念，翻译了大量国外有关综合后勤保障的资料。开展综合保障工作的重要性日益为人们所接受。1988 年，我国国防科工委颁布了指令性文件，要求装备及其配套的保障资源要成套论证、成套研制、成套生产、成套验收和成套装备部队。

2. 推动发展阶段（1991—1995 年）

为了推动装备综合保障的研究与实践，自 20 世纪 90 年代以来，在充分消化、吸收和借鉴国外经验的基础上，结合我国实践，我国陆续制定并颁布了有关综合保障的国家军用标准。到 1999 年底，先后制定并颁布了 GJB 1371《装备保障性分析》、GJB 3872《装备综合保障通用要求》和 GJB 3838《装备保障性分析记录》等军用标准。

3. 全面发展阶段（1996 年至今）

我国从"九五"期间开始，有关主管部门就从多种渠道提供经费，支持相关单位开展装备综合保障领域的预先研究和技术方法研究项目，并已经取得了一些有价值、可以应用的成果，初步建立了装备保障性设计分析应用技术体系，为在装备研究中全面实施装备综合保障工程提供有力的技术储备。"九五""十五""十一五"期间研制的新型装备，也都不同程度地开展了装备综合保障工程，并取得了较好的效果。

尽管我国在军用航空装备领域已进入综合保障全面发展阶段,但由于我国装备综合保障工作开展得比较晚,国防科技工业的基础能力相对薄弱,装备保障性技术仍难以适应当前装备发展的需求。此外,随着科学技术的进步,装备功能的不断增强,结构组成日益复杂,其保障系统也变得越来越复杂,给保障系统的规划、设计与建立带来了极大的挑战。我国在民用航空尤其是民用飞机的研制过程中,综合保障工程还处于起步阶段,具有中国特色的民用飞机保障技术和工程的相关研究还很少。为了推动我国综合保障工程的快速发展,迫切需要一套从系统工程角度开展装备保障性设计分析的理论和技术方法,以指导装备保障性设计工作顺利、有效的推行。

1.3　综合保障工程的研究现状与趋势

综合保障是在装备研制过程中综合考虑保障问题,使保障影响设计,并在装备部署使用的同时,以最低费用提供与装备相互匹配的保障资源,建立保障系统,满足战备和任务要求所进行的一系列技术与管理活动。在航空领域,综合后勤保障是为保证军事航空装备在其全寿命周期内,能得到有效而经济的各种保障而进行综合考虑的工程活动。为避免与我军"后勤保障""技术保障"等军事术语相混淆,将装备研制过程考虑和规划保障问题的工作称为"综合保障工程"。

1.3.1　国外综合保障工程的研究现状

美英法等国的现役航空装备大都是 70 至 80 年代研制或改型的第三代装备,也有少部分是第二代改型的装备,这些装备都有一套较完善的 R&M 管理体系;在研制过程或后来改型中,一般都实施了较严格的可靠性和维修性(R&M)设计、分析和试验,采用了较先进的 R&M 设计、分析和试验技术及标准;在研制过程中不同程度地开展了一些保障性分析和综合保障工作,有较高的可靠性、维修性和保障性(RMS)水平。但随着时间的推移,再加上当初对保障性和经济可承受性重视不够,目前这些装备仍普遍存在一些后勤保障问题,造成使用和保障费用仍很高。这些后勤保障问题突出表现在:

1) 诊断能力差,虚警率高,外场不能复现(CND)和重测合格问题严重;

2) 备件供应不足,串件维修问题严重,战备完好性差;

3) 飞机老龄化问题严重,造成使用保障费用大幅增加,战备完好性急剧下降;

4) 大型复杂装备系统面临过时和淘汰的严重挑战。

鉴于现役航空装备存在的上述严重的使用和保障问题,以及吸取以往战争的经验教训,国外新一代装备,无论是美国的 F-22 和 JSF、法国的"阵风",还是西欧四国联合研制的欧洲战斗机 EF2000 等,在研制中都非常重视综合保障工程工作和经济可承受性。F-22 战斗机从方案设计一开始就重视保障性,把保障性放在与隐身、超声速巡航、推力转向等同等重要的地位。在方案论证中,40% 的工作量用于与保障性有关的工作,反复进行权衡分析,如为了提高机动性、减少雷达反射面而采用的内埋式武器舱和油箱与飞机的维修性及保障性进行反复多次的权衡。为了满足飞机的保障性要求,其 F119 的可靠性要求比现役战斗机 F/A-18 的 F404 发动机高一倍。采用机载辅助动力装置、机载制氧及制氮系统、机载综合测试系统和液压驱动的武器发射架,取消了地面电源车、氧气服务车和地面测试车等地面保障设备,大大地改善了飞机的自保障能力和部署的机动性。

联合攻击战斗机(JSF)是美国洛克希德·马丁公司正在研制的新一代先进战术攻击战斗机,具有隐身、高机动性、高生存性和低成本的特点,在飞机研制过程中强调经济可承受性、通用性和保障性。在 JSF 的 6 个关键性能参数(KPP)中,有 3 个与保障性有关:出动架次率、后勤规模和任务可靠性。为了满足这些 KPP,必须将 JSF 设计成高可靠、易于维修和持续保障需要更少资源(人员、零备件和保障设备)的飞机。为此,美国国防部在强调 JSF 的经济可承受性的同时,通过改进可靠性、维修性和保障性设计,采用自主式的后勤保障系统和采用商务后勤保障等途径,使 JSF 的使用和保障费用比现役的 F-16、F-117 等飞机减少 50% 左右。

2003 年 5 月美国国防部颁发的最新版本的 5000 系列采办条例将保障性和持续保障(sustainment)作为武器系统性能的关键要素,并强调在产品和服务的采办和持续保障中,应考虑并在现实可行时采用基于性能的后勤(PBL)策略作为国防部落实产品保障的优选途径。PBL 适用于新采购、重大改进改型和升级,以及重复采购;项目经理(PM)必须确保采用健壮的系统工程过程来提供可靠的系统,同时缩短后勤补给线和降低总拥有费用(TOC);在整个寿命周期中必须对持续保障策略定期进行审查,以识别所需的修正和更改,并及时改进持续保障策略以满足性能要求。

PBL 是一种通过高效管理和明确责任获得更高水平的系统完好性的武器系统寿命周期保障策略。PBL 将系统完好性的全部责任赋予 PM,并使 PM 有权与建制基地、工业界或这两方组成的合作伙伴签定武器系统持续保障合同。近年来,美军为了提高维修保障能力,节约维修保障费用,在基地级维修中大力提倡这种持续保障合同维修,主张在基地级维修中利用私营企业的力量,引入军民合作和军民竞争的机制。

1.3.2 国内综合保障工程的研究现状

随着世界信息技术的发展,新型航空电子装备综合保障体系增加了许多新内容和新技术,维修手段在内涵上使方式和方法发生了质的变化。综合化、信息化、仿真化和智能化技术将综合保障融入现代化网络平台。

1. 飞机地面综合保障

(1)地面综合保障技术的综合化

地面保障设备及技术的综合化是现代飞机综合保障技术发展的重要趋势。在当前科学技术快速发展的背景下,各学科知识存在着交叉影响和渗透的问题,尤其是在现代 CAD/CAE 技术的快速发展及应用背景下,现代航空设备自身以及地面保障设备及技术都得到了较为明显的发展。在地面保障技术的应用过程中,逐步形成了以多学科综合为主要方式,通过综合利用各个子学科体系间的相互配合的方式产生设备功能协同效应,从而对提高地面综合性保障设备的整体效果具有一定的作用。在工程设计综合化技术的带动下,针对飞机地面综合保障设备的可靠性维修保障技术(RMS)正朝着综合化的方向发展,例如 RMS 设计分析的综合化,可靠性与维修性以及可用性的综合化,维修性与保障性的综合保障技术以及 FMEA 综合保障技术。同时,在试验设计技术发展的带动下,通过重复应用增长性试验、研制性试验以及环境性试验等的发展使得航空设备的可靠性分析水平得到提升。另外,飞机的后勤保障以及故障诊断技术也呈现出了综合化的趋势,通过综合后勤保障以及综合故障诊断技术,实现了航空设备的综合诊断。最后,地面综合保障设备的硬件及软件可靠性也正在朝着综合化的趋势发展。

(2)信息化发展趋势

地面综合保障设备的信息化是在当前国民经济发展以及现代制造技术迅速发展的背景下,综合保障工程设备的应用趋势。在地面综合保障技术的应用过程中,通过当前广泛应用的数字通信技术、网络传输以及现代网络通信技术等来完善综合保障设备的管理工作,同时对既有的地面保障体系进行改造与完善,这成了当前飞机地面综合保障技术发展的一个重要途径。例如,美国民用航空公司为了提高飞机地面综合保障技术水平而推行的后勤商务系统、保障备件的采办以及周期性管理等系统,使得其在地面综合保障技术的开发过程中能够使用交互式的电子技术手册、无纸维修车间以及综合维修信息管理系统对航空设备进行检修,对新一代航空设备的维修工作起到了有效的促进作用。

(3)地面综合保障工作的仿真化

仿真化是在 RMS 技术不断发展和深入的基础上逐步发展起来的。随着虚拟建模与仿真技术在飞机综合保障设备中的应用,该技术在实际的飞机设备检修工作中呈现出了应用范围扩大的趋势。其不但能够在航空设备的可靠性维修与保障性维修工作指标论证、方案设计与分析当中得到应用,而且能够对一些大型航空设备的检修方案进行分析,确认检修方案的可靠性水平。另外,仿真技术还可以用于对 RMS 指标分析、RMS 系统性能以及 LCC 权衡机制进行分析,在维修方案设计过程中通过仿真技术进行不断的校验和改进,从而提高地面综合保障技术的整体水平,减少地面综合保障工作的成本。

(4)地面综合保障技术的智能化

在计算机技术的快速发展背景下,人工智能技术在航空设备的地面综合性保障工作中也得到了一定程度的应用,使得各种系统在多任务、复杂环境下依然能够为保证航空设备正常工作而提供地面保障工作,并为智能化保障工作的实施提供动力。例如,在 RMS 领域中,多种类型的飞机智能故障诊断以及维修系统在各种大型飞机中得到了广泛的应用,从具体的应用效果来看,它有效地降低了针对航空设备的故障诊断时间以及对熟练技术人员数量的要求。同时,使用 RMS 设计分析专家系统能够使可靠性维修技术的质量更加可靠,而且能够在不增加可靠性维修成本的基础上提高保障水平。

2. 新型航空电子装备综合保障系统

(1)新型保障系统的组成

根据未来战争对维修保障的新要求,国内大型航空电子装备的综合保障体系将以信息技术为核心,突破传统意义上的综合保障,实现综合保障资源优化管理与共享,综合保障技术实现远程信息支援。综合保障装备实现维修信息化、技术资料信息化、备件管理信息化、教学培训信息化并安装大型的综合化自动测试系统等,组成未来信息化的航空电子装备综合保障体系。

(2)维修信息系统

建立航空电子装备维修信息化系统,包括装备维修信息管理、维修远程支持、维修资源消耗分析及资源配置 4 个系统,可实现装备的远程专家诊断和实时的维修信息提供。装备维修信息管理软件开发和维修的网络建设是装备维修信息化系统的关键,功能包括:

1)实时地为装备基层级维护人员提供各类维修信息,包括空中人员检测信息、各种维护信息、检查指令和装备上故障检测信息等;储存历史的备件使用和修理信息,以作记录和日后参考;具可视化远程诊断系统,支持多方视频、语音通话和数据交换,提供及时的技术支持;提供装备修理、检定的信息,即装备预防维修和故障维修情况、维修级别和维修资源消耗情况等信息;提供维修技术资料信息,包括各类武器装备、场站设备、修理设备的维修手册、维修规程、工程图样、技术说明书和使用说明书等信息;具备初级的故障诊断功能;具有用户管理功能,不同的用户具备不同的权限等。

2)综合保障信息化工程中网络平台可实现各级维修信息中心及维修现场的互连互通,实现维修信息资源共享。

(3)交互式电子手册系统

作为信息化武器系统,装备的技术资料信息化是其发展的必然。把装备使用和维修所需的各类技术资料进行交互式电子技术手册(IETM)的制作,使技术资料便于保存、携带,并具有可链接性、可检索性、生动性和互动性等一系列优点。基层级维护人员利用装入便携微机的该手册进行维护,或通过维修远程支持系统辅助指导维修任务的完成。目前,国内各方都在积极协调统一这方面的标准。如 S1000D 标准是国际上研制 IETM 依据的主流标准,其优势已得到美国军方和国际民航组织ATA(美国国家标准化组织)、An(国际民航公约)的认可。我国即将颁布关于装备交互式电子技术手册的标准,也采用 S1000D 标准的技术路径。交互式电子手册包括的资料信息有:工程图纸、说明书、工艺卡、使用手册、培训手册和维修保障手册、使用记录和维修信息,以及保障维修中产生的大量技术信息数据。制作包括技术信息编写、综合保障分析规划、多媒体制作、数据编辑、数据验证和 IETM 管理等。IETM 包含的功能有音频、视频信息,导航、检索和超链接功能等。

（4）备件跟踪管理系统

备件是进行航空电子装备维修的重要资源,是实施换件修理的必要条件。我国航空电子装备中备件数量的确定及管理方法还较原始,为适应信息化战争需要,航空电子装备必须建立交互式备件供应系统,将合理的备件确定方法,准确的备件数量、现状、使用维修状况等档案进行信息化管理。这些信息包括备件基本状况、备件存储、备件订货、备件入库和备件出库信息。管理系统将利用网络技术、数据库技术、运筹学和概率论,对备件进行实时高效的信息管理,为基层级和中继级维修人员快速提供设备维修所需的各种备件的数量、类型及存储位置等各种供应保障信息,为大型航空电子装备的战备完好性提供保证。

我国在军用航空装备领域已进入综合保障全面发展阶段,但我国的装备综合保障工程仍面临许多困难和问题,还需要为此付出不懈的努力。在我国民用航空尤其是民用飞机研制过程中,综合保障工程还处于起步阶段,具有特色的民用飞机保障技术和工程的研究还很少。

1.3.3　综合保障工程的研究发展趋势

1. 保障一体化

随着信息化战争的出现与发展,以及军事信息技术的迅猛发展,现代作战空间已经形成多领域、全方位、立体化,且陆、海、空、天、电（网）"五位一体"多领域的多维信息化战场。现代信息化战争是一体化联合作战,这必须要求实施一体化装备保障,势必也要求装备保障的方式和手段发生新的变革。现代航空装备保障中,必须将技术能、人与装备能、战斗力与保障力有机结合,才能形成航空装备保障一体化。也只有这样,才能够充分激活航空武器装备的作战效能。同时,也必须有与之相适应的智能工程人才群体支撑,才能使航空装备保障定位于知识、技术、信息、智能密集型的现代化、信息化、一体化的保障。

2. 保障系统集成化

航空武器装备和航空武器装备保障各要素之间组成航空武器作战单元。二者相辅相成,是联系密切的系统整体。只有各个子系统之间协调工作,才能充分发挥各子系统的功能,进而发挥整体系统的作用。现代化的技术构成高度密集。航空作战力量的多元性与作战目的的一致性要求人与航空装备之间、航空装备与航空装备之间、兵力部署与物资部署之间形成的相互依存的关系愈来愈紧密。同时,尤其要求航空武器装备保障要与航空武器装备的建设与发展有机地结合起来。

国内外航空综合保障正朝着综合化、信息化、仿真化、智能化、军民两用化及军民合作伙伴关系的方向发展。大型电子装备使用性能的发挥对装备综合保障的依赖性不断增强,航空装备的综合保障也成为世界各国关注的焦点。我国大型民航的综合保障工作任重而道远,其保障体系建立和拓展过程中也必须充分考虑我国的国情和未来的发展趋势,要以实用任务需求为牵引,加强综合保障管理体制的研究,建设有我国特色的航空综合保障系统。

1.4　航空保障工作内容及技术构成

综合保障的实施包括开展航空装备的保障性设计,即全面开展航空装备的可靠性、维修性、测试性和运输性的分析和设计;确定航空装备的保障方案及保障资源,它需要可靠性及维修性工程师与保障工程师之间的密切协作,通过综合保障分析(LSA)来完成;提供所要求的保障,包括制定采购和补给方案,提供各种备件、文件、地面保障设备及培训等。综合保障工程贯穿于寿命周期全过程。

1.4.1　综合保障

综合保障活动是围绕许多与后勤保障工作紧密相关的因素进行的,习惯上将这些与后勤保障直接关联的因素称为综合保障内容,具体包括以下几个方面:

1. 维修规划

维修规划是研究制定飞机寿命期内维修方案和维修要求的工作过程。要通过分析研究,制定出系统全寿命期内的维修方案和维修要求。

维修规划一般应包含下列内容:

1) 规定必要的维修和保障措施,以保证装备以最低的寿命周期费用达到规定的使用能力;

2) 对修理时间、修理等级、测试性、与保障有关的可靠性和维修性特性、保障设备要求(包括自动测试设备)、人力技能、设施要求等制定具体准则;

3) 规定原位和离位维修所要完成的任务;

4) 规定转承制方保障的范围与要求;

5) 规定现场(野外)修理所必需的措施和保障。

在飞机的方案阶段应制定出基线保障方案(基本保障方案),在工程研制阶段则应进行保障性分析并确定详细的使用方案和维修任务。

维修规划过程中,在提出维修方案的基础上要制定一份维修计划并逐步加以修改完善。在飞机方案阶段偏重于对维修策略、维修方案和使用保障方案的粗线条考虑,可以提出初始维修计划。

2. 保障设备

保障设备包括保障飞机的使用和维修所需的各种设备、检测仪器和工具,以及它们本身的使用保障条件。保障设备对飞机的使用维修非常重要。没有成套的保障设备的支持,飞机不可能持续正常使用。因此,保障设备必须与飞机同步设计和研制。

应力求使保障设备的设计简单化,因为复杂的设备不仅会增加采购费用,还将给使用造成困难。保障设备的使用不能要求人员超过他们实际所能达到的水平。应该减少保障设备的数量,尽量做到综合化,使一种设备具有多种功能。应该排除对实际保障意义不大的项目,减少保障设备数量不仅可以节省经费,更重要的是可以改善飞机转场的机动性,提高作战能力。

3. 技术资料

作为综合后勤保障要素之一的技术资料,指的是指导用户如何使用和维护飞机的一批文件。包括产品技术说明书、操作员手册、维修手册、备件目录、专用工具与设备目录等。编写技术资料的目的是为用户提供使用和维修该型飞机所需的资料和说明。缺少必需的技术资料将影响用户对飞机的使用和维修,妨碍飞机执行规定任务。飞机、发动机、机载设备及地面保障设备都应配备用户资料,这些资料可以分三类向用户提供服务。

第一类是保证飞行操作和进行一级(基层级)维修所需的技术资料,如飞行手册、技术说明书、维护手册、随机资料目录、随机备件目录、随机设备、工具目录、履历本、合格证,等等。这类资料属于随飞机配套的,其费用应计入飞机成本并随飞机交付。

第二类资料是保证使用方进行二级(中继级)维修所需的技术资料,如图解零部件目录(飞机航材目录)、结构修理手册、无损检测手册等,这类资料不属于随机配备项目,应由订购方单独采购。

第三类是除上述技术资料以外的其他技术资料,属于订购方委托代办的资料,如各类人员培训讲义、各种图表或统计目录等,根据订购方的特殊需要,单独提出资料项目和编写要求,并与承制方签订技术经济合同。

在飞机研制过程中开展综合后勤保障的原则之一是订购方与承制方要密切合作。使用部门应及时提供必要的与使用有关的信息,以便承制方对保障资源进行合理的规划与管理。

4. 备件供应

确定采购、分类、接收、贮存、转运、拨发和处理补给品要求的所有管理活动、程序和技术。承制方重点是考虑备件品种规格与数量的保障,提供备件目录,包括初始备件保障供应和后续备件保障供应。备件供应是综合后勤保障重要的因素之一,因为无论计划维修与非计划维修都需要备件,如果不能获得备件,就无法完成维修任务,飞机就不能处于良好状态。而且飞机使用阶段备件的采购费用所占比例很高,备件费用一般约占综合后勤保障费用的 30%。因此,做好备件的规划与管理,对保持战备完好、节约保障费用具有重要意义。目前,我国航空兵部队备件管理制度中,对承制方的要求主要是提供一份适用的随机备件目录,根据备件的复杂程度、价格和使用频度确定配套数量比例。交付飞机时应按各种比例配带备件,其费用计入飞机成本。

5. 人力和人员

这项要素指的是按预定的使用与维护任务要求,确定飞机使用与维护人员的技能水平和人员数量,以确保按平时和战时的利用率在寿命周期内对飞机进行正确使用和保障。飞机交付部队后,如果没有经过训练的使用和维修人员,则该飞机或某项机载新设备可能被搁置不用,也可能被不熟悉的人员误用或乱用而损坏。因此飞机设计研制单位应该提出有关保障该飞机的人员要求的建议。在我国对飞行员的培训是由空军飞行航校和专业飞行学院负责的,他们都有专门的教学大纲和整套严格的管理与考核制度。飞行员的技能要求与配备数量由军方统一考虑。工业部门通常只需要对新机的地勤维护人员的专业、技能水平和人数提出建议。

6. 培训和培训保障

培训保障是为训练使用和保障飞机的人员而制定的培训计划和采用的方法,包括程序、技术、训练装置和设备,以及这些训练装置和设备的采办和安装方面的保障规划。这项要素是指进行人员培训时涉及的程序、技术、培训教材、培训装置和设备。飞机的使用人员、维修人员和管理人员都需要培训,以保证他们能够掌握使用与维修飞机的各种技能和科学管理方法。培训可分为两个阶段,即初始培训阶段与后续培训阶段。例如,航空兵部队初始培训的目的是当新机种配备部队时,对飞行员和机务人员进行使用与维修方面的理论与实际操作的培训,即进行改装培训。这种培训活动主要由飞机设计与制造单位负责。教员通常由设计工程师和制造厂试飞站的机务人员担任。培训所用的教材(改装讲义)由设计单位组织编写,培训装置和设备通常利用飞机或机载设备实物。后续培训是当新机种大批装备部队时,为部队培训使用和维护人员。这种培训任务通常由空军试飞训练中心负责,或者由各部队自行负责组织以老教新的培训。如果某个机型改装的批次与人员数量很大,为了提高效果,还需要制作专门的培训装置,如模拟座舱、系统试验台、机体结构与机载设备的分解实物等。

7. 外场技术服务

将外场技术服务作为综合后勤保障要素很重要,因为军用飞机的研制本身是一项大型系统工程,涉及的范围很宽,互相制约、互相影响的因素很多,并且许多因素还会因客观条件变动而发生变化,尽管在设计阶段作了周密考虑,但是当装备交付部队使用后一段时间内还会出现许多意料不到的问题,因此需要承制方提供外场技术服务。如果没有设计与生产单位技术人员在现场配合,新装备就难以正常使用。开展外场技术服务的主要目的是设计生产技术人员在现场指导和协助,完善部队保障系统,能尽快提高部队空勤、地勤人员对新飞机的使用维护水平;及时配合排除故障,提高飞机良好率;掌握飞机质量动态,取得第一手外场信息,为改进飞机设计和完善保障系统提供依据。因此可以说,外场技术服务是最直接最有效的技术保障活动。

飞机、发动机和机载设备的设计与生产单位,都应该设置承办外场服务工作的机构,配备有经验的技术人员,制定相应的规章制度,沟通承制方与订购方之间的联系渠道。从新机方案阶段开始,外场技术人员就应该参加研制活动,以文件或口头说明的方式向飞机设计人员反映外场信息,提出改进设计的建议。同时通过参与研制活动了解飞机和保障系统的设计特点，为以后做好外场服务工作积累信息。在飞机投入试飞前，外场工程师应负责编写试飞大纲，组织准备首飞评审文件，保证科研试飞与定型试飞正常进行。做好外场信息反馈工作是外场工作人员的一项重要职责。承制方应该建立外场信息反馈系统，建立数据库，制定信息管理制度，安排专职信息工程师与外场工程师合作，共同做好外场信息的收集、传递、分析、贮存、推荐应用等项工作，向设计工程师提供改进设计建议，向外场反馈故障处理意见，充分发挥信息的重要作用。

1.4.2　产品支援

产品支援的概念在我国，是随着可靠性、维修性概念的引入而出现的，以前只注重飞机的性能，不注重飞机的全寿命效能。随着实践的深入，人们开始认识到可靠性与性能同等重要。为了提高和实现飞机的全寿命综合效能，飞机的设计制造部门应该与用户协同，真正地按全寿命、全系统、全效益的管理要求，对飞机全寿命的各个阶段的工作统筹规划和安排，特别是航空飞机制造商，要把用户以可靠性为基础的接收、使用、维修等工作作为重点加以规划、设计、研究，协助用户建立民用飞机的产品支援体系。产品支援是一个体系，它不是孤立的、阶段性的工作，而是贯穿于飞机研制、销售和使用等全过程。它与设计、制造、管理部门有着密切的联系。它的管理是一项全局性的工作，制造商应根据飞机的销售数量、机队分布情况及技术水平和经验等建立一套行之有效的集中的管理机构，根据飞机的市场预测、机队规模、航线结构、维修体制、维修能力等合理地安排人力及费用，为飞机用户提供各种支援服务，如维修、备件供应，提供各种技术数据、资料和培训等。维修要树立以可靠性为中心的维修思想。备件供应要树立以可靠性为中心的航材控制新思路，将可靠性预测技术与先进的库存管理 MRP 技术结合起来，实现以可靠性为中心的航材控制，使用户的飞机保持最佳的运行状态。制造商要建立质量与可靠性信息中心，专门收集、分析用户反馈的质量信息，为工程设计人员提供改进飞机可靠性、维修性的建议，促使制造和设计部门不断改进飞机的有关性能，最大限度地减少飞机的停机时间，降低飞机的营运和维修成本，确保飞机正常运行。制造商在寿命周期服务过程中，必须尽心尽责地完成各类用户支援服务工作，要把产品支援部门的"维修审查"（会签，其形式类似于国内现行的工艺审查），作为促进飞机可靠性、维修性提高的管理措施之一。产品支援工作既然是一个体系，它的工作从计划管理、信息处理、发送指令都必须按一定的程序，实施现代化的管理，与设计、制造、采购、试飞等部门保持密切联系，共同解决和处理用户遇到的各种问题。

产品支援的目的在于为客户提供更多的价值，并创造一种能够达到或者超过客户需求的产品和服务。根据波音公司的经验，产品支援工作大体上可以分为培训性支援、技术性服务和零备件支援三个部分。其中，培训性支援包含飞行、航务和维护三个方面；技术性服务包含工程服务和现场支援；零备件支援包含初期性的支援、持续性的支援和"停飞飞机"的支援。在民用飞机的产品支援工作中,要将承制商、供应商和零备件、维修计划、质量控制以及设计、制造、航务、地面支援、培训、文件资料等诸多方面形成一个服务系统,实行系统工程管理,从而较好地兑现让客户完全满意的承诺。在产品支援中,要十分重视客户的意见,根据客户的需求不断加以改进。国外一些成功的民机制造厂商从市场竞争的深刻教训与经验中认识到做好产品支援的重要性,十分重视加强产品支援工作。他们把这项工作的某些优势视为公司竞争取胜的法宝,在公司内聚集了相当数量有水平的专业人员,专门从事这项工作,从业人员占公司人数的 6%,甚至 8% 以上。产品支援是所有关于民用飞机的备件支援、工程服务、技术出版物、用户支援、用户培训的总称。民机产品支援主要包括以下内容:

1. 维修工程

维修工程是联系飞机安全性和经济性的桥梁和纽带,包括维修大纲、飞机运营数据的采集和分析、基本维修计划的更新、特殊维修大纲、客户化的维修支持方案。

2. 备件支援

备件支援是产品支援的重要内容,包括备件计划、备件采购、备件贮存、备件服务、备件商务和质量保证。

3. 技术出版物

为确保飞机正常营运和维修工作的顺利进行,必须向用户提供完整的技术出版物,它应符合有关部门颁发的标准和参照美国航空协会 ATA100《航空产品技术资料编写规范》的有关规定和适航当局的要求编制出版。制造商根据销售台同把技术出版物提供给航空公司,根据适航要求提供给适航管理部门,根据设计、生产、使用需要分发给各有关部门。

4. 培　训

为使用户熟悉飞机,正确使用和维修飞机,充分发挥飞机的性能,延长飞机使用寿命,根据销售合同规定,制造商要对用户提供全方位培训和协助;制造商对用户的培训水平是至关重要的,与其出现问题后再去支援和服务,不如教会用户"方法",使其少出问题或出现问题后能自行解决。如果能通过高水平的培训使用户的受训人员系统、准确、全面地掌握飞机的性能特点、维护规范、工作程序和管理方法,那么后面的支援和服务就会轻松得多。用户培训分为飞行培训、机务培训、签派培训、乘务培训。

5. 工程与技术支援

为保证飞机寿命周期内能进行安全和经济的维修,制造商要向用户提供有关飞机使用的技术工程支援,包括维修工程、使用检测、更改和服务通报、技术支援和地面支援设备等。产品支援的一个重要职能就是对飞机营运中有关运营、管理、维修、可靠性和成本数据的监测和分析,并将有关数据提供给设计部门作为现在和将来的飞机最优化设计参考;根据历史数据和有关营运数据确定维修成本、可靠性数据、备件、地面支援的内容,并把它们移交给设计部门,作为技术说明书的一项内容;在飞机使用过程中,对飞机营运中的可靠性、维修性数据、成本等进行监测、分析,主要包括营运可靠性分析、维修性数据和成本分析,并将分析得到的相关数据反馈给客户,指导其使用、维护及提供外场技术支援。要建立以可靠性为基础的工程服务,就要把此项工作贯穿于整个飞机的方案论证阶段、型号研制阶段和售后服务阶段。

6. 供应商管理

供应商管理包括一般规定和技术服务,其中技术服务又进一步包括技术咨询援助、技术性能报告、使用问题的纠正措施、使用问题的改进方案和外场服务。

1.4.3　保障性技术构成

装备保障性的好坏、装备是否能够得到有效的保障,对在研制阶段开展保障性设计分析与评估工作至关重要。掌握好保障性技术是实施综合保障工程、确保装备得到有效保障的重要前提。保障性技术包含以下三部分内容:

1) 装备保障性设计分析与评估技术,包括保障性设计准则、保障性要求的确定。

2) 保障系统的设计分析技术,包括故障模式影响及危害性分析技术(FMECA)、以可靠性为中心的维修分析(RCMA)技术、修理级别分析技术(LORA)、预测与健康管理技术(PHM)等。

3) 装备与保障系统的权衡优化技术,对保障性要求、保障方案、保障资源等的权衡优化。

思考题

1. 现代局部战争中飞机的保障具有哪些特点?

2. 现代航空装备保障面临哪些方面的问题?

3. 什么是保障性技术?保障性技术包括哪些内容?

4. 简述航空综合保障的国内外发展现状。

5. 综合保障与产品支援有何异同?

第2章　航空保障相关基本理论

2.1　保障性技术

2.1.1　保障性的定义与内涵

从20世纪60年代中期开始,美国国防部就重视装备的保障问题,提出了综合后勤保障ILS的策略措施,初期的ILS政策主要是强调整个后勤保障要素的综合开发,要求在设计中综合考虑使用与保障费用,并在研制中予以评价与综合,当时并没有提出保障性的概念。80年代以来,美国国防部发现大部分武器装备的采办周期长,维修与后勤保障工作繁重,战备完好性差。美国国防部将战备完好性与保障性置于武器装备研制的最优先位置,并在1983年发布的新版本军用标准MIL-STD-1388-1《后勤保障分析》中定义了保障性。保障性(Supportability)是系统的设计特性和计划的保障资源能满足使用要求和维护要求的能力。

在航空领域,保障性是航空装备便于保障的属性的综合体现,是航空装备的固有属性,分为设计特性(即操作简便、易于维护、修理,便于监测、装卸、运输等)及保障资源充足适用。航空保障性是通过在飞机的寿命周期内开展综合保障工作赋予航空装备的固有属性实现的,包括以下两个方面的含义:

1) 航空装备要具有便于保障的设计特性;

2) 所规划的保障资源应当充足、适用,即所规划的保障资源是必需的、充足的、且与飞机系统相匹配。

保障性的地位:

1) 保障性是描述飞机系统可保障和受保障程度的一种综合性的设计特性。它包含了可靠性、维修性、测试性、运输性等诸多与保障有关的设计特性和全部计划的保障资源对航空保障特性的影响。

2) 以最低的寿命周期费用实现运行完好状态与保障性目标是航空装备采办的主要目标。

3) 保障性是飞机性能的两大组成部分之一,在确定性能要求时,要把保障性纳入飞机的性能规范之中。

提高飞机的保障性的目的就是尽量减少飞机使用阶段对保障资源的需求,同时使保障系统最优化。提高航空保障性的主要活动有以下三个方面:

1) 从设计入手,把保障性设计到航空装备中,保证航空装备具有规定的可保障

设计特性,使其可保障和易于保障,并减少对保障资源的需求;

2)通过详细的维修任务分析确定飞机所需的保障系统和保障资源;

3)通过最佳修理等级分析确定一个有效的保障方案。

保障性的目标主要有三点:

1)影响设计;

2)确定保障要求;

3)在飞机的全寿命周期中用最少的资源消耗获取最大的使用效能。

1. 保障性要素

1)维修规划——是研究并制定飞机维修方案及要求的工作过程。它规定的各项维修工作及其所需资源,其核心是飞机的维修大纲。飞机的维修大纲是按以可靠性为中心的维修(RCM)的指导思想制订的。维修规划是一项连续不断的活动,它从维修方案的研究制订开始,随着系统工程逐步细化、深化,形成维修计划,实现各资源、保障要素的综合开发,实现综合保障的优化。

2)人员人力——确定保障使用和维修航空装备所需的空、地勤人员及技术水平要求。

3)供应保障——使用和维修航空装备的工作中所需的备件与配件。

4)保障与测试设备——为保障使用和维修确定所需的保障与测试设备。

5)培训与培训设备——为确保航空装备的使用与维修对空勤、地勤和管理人员的培训,并配有必要的培训设备。

6)技术资料——为保障装备的使用与维修所需的配套技术文件。

7)计算机资源保障——航空装备的使用与维护应用了若干计算机,对这类计算机所需的设施、硬件、软件、文件和人员等构成了计算机资源保库。

8)包装、装卸、贮存、运输——为保障航空装备的使用与维护,需规划与实施包装、装卸、贮存、运输所需采取的程序与方法。

9)设施——为保障装备的使用与维护应确定的必要设施与要求。

以可靠性为中心的维修分析、保障设备的完善配套、备件需求研究、保障系统设计参数指标的试验、验证工作等每一项工作都影响到新机运行指标的实现,影响到新机综合运行效能,影响到新机设计的成功与否,只有各专业设计人员共同努力,才可能实现保障性的目标。

2. 保障性参数

保障性参数体系可分为系统保障性参数、保障性设计参数和综合保障参数。

系统保障性参数在战时可用飞机最大出动率(SGR)表示,它直接反映了飞机的设计特性和规定的保障系统的组合效能;在平时可采用使用可用度(A_0)或能执行任务率(Mc)表示。

保障性设计参数则用可靠性参数平均故障间隔时间(MTBF)、平均故障间隔飞行小时(MFHBF)等表示,维修性参数可用平均修复时间(MTTR)、每飞行小时的维修工时（MMH/VH）等表示，测试性参数可用故障检测率（FDR）、故障隔离率（FIR）、虚警率（FAR）表示。

综合保障参数可采用保障供应参数、备件数量、备件利用率等表示；保障系统参数可用再补给时间（RST）、再次出动准备时间（TAT）等表示。

2.1.2　保障性分析过程与内容

保障性分析是航空综合保障的分析工具。保障性分析在国外称为后勤保障分析（Logistics Support Analysis，LSA），也称综合保障性分析。航空保障性分析是研究保障问题影响航空装备设计和确定保障资源的重要的分析程序与方法，是实现保障性目标的基础，是使装备便于保障和交付使用时及时建立保障系统、提供经济有效保障的重要保证。

1. 保障性分析的作用

保障性分析的作用可概括为三个方面：

1）提出和确定与保障有关的设计因素，用以影响航空装备设计，使航空装备设计得既满足任务要求又便于实施保障。

2）在研制航空装备过程中，尽早地确定影响保障和费用的主导因素，以便确定分析工作的重点，并及时制定改进的目标和解决的方法。

3）提出航空装备使用与维修所需的各类保障资源的要求，以便进行保障资源的研制与采购。

2. 保障性分析的过程

保障性分析贯穿于飞机寿命周期各个阶段并与航空装备研制进展相适应的反复有序的迭代分析过程。保障性分析的基本过程可分为如下几个步骤：

1）提出飞机的保障要求；

2）制定保障方案；

3）确定保障资源要求；

4）研制和生产期间保障性的评估。

保障性分析过程是一个反复权衡协调航空装备及其各类保障资源要求以符合保障性目标的过程。保障性分析过程应用于两个方面：一是提出有关保障性的设计因素，二是确定保障资源要求。前者是根据航空装备的任务需求，确定运行完好性与保障性目标，进而提出与确定可靠性、维修性、测试性、运输性等有关保障性的设计要求，以影响航空装备的设计，这是将保障性考虑有效地纳入飞机设计，使研制的飞机具有可保障与易于保障的设计特性。后者是根据航空装备的运行完好性与保障性目标，确定保障要求和制定保障方案，进而制定保障计划和确定保障资源要求。

3. 保障性分析的任务和主要内容

从上述保障性分析过程两个方面的应用，可以进一步明确实施保障性分析应完成的主要任务有：

1) 提出保障性要求；

2) 制定和优化保障方案；

3) 确定保障资源要求；

4) 评估新研机型的保障性；

5) 建立保障性分析数据库。

从而，保障性分析包括保障性要求的确定、保障方案的确定与优化、保障资源需求的确定和保障性评估等内容。

2.1.3　保障性分析信息与接口

1. 保障性分析信息

在飞机研制过程中，开展航空综合保障工作需要大量的信息。这些信息主要由保障性分析产生，所以称为保障性分析信息。对这些信息的记录、处理和应用是保障性分析工作的重要组成部分。由于保障性分析信息的应用广泛、作用重大，记录和处理工作又十分繁杂，因而日益受到重视。

（1）保障性分析信息的范围和作用

保障性分析是一种综合性的分析，它涉及到各种具体的分析技术，是一种反复迭代的过程。在分析过程中所产生的信息范围广泛，数量巨大，它包括了保障和与保障有关的所有工程数据。这些信息可概括为如下各项：

1) 航空装备的使用与维修信息。这些信息明确了对产品使用与维修的要求。其中包括：任务和使用要求数据、平均故障间隔时间、平均维修间隔时间、平均修复时间、所保障的装备的总数、年计划的维修工时、年非计划的维修工时、维修所要求的人员数量与技术等级等；

2) 飞机及其分系统的可用性、可靠性、维修性、故障模式影响及危害性分析信息；

3) 飞机使用与维修工作清单、使用与维修工作任务分析、人员与保障要求信息，还包括每一可维修项目的使用与维修工作任务以及完成每项使用与维修工作任务所需的训练、人员、保障设备和供应保障要求等；

4) 保障设备与训练器材要求信息；

5) 受试件的要求与说明信息；

6) 设施要求信息；

7) 人员数量和专业技能要求信息；

8) 包装和供应要求信息；

9) 运输性工程分析信息。

保障性分析数据流和与系统工程的接口关系如图 2.1 所示。保障性分析信息的主要作用概括如下：

1) 为保障资源的研制、购置与筹备提供原始数据；

2）为及时发现保障问题、纠正航空装备的设计缺陷提供反馈信息；

3）为进行各种权衡分析、寿命周期费用估算和建立分析模型提供所需的数据；

4）为编制综合保障所需的资料和文件提供数据；

5）为评估装备在使用现场所达到的保障性水平提供数据；

6）为后续航空装备的研制提供保障性分析历史数据。

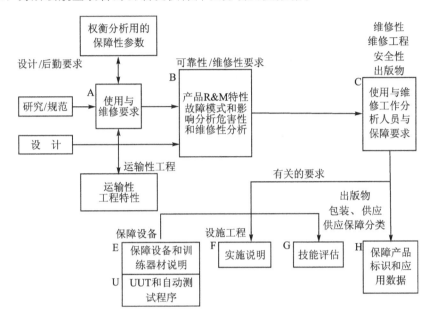

图 2.1　保障性分析数据流与系统工程的接口关系

（2）保障性分析信息的处理

为了更好地利用保障性分析过程中所产生的大量数据，必需按照一定的格式对这些数据加以记录、处理。按照规定格式所记录的保障性分析信息就是保障性分析记录。对保障性分析记录中的数据规定统一的格式和要求，便于对数据进行处理，实现数据的共享，有利于在各军兵种、各工业部门之间实现保障性分析记录数据处理的标准化。

保障性分析记录格式的标准化，就是对保障性分析记录中的数据规定标准的数据元定义、编码、字段长度、字段类型等。

在保障性分析中，分析的结果通常以保障性分析记录汇总报告的形式输出，保障性分析记录汇总报告也应有规定的格式要求。

（3）保障性分析自动数据处理系统

采用自动数据处理系统处理保障性分析数据，首先应建立保障性分析数据库，并且应该是独立的数据库。据国外有关资料介绍，过去在开展综合保障工作中使用了大量的互不兼容的数据库，存在许多问题，造成技术手册与硬件设计不匹配、备件与原型件不能互换、培训课程与装备设计脱节，以及配备了无用或不必要的保障设备等。

为了避免出现上述的情况,在装备研制的早期,开发独立的保障性分析数据库是非常必要的。

建立数据库时,应先定义数据库的结构。保障性分析记录中规定的数据元定义、编码、字段长度、字段类型等,实际就是数据库的结构。

保障性分析数据库结构建立后,应编制自动数据处理软件,以实现数据的录入、修改、查询、储存、转换、输出等项工作。建立的数据自动处理系统必须经过有关部门组织的验证,才能具体应用。应根据以下准则验证建立的保障性分析数据自动处理系统。

1) 现场采集的数据必须与标准的数据元定义、数据元编码、数据字段长度和数据类型一致;

2) 应能产生标准的保障性分析记录汇总报告;

3) 数据自动处理系统应便于维护。

以上准则是保障性分析数据自动处理系统必须满足的最低要求。若要增加自动处理系统的功能,应考虑到自动处理系统的采购装机以及维护费用、计算机硬件兼容性、可用性和培训要求等问题。

目前综合保障自动数据处理系统在国外发展很快,图 2.2 为国外开发的一种保障性分析记录数据处理系统框图。这种系统具备从建立数据库到编制汇总报告的完整能力,可以简化保障性分数据处理过程。

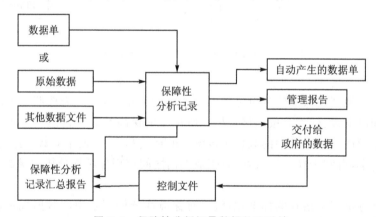

图 2.2　保障性分析记录数据处理系统

保障性分析数据库中所储存的信息,可按照一定的用途分类汇集成保障性分析记录汇总报告,并按照规定的格式输出。这些汇总报告汇总了由保障性分析得出的关键信息,从而可以提供出诸如耗时最长或重要的维修工作、人员技能需求、培训需求以及保障设备和测试设备需求等方面的详细信息。这些报告确定了保障资源要求,为研制保障系统及后续的备件采购工作等提供基准数据和信息。表 2.1 为国外关键性维修工作任务汇总报告格式示例。

表 2.1　保障分析记录汇总报告示例

LSA-006	申请者:BOB. ORENDAS 后勤保障分析记录			时间：10：20	日期：90.3.7	页码：01		
				关键性维修工作任务汇总				
EIAC	LCN 名称	起始 LCN	ALC	终止 LCN	UOC	军兵种说明		显示方案
制冷装置	制冷装置	0	00		DCY	空军		TM 功能分组代码

关键准则：1. 工作频度超过 2.0000 的维修工作任务
　　　　　2. 该报告包括的维修级别：全部
　　　　　3. 该报告仅包括非计划的维修工作

TM	FGC	ALC	LCN 名称	参考号	CAGE	工作码	工作说明	工作频度	MB	LCN
00	00		制冷装置	F-100000-RG 5 CKA AM700	94833	HGOAAAA	更换制冷装置	3.054 0	0	0
0607	00		汽化器组件	142-0431	44940	CGFAGAA	保养汽化器	3.336 0	0	00607
0607	00		汽化器组件	142-0431	44940	DGOAAAA	调整汽化器	3.336 0	0	00607
06	00		发动机组件	CCKA-MS/3834J	44940	HGDXAAA	更换发动机组件	3.333 0	0	006
06	00		发动机组件	CCKA-MS/3834J	44940	NGOAAAA	故障定位-检修发动机	3.309 0	0	006
05	00		压缩机组件	5043-139-A	10855	HGFAAAA	更换压缩机组件	2.000 0	0	005

符号说明：
LSA — 保障性分析　　　　　　　　ELAC - 成品缩写码　　　　　　　　LCN —保障性分析控制号
ALC — 备用保障性分析控制号编码　UOC —使用码　　　　　　　　　　TM --- 技术手册
FGC — 功能组码　　　　　　　　　CAGE - 商务和政府机构码　　　　　MB --- 量纲

2. 保障性分析接口

（1）保障性分析接口的概念

在航空保障性分析过程中，为达到各项分析的目的，有关综合保障工程的各专业和航空装备工程设计与制造各专业之间，在分析与评价的数据、物理和功能关系、技术状态管理与质量保证以及各专业的进度要求等方面的信息相互衔接称为保障性分析接口。

接口可以采用图纸、图表、数据格式、使用程序、方程式和文字资料等各种形式来表达。

接口工作是保障性分析能否顺利和有效进行的重要工作，由于分析是反复迭代进行的，很多信息是在不断更新和扩充的，所以信息的不及时或错误，将导致一连串保障分析工作的失败或不必要的重复劳动。对于接口工作应提出下列基本要求：

1）必须明确保障性分析和有关专业工程中每一项工作项目的输入与输出内容和要求，并做好跟踪和监控，以保证及时提供有用的信息。

2）确定做哪个工作项目？何时做？需要什么信息？由谁提供？必要时还要明确同一时间内信息相互影响的程度。

3）接口提供的信息必须是信息流，而不是简单的周期的或间断的数据汇集，必须是其他工作项目或专业分析结果的及时反馈。

（2）保障性分析接口的分类与主要内容

保障性分析所需要的接口，可分为四大类：（a）综合保障工程各要素间的接口；（b）保障性分析与装备设计和其他工程专业间的接口；（c）承制方内部与保障性分析工作有关机构间的接口；（d）承制方与订购方之间的接口。图 2.3 为上述各类接口和它的主要内容。

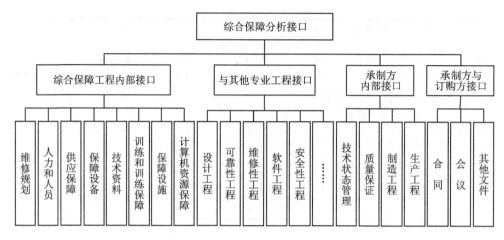

图 2.3　保障分析接口

（3）综合保障工程各要素间的接口

综合保障工程各要素间的接口极其复杂，有时很难鉴别哪一个专业能准确地提供所需的输入，或将分析结果提交给适用的地方，因为在综合保障工程中有时需要多项工作同时发生作用以满足某一工作的要求，而这些工作又是相互依赖的，这就特别强调对接口的管理与控制。

维修规划是保障性分析过程中起决定性作用的一环，因为它是为制定维修保障方案和确定维修工作任务而进行规划工作的。所以维修规划与综合保障工程所有专业（要素）都有直接关系，它为人员和人力、保障设备、供应保障、训练、设施、包装储运以及技术资料等提供输入，同时这些保障专业在确定自己的工作时又要及时向维修规划反馈信息，以便考虑各专业有关问题对维修保障方案的影响。维修规划与其他各保障要素之间的接口是综合保障工程内部最复杂而又是重要的接口。此外，维修规划还必须与设计的技术状态密切协同。

又如，保障设备的数量和类型是根据使用与维修工作任务决定的，它既要求完成使用保障与维修保障任务，又要求尽量减少保障设备需求。它们之间既是输入又是输出的双向接口（图 2.4）。保障设备分析的结果还提供给技术资料、培训和备件供应等作为输入。技术资料要包括保障设备的使用和维修的说明与要求。培训工作也要包括对保障设备的使用与培训、维修操作与培训以及模拟培训设备的研制要

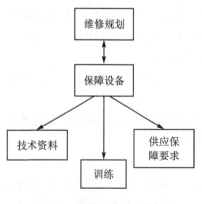

图 2.4　保障设备分析接口

求。保障设备在使用与维修中所需备件通常也包括在供应保障中。此外,保障设备要求的任何更改也将影响其他保障资源要求。

其他综合保障要素也有类似于保障设备接口。

2.2　航空综合保障工程

2.2.1　航空综合保障工程的定义

关于综合保障工程目前尚无完全统一的定义,根据综合后勤保障思想,对航空综合保障工程作如下定义:

航空综合保障工程是在飞机研制过程中,为满足战备和任务要求,综合规划航空装备所需的保障问题,在装备部署使用的同时以可承受的寿命周期费用提供与装备相匹配的保障资源和建立有效的保障系统所进行的一系列技术与管理活动。

2.2.2　开展航空综合保障工程的目的和主要任务

1. 开展航空综合保障工程的目的

航空综合保障工程的目的是在获得航空装备的同时,获得与其匹配的保障资源,建立保障系统,及时形成执行任务的能力。通过开展航空综合保障工程要达到以下两个主要目的:

1) 通过考虑保障问题对飞机设计施加影响,使飞机设计得便于保障;

2) 通过同步规划和获取保障资源,建立保障系统,对飞机实施经济有效的保障,使所部署的航空装备能够得到保障。

2. 航空综合保障工程的主要任务

为了实现上述目的,航空综合保障工程主要应完成如下几个方面的任务:

1) 提出科学合理的保障性要求;

2) 有效地将保障考虑纳入航空保障系统设计;

3) 规划并获取所需的保障资源;

4) 在使用阶段以最低的费用对航空装备实施保障。

2.2.3　航空综合保障工程的特点

从上述对航空综合保障工程的定义、目的、主要任务的描述可以看出,航空综合保障工程具有以下特点:

1. 装备保障与装备研制同步进行

过去,在装备研制过程中通常采用序贯式工程,即在装备研制出来后才考虑其保障问题。序贯式研制出的装备,使用与保障困难、保障费用高。综合保障工程与序贯式工程的本质区别如图 2.5 所示。

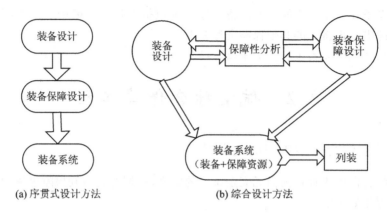

(a) 序贯式设计方法　　　　　　　　(b) 综合设计方法

图 2.5　综合保障工程与序贯式工程的对比

为使综合保障工作影响装备设计和所提供的保障资源能与装备同时部署到订购方，在装备立项和论证时，就应开始进行保障问题的研究和论证工作，装备设计和保障系统的设计要同步进行，并相互协调。在装备定型试验前，也应完成保障资源的研制工作，以便保证装备和保障资源同时配套进行试验与考核。在装备交付订购方试用时，能同时进行装备与保障系统的试验与评估。在装备部署使用时，与之相适应的保障系统也应形成。

2．时刻考虑降低装备系统的寿命周期费用

寿命周期费用是指装备系统在预计的寿命周期内，为其论证、研制、生产、使用和退役处理所支付的一切费用之和。寿命周期费用的基本构成是购置费和维持费，其中维持费又包括使用费和维修费。一些统计资料表明，装备的寿命周期费用中，使用与维修保障费用通常占到 60% 左右，有的甚至高达 70%～80%，这意味着降低寿命周期费用的关键在于控制产品的保障费用。美军曾得到如图 2.6 所示的研究结果，由图可以看出，寿命周期费用主要取决于研制、生产过程的影响，到产品交付使用时期，已难以对寿命周期费用的改变产生重大影响。这既说明在飞机研制早期开展航空综合保障工程能大幅降低周期费用，也从另一个侧面说明了在飞机研制过程中同步规划保障问题的重要意义。

2.2.4　航空综合保障的基本概念

1．保障系统

航空保障性是通过开展航空综合保障工程来落实的。开展航空综合保障工程要达到的目的之一是规划和获取保障资源，建立保障系统。

航空保障系统是在飞机寿命周期内用于使用和维修航空装备的所有保障资源及其管理的有机组合，是为达到既定的保障性目标使所需的保障资源相互关联和相互协调而形成的一个系统。虽然各类保障资源是根据航空装备战备或运行完好性目标而研制和选用的，但只有保障资源还不能直接形成战斗力或成功执行任务，需要将所

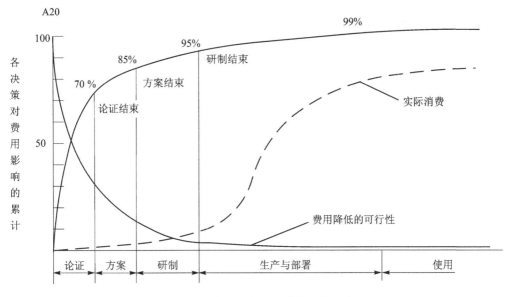

图 2.6 寿命周期各阶段对费用的影响

有的使用与维修保障资源有机地组合起来,形成保障系统,才能发挥每项资源的作用。研制和选用的各类保障资源,也只有有机地组合起来,形成保障系统,才能充分发挥每项资源的作用。

航空保障系统包括航空装备保障所需人力、物力、信息等各种资源以及这些资源的管理。只有通过合理的管理,才能将分散的各种资源组成具有一定使用和维修功能的系统。保障系统主要由使用保障、维修保障、备件供应和人员保障等功能组成。所以保障系统又是为了实现上述保障功能的一整套资源与管理的系统。

保障系统的建立步骤包括:确定保障性要求,进行保障分析,综合考虑保障问题,使保障考虑影响航空装备设计,并同步规划保障资源,建立经济有效的保障系统。

2. 保障方案

保障方案是飞机在总体上(或称为系统级)保障工作的概要性说明,是落实航空保障性要求和实现保障性目标的总体规划,是航空综合保障工程中的关键性工作。保障方案的制定是一个动态过程,在飞机论证阶段提出初始保障方案,它是研究保障问题影响装备设计的基础,也是确定飞机的可靠性和维修性指标的重要根据;在方案阶段和工程研制阶段经过优化的保障方案则是制定保障计划和研制保障资源的基本依据,从优化的保障方案才可以得到最佳的保障资源要求;部署使用阶段,保障方案规定的维修级别、各级别的主要工作,是建立新研发机型保障系统和维修制度的基础。保障方案可分为:使用保障方案与维修保障方案两类。

使用保障方案中规定了使用保障的基本原则,其中包括装备的保障供应、储存和运输的方式、消耗品的补充、使用专业技术的约束、主要保障资源的基本要求等。

维修保障方案规定了维修保障的基本原则。目前对维修方案的研究比较完善，从初期方案的制定到最后形成维修保障计划、维修保障系统和维修制度，都已有了较规范的工作程序。

维修方案包括维修类型、维修原则、维修级别及其任务、预计的主要维修资源和维修活动约束条件等。

维修类型包括计划维修和非计划维修，计划维修也称预防性维修，非计划维修也称修复性维修，维修类型规定了装备维修应进行的具体工作（保养、检查、更换等）和工作时机。

维修原则中规定了装备完成修理的预定程度（国外称修理策略），它是飞机设计的一种约束条件。修理原则要求产品可设计成不可修复的、局部可修复的和全部可修复的三种。对不可修复的产品有故障时用备件予以更换。

保障方案是通过保障性分析反复权衡得到的，制定保障方案是综合保障工程的关键工作。

3. 保障计划

保障计划是比保障方案更为详细的保障系统的说明。它涉及综合保障的每个要素，并使各要素之间相互协调。其内容可涉及硬件的较低约定层次，并应提供比保障方案更具体的维修级别的任务范围。保障计划是对实现保障方案所需的各类保障工作的主要要求、内容和实施手段（如所需的人员数量及技术等级、训练、技术资料、工具、设备和设施等）以及操作程序、研制与获取进度和费用需求的详细说明。保障计划是承制方在飞机研制各阶段贯彻与实施订购方提出的保障性要求和经订购方认可的保障方案的具体措施的细化，也是订购方与承制方相互协调开展综合保障工作的基本依据。保障计划的作用如下：

1）使飞机研制过程中能同步考虑保障问题有一个可行的实施计划，便于监督与控制；

2）保障计划所列的各项保障工作的较详细的内容可作为优选保障方案的重要依据，也是制定保障资源要求和进一步研制或采购保障资源的依据；

3）保障计划是飞机使用阶段制定的使用与维修制度的基本依据。

4. 保障资源

保障资源是指为保证装备达到飞机使用要求或维护要求所必需的人力、物力、信息等资源。保障资源不同于综合保障要素。综合保障要素是指组成综合保障的不同专业（工作），本书前面提到的综合保障由 10 个组成要素，就是说综合保障由 10 个方面的工作所组成。10 个要素中除维修规划和设计接口属于技术协调与管理性质的要素外，其他 8 个要素的工作结果都要研制并按计划提供所需要的保障资源，如人力、备件、工具和设备、训练器材、技术资料、设施、内嵌式计算机和检测设备所需的软、硬件资源以及包装、装卸、储存和运输所需的资源等。

保障资源分类:使用与维修人员、消耗品和备件、技术资料、训练保障资源、嵌入式计算机的保障资源、保障设施、包装装卸储运和运输保障资源。

保障系统:是在飞机寿命周期内用于使用和维修航空装备的所有保障资源及其管理的有机组合,是为达到既定的保障性目标使所需的保障资源相互关联和相互协调而形成的一个系统。

5. 技术保障

技术保障指采取的技术措施,包括维修、修理、改装、检查等,是装备使用阶段的工作,通过一系列使用与维修措施及其管理活动,保持和恢复现役飞机的完好状态。

6. 航空保障特性

航空保障特性是指飞机保持和恢复飞机运行完好状态,持续完成飞行任务的能力。其表现为飞机及其分系统便于进行使用与维修保障,并能在使用与维修过程中得到充足和适用的保障的特性。

2.2.5 航空综合保障几个相关概念的关系

1. 航空综合保障与航空保障性的关系

航空综合保障是为了保证在飞机的寿命周期内,对其实施经济、有效的保障而进行的综合管理和技术活动。航空保障性指的是航空装备的设计特性和计划的保障资源能够满足飞机使用要求的程度。简而言之,航空综合保障是为了保障飞机良好使用而进行的综合管理与技术活动;航空保障性是描述航空装备设计特性和计划的保障资源满足使用要求程度的综合度量参数。航空综合保障与航空保障性所研究的主要目标是一致的,即以最低的寿命周期费用达到规定的战备完好性目标。它们的研究内容与范围也基本相同,略有差别之处是航空综合保障包括了保障资源的采办与提供,所以其范围比航空保障性更宽一些。

2. 航空综合保障与可靠性和维修性的关系

航空综合保障与可靠性和维修性有着十分紧密的关系。可靠性和维修性参数是综合保障各要素决策或设计的重要依据。在飞机的整个研制过程中,不断检查航空装备所达到的可靠性与维修性指标状况并及时地加以改善,会减少对保障系统的要求。

航空综合保障与可靠性和维修性又存在显著的区别。可靠性、维修性是航空装备本身的固有特性,而航空综合保障是为实现飞机战备完好性或飞行任务目标而进行的工程活动,从属性上讲它们不是同一范畴的事物。综合保障的四项基本内容中有两项活动,即在设计中综合考虑保障问题和确定最佳的保障要求与可靠性及维修性有紧密联系,而另外两项活动即采办保障资源和提供使用阶段所需的保障主要是一些供应方面的管理活动,并不直接与可靠性及维修性发生联系。

3. 航空保障性与其他设计特性的关系

航空保障性是航空装备便于保障的属性的综合体现,它受到各种设计特性的影响和制约,设计特性和航空保障性之间必须是协调的,它们之间存在着相互影响、相互制约的关系。在各种影响因素中,最直接的影响因素是可靠性及维修性,任何影响航空保障性的事件都直接与航空装备的固有可靠性及维修性相关,如图 2.7 所示。可靠性、维修性和测试性等都是航空装备的固有设计属性,而航空保障性是飞机系统的固有属性,是为了以最低的或可承受的寿命周期费用实现飞机的飞行任务。

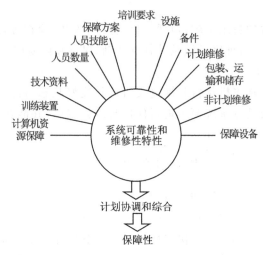

图 2.7　保障性与可靠性及维修性的关系

可靠性和维修性参数是综合保障各要素决策或设计的重要依据,航空装备的可靠性水平越高,发生故障的可能性就越小,所需的维修活动与保障资源消耗就越少。但是高的可靠性要求反过来又会带来研制、生产和试验等方面费用的增加。

4. 保障系统、保障方案和保障计划的关系

保障方案发生在飞机论证与研制前期,与使用方案和设计方案相协调,分为三个阶段:初始保障方案的制定,确定备选方案以及保障方案优化。保障系统的建立发生在工程研制后期和生产部署阶段,包括制定保障计划、确定保障资源和使用与维修制度等活动。保障系统、保障方案和保障计划之间的关系如图 2.8 所示。

5. 保障资源与保障系统的关系

保障资源是指为满足飞机战备完好性或持续执行任务能力要求,直接用于飞机使用与维修所需的人力、物资和信息等的统称。对于军机,保障资源包括保障设备,备品备件,人员数量,专业与技术等级,保障设施,技术资料,训练与训练保障、计算机资源保障,包装、装卸、储存和运输。对于民机,保障资源包括备件、维修计划、技术出版物、用户技术服务保障、培训保障等。保障系统是在飞机使用过程中用于使用与维修航空装备的所有保障资源及其管理的有机组合,是为达到既定目标使所需的保障资源相互关联和相互协调而形成的一个系统。保障资源通过合理地配置在各保障机构,在维修保障制度的协调下形成保障系统。保障系统不是保障资源的简单叠加,是

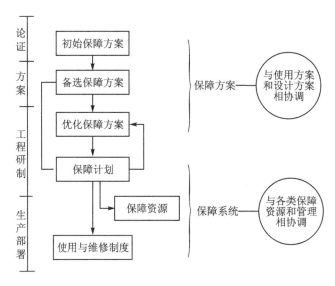

图 2.8　保障系统、保障方案和保障计划的关系

为达到既定目标所组成的具有完整使用与维修功能的系统。

6. 综合保障与保障技术、技术保障的关系

综合保障贯穿于飞机寿命周期全过程,研制阶段为飞机形成保障能力奠定良好"先天条件",是实施技术保障的基础与前提。

技术保障侧重于通过一系列使用与维修措施及其管理活动,保持和恢复飞机运行的完好状态,为飞机提供有力的保障,属于"后天养育"的工作。实施航空技术保障工作的过程中,产生的大量有关飞机使用和维修的信息,可为新研机型开展综合保障工作提供可借鉴的经验和数据。

保障技术是实施综合保障工程的方法与手段,包括保障性分析技术、保障要素确定方法、保障评估技术和方法、数字化维修保障技术等。

2.2.6　航空综合保障的研究对象和内容

1. 航空综合保障的研究对象是飞机保障

航空综合保障工程主要研究如何规划和实施飞机保障,使飞机及其保障系统相互匹配,从而发挥出最佳的使用效能。可见,航空综合保障研究的是飞机及其分系统和零部件保障。航空综合保障工程不仅包括大量的保障资源,而且这些保障资源的有效性还与飞机研制过程中所做出的与飞机保障工作有关的各种决策的综合影响有关。

2. 航空综合保障的研究内容主要是飞机的使用与维修保障

我国综合保障概念根据综合后勤保障提出,美军装备的后勤保障主要是指装备的使用与维修保障工作。因此,本书所指的航空综合保障研究内容主要包括以下两类：

（1）使用保障

使用保障是指为保证航空装备（即飞机及其分系统和零部件）的正确操作动作以便能充分发挥其作战性能或运行性能所进行的一系列工作，例如飞机使用前检查、飞机的操作技术、航空装备的储存与运输等。在飞机研制过程中对飞机使用保障的考虑主要包括：

1）所设计的航空装备要便于操作，可减少操作人员，易于实施人员的训练，操作人员不需要过高的文化水平，易于更替补充；

2）能迅速有效地供应能源；

3）有完善和适用的使用保障技术文件，使用操作文件应简单明确，图文并茂并与飞机系统的技术状态一致；

4）使用中所需的检测设备及工具便于操作、携带和运送；

5）适用于规定的空运运输方式和运输工具；

6）航空装备具有自保障能力（如机载辅助动力、机载制氧设备等）、自救能力和适应特殊环境的能力的考虑等；

7）航空装备能合理和方便地储存，并保障质量完好；

8）有飞机系统适用的场站、仓库等设施。

（2）维修保障

维修保障是指为保持和恢复飞机完好的技术状况所进行的保障工作，如飞机的计划与非计划修理（预防性维修、修复性维修/修理）、抢修、器材供应等。这些工作都需要相应专业人员的配备与训练、物资保障以及一套完整的保障系统。在飞机研制过程中对航空装备维修保障的考虑主要包括：

1）制定合理的维修保障方案（即维修方案），以便规划维修所需的资源和保障要求。

2）力求减少预防性维修的工作量，特别是基层级维修，以减少维修停机时间和维修人员配备。

3）便于进行排故维修，并尽量采取通用和简易的工具和设备（包括机内测试设备）。

4）与航空装备技术状态一致并简明而适用的维修技术文件，以便统一维修要求和便于维修人员操作。

5）易于实施维修人员的训练，维修人员不需要过高的水平，易于更替补充。

6）维修所需配套工具及设备，便于使用、携带和运输。

7）维修备件配套定额和供应方案力求标准化，减少供应品种和数量。

8）有适应各维修级别的固定设施及相应的维修设备。

2.2.7　航空综合保障的组成要素

航空综合保障要解决的问题涉及很多方面，既有与保障有关的航空装备设计问题,又有大量类型极不相同的保障资源的研制问题,并且要把这些方面的问题相互协调起来。因此,航空综合保障工程是一个由很多专业组成的综合性学科。这里所说的专业是指承制方或订购方进行综合保障工作所需的内部各种不同工作门类的专业分类,是根据综合保障设计的工程与技术特点来划分的,通常称这些专业分工为综合保障要素。每个要素都需要配备一批熟悉该专业的工程技术人员参与相应的工作。

与保障有关的航空装备设计问题、保障资源的规划与研制问题是综合保障工程要解决的主要问题。针对这两个主要问题,综合保障的组成要素通常包括以下几个方面:

1) 规划保障,从确定保障方案到指定航空装备保障计划;

2) 人力与人员,人员数量、专业与技术等级要求、考核工作;

3) 供应保障,备品和备件的品种和数量;

4) 保障设备,设备的品种、规格与数量、技术性能、设备本身的使用和维修保障问题;

5) 技术资源,手册、规范、指南、说明书、工程图样等形式记载的技术信息,发展方向交互电子技术手册;

6) 训练和训练保障,为训练使用与维修人员而制定的,训练计划、课程设置、训练方法和提供教材与训练设备;

7) 计算机资源保障,为嵌入式计算机系统,规划与提供所需的硬件、软件、监测仪器、保障工具、文档;

8) 保障设施,规划所需的永久和半永久性的构筑物及其有关设备的各种工作,包括设施选址、制定环境要求、确定构筑物要求、建设的进度与费用安排、管理与使用要求、更新和改造等;

9) 包装、装卸、储存和运输,环境要求、储存期限、特殊封存与包装要求、专用装卸和储存设施与设备、运输要求,分析评价这些方面对航空装备设计的影响;

10) 设计接口,航空装备设计与保障系统设计之间的接口。

思考题

1. 简述保障性的含义。

2. 保障性要素有哪些?

3. 保障性分析的定义、作用、任务是什么?

4. 保障性分析的过程是什么?

5. 保障性分析包括哪些主要内容?

6. 保障性分析接口分为哪几类?

7. 建立保障性分析自动数据处理系统的准则是什么?

8. 什么是航空保障性? 保障性与可靠性和维修性的关系是什么?

9. 什么是航空综合保障工程？

10. 开展航空综合保障工程的目的和主要任务是什么？

11. 什么是使用保障和维修保障？

12. 综合保障与技术保障的区别与联系是什么？

13. 综合保障的组成要素有哪些？

14. 航空综合保障的研究对象和内容是什么？

第3章　FMECA 技术

FMECA 技术可用于不同的专业工程中。在可靠性工程中,FMECA 是一种设计评定方法,其结果用于判定故障的严重程度和发生的可能性及对相关机件的影响,通过设计以消除故障或将故障发生频率降低到某一可接受的程度,从而降低故障的危害程度。在制定设计准则和装备方案设计的早期进行初步的 FMECA,用以评定设计方法和评比设计方案。在装备维修性工程中应用 FMECA,是为了从可能的故障模式及其对装备的影响中确定所需的维修性设计特征信息,如故障确认、故障隔离、故障检测点布置和拆装方便性设计等。

3.1　FMECA 概述

3.1.1　FMECA 概念

FMECA(Failure Mode, Effects and Criticality Analysis)是故障模式、影响及危害性分析的简称,它是在产品设计过程中,通过对产品的各组成单元(元器件或功能块)潜在的各种故障模式及其对产品功能的影响,与产生后果的危害程度进行分析,提出可能采取的预防改进措施,以提高产品可靠性的一种设计分析方法。它主要包括两个内容,即故障模式影响分析(FMEA)和危害性分析(CA)。前者是定性分析,既可采用"自下而上"的逻辑归纳法,也可采用"自上而下"的功能法,其目的是通过分析了解影响系统功能的关键性零部件的故障情况,以便采取措施改进设计。这种故障分析方法能够较为准确地描述系统与组成系统的各功能单元之间的逻辑关系,并判断功能单元的故障对系统产生的影响程度,而这些在以前必须依靠人们的文化知识、经验、能力等才能完成工作,因此在一定程度上降低了对人为因素的依赖性,是一种非常有效的可靠性保障技术。后者是在前者基础上的扩展与深化,必须依据一定的数据,使分析量化,属于定量分析。

3.1.2　FMECA 在综合保障工程中的作用

在综合保障工程中,FMECA 主要用于:

1. 确定修复件维修项目和要求

首先根据 FMECA 得到的故障发生部位、对装备功能的影响程度、发生的概率以及是否可以采取预防性维修措施加以消除或减缓等进行分析研究,确定应进行的修复性维修工作。

　　修复件维修工作包括故障诊断与判明、故障隔离与定位、拆卸和分解、更换有故障件、原件修复、组合与安装调试等作业。并非每一故障都对应一种修复性维修工作。通常根据装备功能间的物理关系,一种维修工作也可以纠正或排除多个故障,可以称这种维修工作为修复性维修工作项目。例如发动机汽缸盖漏水、汽缸垫破损以及缸盖上某些连接件损坏等故障可以用一个维修工作项目来解决。

　　由于修复性维修工作的内容比较复杂,修复的深度、广度差别很大,因此要根据故障特点对不同的修复内容分别提出要求。如上例中汽缸垫的损坏可以换新件,汽缸盖的渗漏可以更换,也可以焊接修复。

　　2. 确定预防性维修工作类型

　　确定预防性维修的工作类型是以可靠性为中心的维修分析 RCMA 的主要任务,但在预防性维修逻辑决断中首先是要进行故障后果的评定。此时 FMECA 为故障后果评定提供了最基础而重要的信息,特别是研究影响任务和影响安全的后果时,可利用在 FMECA 中的危害性分析有关的结论再作进一步分析。

　　3. 判定维修时故障查找程序

　　在 FMECA 中,要根据故障特征按照航空装备的结构和功能框图的层次对整体到零部件进行分析,以判定故障发生的原因和影响。分析可以在任何一个层次上开始,分析的方向可以是上行的或下行的,下行以寻找故障来源,上行以判定影响的程度。因此,通过 FMECA 找故障原因的过程为维修工程确定故障部位、制定查找程序提供很有价值的参考信息,在研制自动检测设备时尤为重要。

　　4. 用于确定保障资源要求的输入信息

　　FMECA 可确定出修复性维修项目和预防性维修工作类型,据此可以进行使用和维修工作任务分析,从而确定出保障资源的要求。

3.1.3　FMECA 在保障性分析中的应用

　　为了确定航空保障中所需要的全部保障资源,在保障性分析中需进行使用与维修工作任务分析,其分析过程可分为如下四个步骤:

　　1) 确定使用与维修工作任务要求;

　　2) 确定各种使用与维修工作任务;

　　3) 分析每项使用与维修工作任务,确定全部保障资源;

　　4) 在保障性分析记录中形成工作分析结果文件。

　　其中,前两步工作需要进行 FMECA。通过 FMECA 工作,确定新研机型系统有哪些修复性维修工作要求;利用 FMECA 结果产生的信息进行 RCMA 工作,判明故障对其分系统、组件、部件的可靠性关键项目产生的影响程度,其中包括对任务、安全性和经济性等各方面的影响程度,依据对这些数据资料的分析评估,做出预防性维修或改进设计的决断。

　　保障性分析中的使用维修工作任务分析就是以上述工作为起点,通过得到的使用与维修工作信息,包括全部预防性维修、修复性维修及其他使用与维修工作(如启封、调整、测定故障部位、检查、保养、修理、运输、装载等),进行使用与维修工作任务分析,最终得到各种保障资源要求。

3.1.4　FMECA 发展现状

1. 国外 FMECA 发展现状

FMECA 最早是由美军提出的。在 20 世纪 50 年代初,美国第一次将 FMECA 技术用于某战斗机操作系统的设计分析上,并取得较好的效果。由于 FMECA 不需要高深的数学理论,易于掌握,所以有很高的实用价值,受到工程部门的高度重视。到了 60 年代中期,FMECA 技术正式用于航天工业(Apollo 计划)。1976 年,美国国防部颁布 FMECA 的军用标准。70 年代末,FMECA 技术开始进入汽车工业和医疗设备工业。80 年代初,进入微电子工业。到了 1988 年,美国联邦航空局发布咨询通报,要求所有航空系统的设计及分析都必须使用 FMECA。1991 年,ISO - 9000 推荐使用 FMECA 提高产品和过程的设计。1994 年,FMECA 又成为 ISO - 900 的认证要求。目前,FMECA 已在工程实践中形成一套完整的分析方法,并根据产品故障产生机理的不同,FMECA 与设计、制造、使用、承包商/供应商以及服务等整个产品寿命周期联系起来,又被细分为设计 FMECA、过程 FMECA、使用 FMECA 和服务 FMECA 四类。

尽管 FMECA 得到非常广泛的应用和认可,但从分析方法上看,FMECA 仍然存在缺陷与不足:当系统复杂时,很难明确每一故障模式的故障影响;当系统中元器件过时,分析工作枯燥繁琐,工作量大,难免造成遗漏和错误。为此,人们不断进行研究来改善 FMECA 的分析效果。目前,主要的改进方法有:

(1) 基于 MIL - HDBK - 217 的 FMECA 方法

这种分析方法是目前可靠性分析使用比较广泛的一种分析方法。美国国防部在大量统计数据的支撑下,1995 年 2 月颁发了 MIL - HDBK - 217 标准。该标准给出大量电子元器件的基本可靠性数据。以此为基础,各工业部门及其相关的一些公司研制、开发 FMECA 软件,如 Relex 系统和 Item 系统。这些分析系统主要采用硬件法,适用于从零部件级开始,最后扩展到系统级,即自下而上进行分析。以元器件的可靠性数据为基础,能计算故障的危害程度。但这种分析方法只能在系统设计比较确定的情况下进行,并且分析结果较简单、不够细致,不同分析人员分析结果的一致性很难保证。

(2) 矩阵法 FMECA

1977 年,美国人 Barbour 在从事长寿命通讯的可靠性分析中提出矩阵法 FME-CA。与一般 FMECA 方法相比,矩阵法具有更强的结构性和系统性,对系统中的每一个故障提供更有效的跟踪性。矩阵法虽也是自下而上逐层分析,但它是逐层综合,每个矩阵代表每个分析层次,本层次的故障影响可综合为上一层次的故障模式,成为上一层次矩阵的组成部分。矩阵法 FMECA 的优点是能更好地表达系统故障因果关系,推理算法简单直接,便于在系统设计完成以后对系统进行有效的分析。但矩阵法 FMECA 对系统的信息完备性要求较高,比较适合应用于电子系统。

（3）基于性能仿真的 FMECA

基于性能仿真的 FMECA 实际是通过对构成系统元器件的参数进行蒙特卡洛仿真,确定在超出系统容限时一些参数的变化关系,作为 FMECA 分析结果。这种分析方法在电子系统中比较常见。目前已有一些软件系统支持这种分析方法,如著名的机电系统仿真软件 Saber 的附加 FMECA 模块,获得 1999 年度最佳测试设计软件的 TestDesisner 工具。这种方法的优点在于得出的结果可信性比较高,但速度比较慢。

（4）基于功能模型的 FMECA

为达到最佳效益,美国斯坦福大学的 C. EEubanks 等人利用目前功能建模技术的成果,提出采用系统的行为模型作为 FMECA 分析的基础,通过构造行为模型的因果链来完成故障分析,取得了一定的成果,并将这种方法应用于制冰器和电吹风的 FMECA 中。但不够完善,还没有形成一套成熟的系统来支持整个 FMECA 的分析过程。

2. 国内 FMECA 发展现状

国内在 20 世纪 80 年代初期,随着可靠性技术在工程中的应用,FMECA 的概念和方法也逐渐被接受。1985 年 10 月,国防科工委颁发的《航空技术装备寿命和可靠性工作暂行规定（试用）》中肯定了 FMECA 的重要性。1985 年和 1992 年我国相继颁布 FMEA 和 FMECA 的国家标准（GB7286）和国家军用标准（GJB1391）。目前在航空、航天、兵器、舰船、电子、机械、汽车、家用电器等工业领域,FMECA 方法均获得一定程度的普及,为生产高可靠性产品发挥了重要作用。

3.2　FMECA 方法

3.2.1　产品寿命周期各阶段的 FMECA 方法

FMECA 是设计过程的一个组成部分。FMECA 在方案设计阶段就能进行。随着设计的进展,FMECA 要不断修改,以反映设计的变动。通常在可靠性预计之前完成 FMECA,以便提供基本信息（见图 3.1）。

FMECA 是一种由因到果、自下而上的分析方法,即从元器件的故障开始逐级分析,确定其对系统工作的影响。它属于单因素的故障分析技术,分析的结果记录在事先准备好的表格内。

在产品寿命周期内的不同阶段,FMECA 应用的目的和方法略有不同,详见表 3.1。从表 3.1 中可以看出,在产品寿命周期的各个阶段虽有不同形式的 FMECA,

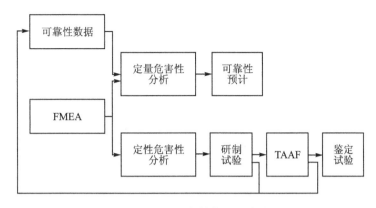

图 3.1　FMECA 与其他工作的关系

但其根本目的都是从产品策划、设计(功能设计、硬件设计、软件设计)、生产(生产可行性分析、工艺设计、生产设备设计与使用)和产品使用角度发现各种缺陷与薄弱环节,从而提高产品的可靠性水平。

　　在实际工程中,FMECA 一般分为四类:系统 FMECA(SFMECA)、设计 FME-CA (DFMECA)、过程 FMECA(PFMECA)、设备 FMECA(EFMECA),分别应用于产品开发中的产品策划、产品设计、工艺设计、产品投入运行阶段。

表 3.1　产品寿命周期各阶段的 FMECA 方法

方　法	系统 FMECA	设计 FMECA		过程 FMECA	设备 FMECA
		功能 FMECA	硬(软)件 FMECA		
阶　段	规划阶段	方案阶段	研制阶段	生产阶段	使用阶段
目　的	对产品开发、过程策划综合评估,通过系统、子系统、分系统不同层次展开,自上而下逐层分析,更注重整体性、逻辑性	分析研究系统功能设计的缺陷与薄弱环节,为系统功能设计的改进和方案的权衡提供依据	分析研究系统硬件、软件设计的缺陷和薄弱环节,为系统的硬件、软件设计改进方案权衡提供依据	分析研究所设计的生产工艺过程的缺陷与薄弱环节及其对产品的影响,为生产工艺的设计改进提供依据。分析研究生产设备的故障对产品的影响,为生产设备的改进提供依据	分析研究产品使用过程中实际发生的故障、原因及其影响,为评估、论证、研制、生产各阶段 FMECA 的有效性和进行产品的改进、改型或新产品的研制提供依据

　　1) 系统 FMECA 将研究系统结构化,并分成系统单元,说明各单元间的功能关系;从已描述的功能中导出每一系统单元的可想象的失效功能(潜在缺陷);确定不同系统单元失效功能间的逻辑关系,以便能在系统 FMECA 中分析潜在的缺陷、缺陷后果和缺陷原因。

　　2) 设计 FMECA 可分为功能 FMECA 和硬件 FMECA。前者用于方案论证阶段,此时各部件设计未完成,目的是分析研究系统功能设计的缺陷与薄弱环节,为系统功能设计改进和方案权衡提供依据。后者用于工程研制阶段,此时产品设计图纸及其工程设计资料已确定,目的是分析研究系统硬件、软件设计的缺陷与薄弱环节,为系统硬件、软件设计的改进和方案的权衡提供依据。

3) 过程 FMECA 是负责制造/装配的工程师/小组主要采用的一种分析技术,用以最大限度地保证各种潜在失效模式及其相关的起因机理得到充分的考虑和论述。

4) 设备 FMECA 是在新设备的投入运行时,进行预先 EFMECA,主要是分析、考虑由于设备可能造成的产品品质问题及可靠度问题等,预先采取措施消除不良因素;现有设备、特定的一种设备在运行中出现的设备故障等均可采用 EFMECA 进行改善,以确保设备的正常运转。

3.2.2　FMECA 分析步骤

对系统进行 FMECA 分析时,一般按照如下步骤进行,具体流程如图 3.2 所示。

1) 确定分析的主要范围:根据系统的重要度、复杂度、分析工作进度、费用的允许度以及技术成熟度等,确定系统 FMECA 分析的主要范围;

2) 对系统任务进行分析:表述系统任务的要求和系统完成任务的环境,系统任务分析结果通常使用任务剖面来表述;

3) 对系统功能进行分析:分析系统完成任务所需的工作时间、工作方式、功能等;

4) 确定系统的故障判据:分析判断和确定系统产生故障和正常工作的准则;

5) 选择 FMECA 方法:根据产品寿命周期的不同阶段,选择相应的 FMECA 分析手段,编制确定 FMECA 分析的实施步骤与规范;

6) 实施 FMECA 分析:FMECA 分析分为 FMEA 分析和 CA 分析两个部分,首先进行 FMEA 分析,根据故障判据、使用信息、相似产品故障信息、试验信息与工程经验确定系统所有可能的故障模式,然后按照系统内外部与工程经验确定故障模式原因以及可能产生的影响,确定每个故障模式的检测方法,并制定其可以使用的补偿措施及改进方法,确定故障模式的严酷度等级;再进行 CA 分析,CA 分析是对系统中的每个部件按照故障发生的概率和严重程度进行综合评估的过程;

7) 给出 FMECA 的分析结论:根据 FMECA 的分析结果,找出系统的薄弱环节及关键项目,并制定和实施各种控制措施和改进方法,以提高系统的质量与可靠性;

8) 给出 FMECA 分析报告:在系统设计完成后,可以提供相应的 FMECA 分析报告。

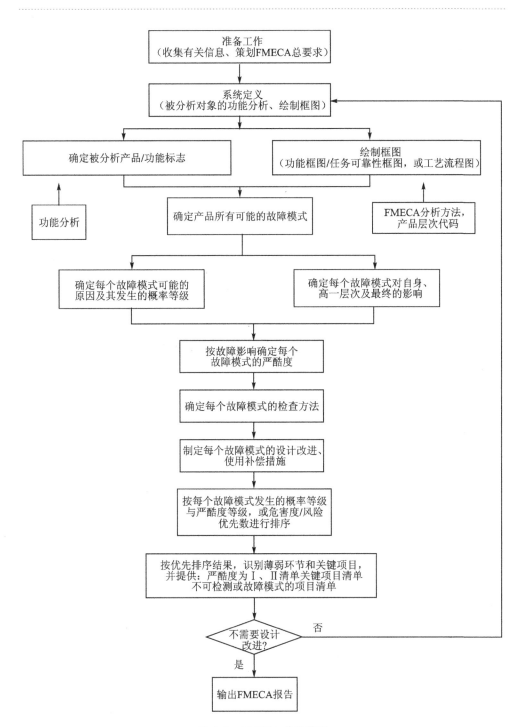

图 3.2　FMECA 分析流程

3.2.3　FMECA 分析内容

1. 故障模式分析

故障是产品或产品的一部分不能或将不能完成预定功能的事件或状态（对某些产品如电子元器件、弹药等称为失效）。而故障模式是故障的表现形式，如短路、开路、断裂、过度耗损等。一般在研究产品的故障时往往是从产品的故障现象入手，进而通过现象（即故障模式）找出故障原因。故障模式是进行 FMECA 的基础，同时也是进行其他故障分析（如故障树分析、事件树分析等）的基础之一。产品的故障与产品所属系统的规定功能和规定条件密切相关，在对具体的系统进行故障分析时，必须首先明确系统在规定的条件下丧失规定功能的判别准则，即系统的故障判据，这样才能明确产品的某种非正常状态是否为该产品的故障模式。在进行故障模式分析时，应注意区分两类不同性质的故障，即功能故障和潜在故障。

功能故障是指产品或产品的一部分不能完成预定功能的事件或状态。即产品或产品的一部分突然、彻底地丧失规定的功能。潜在故障是指产品或产品的一部分将不能完成预定功能的事件或状态。潜在故障是指功能故障将要发生的一种可鉴别（人工观察或仪器检测）的状态。例如，轮胎磨损到一定程度（可鉴别的状态），会发生爆胎故障（功能故障）。如图 3.3 中给出某金属材料的功能故障与潜在故障的示例。需指出的是，并不是所有的故障都经历潜在故障再到功能故障这一变化过程。在进行故障模式分析时，区分潜在故障模式与功能故障模式是十分必要的（如潜在故障模式可用于产品的故障监控与检测）。

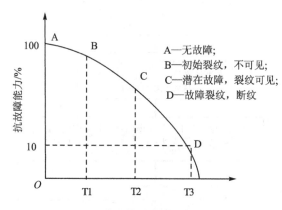

A—无故障;
B—初始裂纹,不可见;
C—潜在故障,裂纹可见;
D—故障裂纹,断纹

图 3.3　功能故障与潜在故障关系

在进行故障模式分析时还应注意，一个产品可能具有多种功能，而每种功能又可能具有多种故障模式，分析人员的任务就是找出产品每种功能的全部可能的故障模式。此外，复杂系统一般具有多种任务功能。例如在武器装备的研制中常用任务剖面描述不同的任务功能，而每个任务剖面又由多个任务阶段组成，产品在每一个任务阶段中又具有不同的工作模式。因此，在进行故障模式分析时，还要说明产品的故障模式是在哪一个任务剖面的哪一个任务阶段的哪种工作模式下发生的。

表 3.2 列举了一些典型的故障模式,这些故障模式基本上概括了大多数产品可能发生的故障现象。在系统寿命周期内,分析人员经过各种目的 FMECA 即可掌握系统全部故障模式,但首先遇到的问题是:在系统研制初期如何分析各产品可能的故障模式。一般来说,可通过统计、试验或分析预测来解决,即可遵循如下原则:

表 3.2　典型故障模式

序　号	故障模式	序　号	故障模式	序　号	故障模式
1	结构失效(破损)	12	超出下限允差	23	滞后运行
2	物理性质的捆结或卡死	13	意外运行	24	错误输入(过大)
3	振动	14	间歇性工作	25	错误输入(过小)
4	搁置,不能保持正常位置	15	漂移性工作	26	错误输出(过大)
5	打不开	16	错误指示	27	错误输出(过小)
6	关不上	17	流动不畅	28	无输入
7	误开	18	错误动作	29	无输出
8	误关	19	不能关机	30	电短路
9	内部漏泄	20	不能开机	31	电开路
10	外部漏泄	21	不能切换	32	电漏泄
11	超出上限允差	22	提前运行	33	其他独特失效条件

1) 对系统中采用的现有产品,可以以该产品在过去使用中所发生的故障模式为基础,再根据该产品使用环境条件的异同进行分析、修正,得到该产品的故障模式;

2) 对系统中采用的新产品,可根据该产品的功能原理进行分析预测,得到该产品的故障模式,或以与该产品具有相似功能的产品所发生的故障模式为基础,分析判断该产品的故障模式。

2. 故障原因分析

故障模式分析只说明产品将以何种状态发生故障,并未说明产品为何发生故障。因此,为了更确切地剖析故障,还必须分析产生每一故障模式的所有可能原因。分析故障原因一般从两方面着手:一方面是导致产品功能故障或潜在故障的产品自身的物理、化学或生物变化过程等直接原因;另一方面是由于其他产品的故障、环境因素和人为因素等引起的间接故障原因。直接故障原因又称为故障机理。

另外,正确区分故障模式与故障原因是非常重要的。故障模式是可观察到的故障表现形式,而直接故障原因描述的是由于设计缺陷、质量缺陷、元器件误用和其他故障过程而导致故障机理。例如,在晶体管内基片上有一个裂缝,会导致集电极到发射极开路,在这里"集电极到发射极开路"是故障模式,而"晶体管内基片上有裂缝"是故障原因(机理)。

3. 故障影响分析

故障影响是指每一种假定的故障模式所引起的各种后果。这种后果包括故障模式对各相关系统功能、人员安全、硬件性能和环境的影响。当分析系统中某产品的故障模式对其他产品的故障影响时,通常不仅要分析该故障模式对其产品所在相同层次的其他产品造成的影响,还要分析该故障模式对其产品所在层次的更高层次产品的影响。通常将这些按约定层次划分的故障影响分别称为局部影响、对上一级的影响和最终影响。

局部影响是考虑故障模式对所分析单元的故障影响,并连同二次影响阐明每种假定的故障模式对该单元输出的后果。确定局部影响的目的是对现有单元进行替换,或为建议采取某些措施提供一个依据,还可为更高功能级的 FMECA 提供故障模式。

对上一级的影响是指假设的故障模式对被研究的产品等级再高一级的工作和功能的影响,也就是每一假设的故障模式对更高一级产品造成的后果。

最终影响是指假定的故障模式通过所有中间功能级,最终对最高系统的工作和功能状态的影响。这里所描述的最终影响可以是多重故障(即同时出现两个或多个独立故障)的后果。例如晶体管的电流超过过流保护阈值,同时保护电路出现故障,这时所引起的最终影响就是多重故障影响。

系统中各产品的故障模式产生的最终影响往往是不同的,为了划分不同故障模式产生的最终影响的严重程度,在进行故障影响分析之前,一般需要对最终影响的后果等级进行预定义,从而对系统中各故障模式按其严重程度进行分级。在某些系统(一般为武器系统)中,最终影响的严重程度等级又称为严酷度(有时也称为严重度,是指故障模式所产生后果的严重程度)类别。严重程度等级(严酷度类别)定义应考虑到故障所造成的最坏的潜在后果,并根据最终可能出现的人员伤亡、系统损坏或经济损失的程度来确定。严酷度分类提供了一种定性的评价方法。GJB1392 把严酷度分为以下四类:

Ⅰ类(灾难的):这种故障会造成公众或人员的死亡;周围环境的重大毁坏;系统毁坏或任务失败。

Ⅱ类(致命的):这种故障会造成公众或人员的重伤;周围环境的较大毁坏或导致任务的重要部分未完成及系统严重损失。

Ⅲ类(临界的):这种故障会引起人员的轻伤;周围环境的轻度毁坏或导致完成任务的能力有一定下降的系统轻度毁坏。

Ⅳ类(轻度的):这种故障不会导致上述三类后果,但它会导致非计划维修。

还应注意,在进行最终影响分析时,当所分析的产品在系统设计中已经进行余度设计、备用工作方式设计或故障检测与保护设计时,应暂时不考虑这些设计措施,而应分析该产品的某一故障模式可能造成的最坏的故障影响,再根据这种最终影响确定该故障模式的严酷度等级和系统中已采取的针对这种故障影响的设计措施,进行更详细的分析。这就要借助于故障模式的危害性分析。

4. 危害性分析(CA)

CA 的目的是从故障模式发生后果及其发生概率两方面对每一种故障模式进行评价。CA 是在 FMEA 基础上的扩展和深化,没有进行 FMEA,就不能进行 CA。若两者均进行,则就全面完成了 FMECA 工作。危害性分析的方法可分为定性分析法和定量分析法。定性分析法是根据故障模式发生的概率和对系统或设备所造成影响的严重程度来确定危害性的大小;定量分析法则是用风险顺序数(RPN)值来区分这种严重程度。这种定量的分析,不仅有助于决定采取何种改进措施、改进工作的先后顺序、建立可接受和不可接受的风险界限,而且还可定量地预计出系统或设备的可靠性临界值。

(1) 定性分析

得不到较确切的故障率数据时,可用定性分析法来评价故障模式的危害性,常用的方法是绘制危害性矩阵。危害性矩阵可用来比较每一故障模式的危害性程度,为确定改进措施先后顺序提供依据。

1) 矩阵图的横坐标用严酷类别表示,纵坐标用故障模式发生概率等级表示,如图 3.4 所示。

2) 故障模式发生概率等级一般分为以下 5 类:

A 级(经常发生):在产品工作期间,某一故障模式发生的概率大于产品在该期间总的故障率的 20%;

B 级(很可能发生):在产品工作期间,某一故障模式发生的概率大于产品在该期间总的故障概率的 10%,但小于 20%;

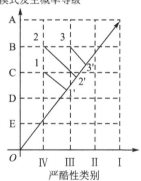

故障模式发生概率等级

图 3.4　危害性矩阵图

C 级(偶然发生):在产品工作期间,某一故障模式的发生概率大于产品在该期间总的故障概率的 1%,但小于 10%;

D 级(很少发生):在产品工作期间,某一故障模式的发生概率大于产品在该期间总的故障概率的 0.1%,但小于 1%;

E 级(极少发生):在产品工作期间,某一故障模式的发生概率小于产品在该期间总的故障概率的 0.1%。

3) 将每一故障模式的危害性标注在矩阵图的相应位置上,成为故障模式分布点,例如图 3.4 中的 1、2、3 点。

4) 将故障模式分布点投影在矩阵图的对角线上,图 3.4 中的 $1'$、$2'$、$3'$ 点分别为 1、2、3 点的投影点。

5) 投影点距原点 O 的距离愈远,则危害性愈大。图 3.4 中故障模式危害性按大小顺序排列是 3、2、1。

（2）定量分析

该方法对故障模式发生的频度、故障影响的严重程度及故障可检出的难度按经验分级打分，见表 3.3、表 3.4、表 3.5（以 DFMECA 为例），然后由故障模式发生度（Occurrence Probability Ranking，OPR）、严重度（Effect Severity Ranking，ESR）、探测度（Detection Difficulty Ranking，DDR）的乘积计算得出，即：RPN = OPR × ESR × DDR。

表 3.3　DFMECA 严重度评价准则

后　果	判定准则，后果严重度	级　别
无警告的严重危害	严重级别很高，潜在失效模式影响车辆安全运行或包含不符合政府法规情形，失效发生时无预警	10
有警告的严重危害	严重级别很高，潜在失效模式影响车辆安全运行或不符合政府法规情形，失效发生时有预警	9
很高	车辆/系统无法运行（丧失基本能力）	8
高	车辆/系统能运行，但性能下降，顾客很不满意	7
中等	车辆/系统能运行，但舒适度/方便性方面失效，顾客不满意	6
低	车辆/系统能运行，但性能方面下降，顾客有些不满意	5
很低	装配和最后完工不符合要求，多数顾客发现有缺陷（多于 75%）	4
轻微	装配和最后完工不符合要求，50% 的顾客发现有缺陷	3
很轻微	装配和最后完工不符合要求，有辨识能力的顾客发现有缺陷（多于 25%）	2
无	没有可识别的影响	1

表 3.4　DFMECA 发生度评价准则

发生可能性	描　述	级　别
很高：持续性发生失效	≥100 件/每千辆车	10
	50 件/每千辆车	9
高：反复发生失效	20 件/每千辆车	8
	10 件/每千辆车	7
中等：偶然发生失效	5 件/每千辆车	6
	2 件/每千辆车	5
低：相对很少发生失效	1 件/每千辆车	4
	0.5 件/每千辆车	3
极低：不太可能发生失效	0.1 件/每千辆车	2
	≤0.1 件/每千辆车	1

表 3.5　DFMECA 探测度评价准则

探测度	评价准则	级　别
绝对不肯定	设计控制将不能找出潜在的起因/机理及后续的失效模式或根本没有设计控制	10
很极少	设计控制只有很少的机会能找出潜在的起因/机理及后续的失效模式	9
极少	设计控制只有极少的机会能找出潜在的起因/机理及后续的失效模式	8
很少	设计控制有很少的机会能找出潜在的起因/机理及后续的失效模式	7
少	设计控制有较少的机会能找出潜在的起因/机理及后续的失效模式	6
中等	设计控制有中等机会能找出潜在的起因/机理及后续的失效模式	5
中上	设计控制有中上多的机会能找出潜在的起因/机理及后续的失效模式	4
多	设计控制有较多的机会能找出潜在的起因/机理及后续的失效模式	3
很多	设计控制有很多的机会能找出潜在的起因/机理及后续的失效模式	2
几乎肯定	设计控制几乎肯定能找出潜在的起因/机理及后续的失效模式	1

通过 RPN 可对各故障模式进行相对的危害性评定。对于故障发生可能性高、故障严重程度高，又难以检出的故障模式，其 RPN 值较高，从而危害性较大。而对于故障发生可能性低、故障严重程度低，较容易检出的故障模式，其 RPN 值较低，从而其危害性也较小。对于危害性高的故障模式，故障检出可能性三个方面提出改进措施。当所提出的各种改进措施在系统设计或保障方案中落实后，应重新对各故障模式进行评定，并计算新的即 N 值，接着改进后的 RPN 值对故障模式进行排序，直到 RPN 值降到一个可接受的水平。

5. 故障检测方法分析

确定故障的检测手段是关系到故障模式再现、找出故障原因、进而提出措施的重要步骤。为此，在产品设计过程中就得考虑产品在今后使用中如何使检测人员或维修人员检测出每一故障模式，并把故障模式规定在什么样的等级范围内；规定在出现不止一种故障模式引起相同故障迹象时，为解决这种模糊点所用的方法；确定显示即将出现的失效而采用的监控或报警装置，并确定能够检测出故障模式的有计划的试验；确定用机内检测装置可以将故障隔离到哪一个产品等级，并规定在什么时候需要用辅助试验设备进行故障隔离。

6. 补偿措施分析

补偿措施分析是针对每个故障模式的原因、影响，提出可能的补偿措施，这是关系到能否有效地提高产品可靠性的重要环节。补偿措施分为设计上的补偿措施和操作人员的应急补偿措施。

(1) 设计补偿措施包括：

1) 产品发生故障时，能继续工作的冗余设备；

2) 安全与保障装置(如监控及报警装置);

3) 可替换的工作方式(如备用或辅助设备);

4) 可以消除或减轻故障影响的设计或工艺改进(如优选元器件、热设计、降额设计、环境应力筛选和工艺改进等)。

(2) 操作人员补偿措施包括:

1) 特殊的使用和维护规程,尽量避免或预防故障的发生;

2) 一旦出现某故障后,操作人员应采取最恰当的补救措施。

7. FMECA 与故障树(FTA)综合分析

(1) 工程背景

FMECA 数据信息的软件管理,是通过产品结构、功能等信息生成以树形结构形式来进行 FMECA,即称为"结构 FMECA",其中"结构"具有两层含义:一层是以结构化数据形式存储在关系数据库中;另一层是体现产品结构层次关系的模型,因而可理解为以产品结构树为依据组织 FMECA 信息。

在实际工程中,通过产品结构关系来划分产品层次,通常可划分为"系统——分系统——部件——零件"等层次。在进行"结构 FMECA"中,一种故障模式可能是上层系统的故障原因,同时又是下层系统的结果。如图 3.5 所示,发动机润滑系统及其零部件 FMECA 中,机油泵"机油泵不出机油"是上层润滑系统的"机油压力过低"的故障原因,又是下层部件限压阀"机油泵限压阀泄漏"的结果。因此,对于像这样的大型复杂系统,由于其故障机理交错多变,逻辑关系复杂等,简单利用"结构 FMECA"完成 FMECA 有些困难。另外,FMECA 只是分析各层次之间的因果关系,不能考虑

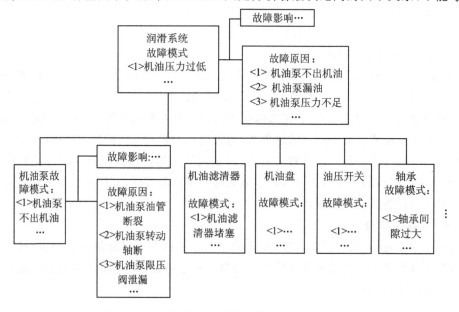

图 3.5　发动机润滑系统及部件的"结构 FMECA"

到人为因素、环境因素或多种因素相互组合对顶层的影响。

基于以上工程的实际问题,提出以计算机作为辅助的 FMECA 与故障树(FTA)综合分析法。

(2) 故障树(FTA)

故障树(FTA)是以不希望发生的、作为系统失效判据的一个事件(顶事件)作为分析目标。其分析的第一步是去寻找所有引起顶事件的直接原因,第二步再去寻找引起上述每一个直接原因的所有直接原因,逐层下找,若原因甲或乙发生会引起上一级事件发生,则用逻辑或门把它们与上一级连起来;若只有原因甲和乙同时发生才会引起上一级事件发生,则用逻辑与门连起来。通过这样逐层向下推溯所有可能的原因,直到不需要再进一步分析为止。通过找出系统内可能发生的硬件失效、软件差错、人为失误、环境影响等各种因素来建立与顶事件所代表的系统失效之间的逻辑关系,并用逻辑门符号连成一棵倒立的树状图形,这就是故障树。

建成故障树后,再定性分析各个底事件对顶事件发生影响的组合方式和传递途径,识别以顶事件为代表的各种可能的系统故障模式,以及定量计算这些影响的轻重程度、系统失效概率和各个底事件的重要度次序。根据此分析结果,鉴别设计上的薄弱环节,并采取改进措施,以提高产品的可靠性。

因此 FTA 的目的是:运用演绎法逐级分析,寻找导致某种故障的各种可能原因,直到最基本的原因,并通过逻辑关系的分析确定潜在的硬件、软件的设计缺陷,以便采取改进措施。

(3) 基于"结构 FMECA"的故障树自动生成方法

通常对于不是很复杂的产品,产品及其各组成部件的故障基本上是由子零部件故障或外部环境、条件影响所导致的。将因子零部件故障而导致其故障的原因称为第一类故障原因,将因外部环境、条件影响导致其故障的原因称为第二类故障原因。

故障树自动生成流程如图 3.6 所示。其具体方法如下:

1) 从"结构 FMECA"中提取产品节点的一个故障模式作为故障树的顶事件,添加其故障原因,并建立它们之间的逻辑关系。借助产品结构层次关系,搜索产品各子节点的故障模式,若其故障模式与产品故障原因相匹配,则在产品的该故障原因添加与其相匹配的故障模式的故障原因,并建立它们之间的逻辑关系。对于未找到与子节点故障模式相匹配的产品故障原因,为产品的第二类故障原因。

2) 搜索产品子节点的下一层节点,若其故障模式与其父节点故障原因相匹配,则在父节点的该故障原因后添加与其相匹配的故障模式的故障原因,并建立它们之间的逻辑关系。依次进行,直到最底层节点。

3) 对于最底层节点,若其故障模式具有故障原因,添加其故障原因;若其故障模式没有故障原因,则该故障模式为故障树中的底事件。

基于上述方法完成从润滑系统的"结构 FMECA"中生成其"机油压力过低"故障树,如图 3.7 所示。

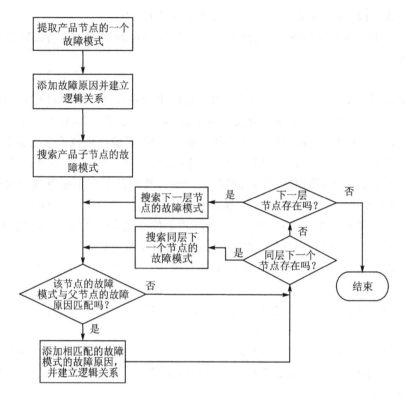

图 3.6　基于"结构 FMECA"故障树生成流程图

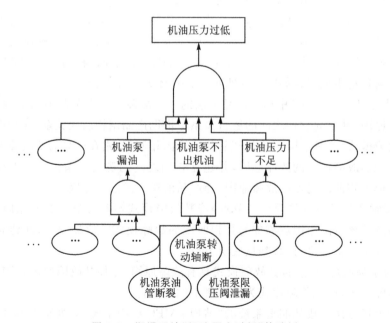

图 3.7　润滑系统"机油压力过低"故障树

从润滑系统中提取"机油压力过低"故障模式为故障树的顶事件,搜索、添加其故障原因:机油滤清器堵塞、轴承间隙过大、机油泵不出机油、机油泵漏油、机油泵压力不足、润滑油不足,并建立它们与"机油压力过低"顶事件的逻辑关系。搜索润滑系统子节点的故障模式,其中机油泵的"机油泵不出机油""机油漏油""机油泵压力不足"与其父节点故障原因匹配,分别添加这三个故障模式的故障原因。"机油泵不出机油"的故障原因:机油泵油管断裂、机油泵传动轴断、机油泵限压阀泄漏,建立它们与父事件"机油泵不出机油"的逻辑关系;由于机油泵油管断裂、机油泵传动轴断、机油泵限压阀泄漏为润滑系统底层节点,它们没有子节点,因而它们作为润滑系统"机油压力过低"底事件。以此类推,最终生成润滑系统"机油压力过低"故障树。

自动生成的故障树与手工构建相比具有更好的知识完备性。因而通过这种方法可以高效、准确地获取产品故障树,从而摆脱建树的繁琐工作,更为故障诊断提供诊断知识。

8. FMECA 模糊风险分析

(1)工程背景

由危害性分析可知,传统 FMECA 对风险评判是采用风险顺序数方法,即由设计人员、使用人员和维修人员对故障的发生度 O、严重度 S 和检测难易程度 D 打分,形成三种十分制分数,最后连乘得到风险顺序数 RPN,以 RPN 为依据采取预防或改进措施。该方法计算方便、直观性强、容易推广,是风险评估的一种定量计算。但风险数据的采集涉及人员广泛,提供数据人员的部门和岗位不同,见解也就不同。比如:评估某故障模式产生后果的严重度时,不同人员对其评价有 7 分、8 分或 9 分,而风险顺序数计算,要求给出一个确定值,则不论给出哪一个,都将失去其他两个分值的模糊信息,从而计算结果具有不确定性。另外,在实际工程中,这三类评判对象对系统风险评估的贡献是不相同的。若只是简单地连乘,无法体现各对象的具体贡献。因此,传统 FMECA 的风险评估定量分析不尽客观和严密。

针对此问题,本书采用模糊(FUZZY)数学分析方法,将采集到的风险数据建立相应的模糊集,并将故障发生度、严重程度和检测难易程度三者对风险的贡献采用加权分析,建立一套模糊数学模型,把这种建立在 FUZZY 意义上的 FMECA 方法称为模糊风险分析。

(2)模糊综合评判的数学理论模糊综合评判的基本步骤:

1)确定因素集。在模糊环境中,考虑到对评判对象影响的各方面因素,且这些因素都具有模糊性,则将其构成一个因素集合 U,即 $U=\{u_1,u_2\cdots,u_n\}$,其中 u_i 表示该评判对象的第 i 个影响因素($i=1,2,\cdots,n$)。

2)确定评判集。评判集 $V=\{v_1,v_2,\cdots,v_m\}$,其中 v_j 表示评判的第 j 个等级($j=1,2,\cdots,m$),一般是由评判语言组成的集合。

3)计算单因素的评判矩阵。给出由因素集 U 到评判集 V 的一个模糊映射,并确定每个因素对各评判等级的隶属度,即对单个因素 u_i 评判,得到 V 上的模糊集

$(r_{i1}, r_{i2}, \cdots, r_{in})$，它是从 U 到 V 的一个模糊映射 f，即

$$f : U \to F(V)$$
$$u_i \to f(u_i) = (r_{i1}, r_{i2}, \cdots, r_m) \tag{3-1}$$

式中：r_{im} 表示 u_i 对 v_m 的隶属度。

通过模糊映射 f 可确定模糊关系 $\boldsymbol{R}$，模糊关系 $\boldsymbol{R}$ 为模糊综合评判的评判矩阵，即

$$\boldsymbol{R} = (R_1, R_2, \cdots, R_n) = (r_{ij})_{n \times m} = \begin{bmatrix} r_{i1} & \cdots & r_{1m} \\ r_{m1} & \cdots & r_{nm} \end{bmatrix} \tag{3-2}$$

4）建立权重分配集

进行综合评判时，因各因素对评判结果的贡献值不同，需对各因素进行加权。其各因素权重集：$A = (a_1, a_2, \cdots, a_n)$，$\sum_{i}^{n} a_i = 1, 0 \leqslant a_i \leqslant 1$，$a_i$ 表示各因素的权重分配，即因素集中 u_i 在总体评判中影响程度大小的度量。可按一定算法或根据使用部门专家评定来确定。

5）综合评判模型

通过将权重集 A 与评判矩阵 $\boldsymbol{R}$ 按 M 模型进行合成运算，可得到各因素的综合评判，即

$$\boldsymbol{B} = A \cdot \boldsymbol{R} = (b_1, b_2, \cdots, b_m) \tag{3-3}$$

其中，$b_j = \sum_{i=n} a_i r_{ij} (j = 1, 2, \cdots, m)$，$b_j$ 为 $r_{1j}, r_{2j}, \cdots, r_{ij}$ 的函数，即评判函数。最后按照最大隶属度原则，用 $b_j = \max(b_1, b_2, \cdots, b_m)$ 对应的等级 v_i 来判定故障模式的危害度等级。

上述是一级综合评判。对于复杂系统，评判对象相关因素很多，其权重分配就很难确定，或即使确定了权重分配，却因归一化条件，使各因素的权值很小，再经过算子综合，会出现没有价值的结果。因此，可采用多等级风险模糊评判方法，即因素集 $U = \{u_1, u_2, \cdots, u_n\}$ 中的 u_i 又可分为 $(u_{i_1}, u_{i_2}, \cdots, u_{i_k})$，且各因素仍具有模糊性，则可采用二级模糊评判，其评判综合模型为

$$C = A \circ B = A \begin{bmatrix} A_1 & \cdot & \boldsymbol{R}_1 \\ A_2 & \cdot & \boldsymbol{R}_2 \\ \vdots & & \vdots \\ A_n & \cdot & \boldsymbol{R}_n \end{bmatrix} = A \circ (b_{ij})_{n \times m} = (c_1, c_2, \cdots, c_m) \tag{3-4}$$

式中：A_i——第 i 个因素的等级权重集，$A_i = (a_{i1}, a_{i2}, \cdots, a_{ik})$；

$\boldsymbol{R}_i$——第 i 个因素的等级评判矩阵；

B_i——第 i 个因素的一级模糊评判结果；

C——各因素之间的模糊综合评判结果。

以此类推，也可采用三级、四级等多级对事物进行模糊综合评判。

（3）FMECA 模糊风险评判

数控系统是数控机床的核心部件,其可靠性直接关系到数控机床整机的可靠性水平,因此提高数控系统的可靠性是关键。通过采集到的故障数据,建立数控系统的可靠性数据库,并对其进行 FMECA,是提高数控系统可靠性的重要方法之一。普及型数控系统及其相关的功能部件划分为 16 个子系统,并确定 39 种故障模式。本书以进给驱动单元为例,介绍数控系统模糊风险分析。进给驱动单元的故障模式如表 3.6 所列。

表 3.6　数控系统中进给驱动单元的 FMEA 表

部位名称	模式编号	故障现象	故障原因	故障影响
进给驱动单元	0101	Z 轴无动作	Z 轴驱动板坏	进给驱动单元不能正常工作
		X 轴不能移动	X 轴驱动板坏	
		系统报警	元器件烧坏	
	0304	机床报警	过流	进给驱动单元不能正常工作
		自动运行中断	过载	
	0405	X、Z 轴振荡	电位器调整不当	子系统无法完成规定功能
		自动循环无 G01 供给	跟随工艺不良	
	0401	电机不动	制造工艺不良	伺服电机不能正常工作
	0307	电机转速不正常	光耦 $Z2$ 故障	伺服电机不能正常工作
	0105	70 号出错报警	开路、反馈线坏	子系统无法完成规定功能

1）将影响危害性分析的发生度、严重度、检测度等因素,建立因素集,即
$$U=\{严重度等级、发生度等级、检测等级\}$$

2）根据国际标准及数控系统的特点,用模糊语言变量将 RPN 自然语言划分为五个等级,即"很低""低""中等""高""很高"等模糊概念,反映专家及工作人员对故障影响的模糊看法,连续的隶属函数采用三角形分布形式。其评分采用 10 分制,五种语言的隶属函数如图 3.8 所示。

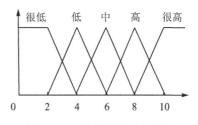

图 3.8　五种语言隶属函数图

对于 V_1 的隶属度
$$u_1(x)=\begin{cases}1 & (x\leqslant 2)\\ 2-0.5 & (2<x\leqslant 4)\end{cases} \tag{3-5}$$

以此类推,对于 V_2、V_3、V_4 和 V_5 的隶属度,$u_2(x)$、$u_3(x)$、$u_4(x)$ 和 $u_5(x)$ 分别表示对应的评价等级。

上述数控系统的进给驱动单元六种故障模式、三种影响因素的评判等级如表 3.7 所列。

表 3.7　进给驱动单元故障模式评判等级

部位名称	模式编号	故障现象	故障影响	严重度级别	发生度级别	检测度级别
进给驱动单元	0101	Z 轴无动作 X 轴不能移动 系统报警	进给单元不能正常工作	7～10	6～8	5～7
	0304	机床报警 自动运行中断	进给驱动单元不能正常工作	4～7	1～3	3～5
	0405	X、Z 轴振荡 自动循环无 G01 进给	子系统无法完成规定功能	1～5	1～4	2～5
	0401	电机不动	伺服电机不能正常工作	5～8	2～5	6～8
	0307	电机转速不正常	伺服电机不能正常工作	2～5	1～4	2～5
	0105	70 号出错报警	子系统无法完成规定功能	1～4	1～5	2～4

3）根据表 3.7 和隶属函数得到六种故障模式的模糊判别矩阵分别为

$$\boldsymbol{R}_1 = \begin{bmatrix} 0 & 0 & 0.286 & 0.857 & 0.571 \\ 0 & 0 & 0.667 & 0.333 & 0 \\ 0 & 0.333 & 1 & 0.333 & 0 \end{bmatrix} \qquad (3-6)$$

$$\boldsymbol{R}_2 = \begin{bmatrix} 0 & 0.571 & 0.857 & 0.285 & 0 \\ 1 & 0.667 & 0 & 0 & 0 \\ 0.333 & 1 & 0.333 & 0 & 0 \end{bmatrix} \qquad (3-7)$$

$$\boldsymbol{R}_3 = \begin{bmatrix} 0.750 & 0.750 & 0.250 & 0 & 0 \\ 0.857 & 0.571 & 0 & 0 & 0 \\ 0.571 & 0.857 & 0.286 & 0 & 0 \end{bmatrix} \qquad (3-8)$$

$$\boldsymbol{R}_4 = \begin{bmatrix} 0 & 0.286 & 0.857 & 0.571 & 0 \\ 0.571 & 0.857 & 0.286 & 0 & 0 \\ 0 & 0 & 0.667 & 0.333 & 0 \end{bmatrix} \qquad (3-9)$$

$$\boldsymbol{R}_5 = \begin{bmatrix} 0.571 & 0.857 & 0.286 & 0 & 0 \\ 0.857 & 0.571 & 0 & 0 & 0 \\ 0.571 & 0.857 & 0.286 & 0 & 0 \end{bmatrix} \qquad (3-10)$$

$$\boldsymbol{R}_6 = \begin{bmatrix} 0.857 & 0.571 & 0 & 0 & 0 \\ 0.750 & 0.750 & 0.250 & 0 & 0 \\ 0.667 & 0.667 & 0 & 0 & 0 \end{bmatrix} \qquad (3-11)$$

4) 确定因素权重集 $A_i = (a_{i1}, a_{i2}, a_{i3})$。其中 a_{i1}、a_{i2}、a_{i3} 分别表示第 i 个故障模式的严重度、发生度、检测度的权重值。根据使用部门、设计部门的专家共同评定得到六种故障模式的权重集分别为 $A_1 = (0.5\quad 0.3\quad 0.2)$，$A_2 = (0.6\quad 0.2\quad 0.2)$，$A_3 = (0.3\quad 0.4\quad 0.3)$，$A_4 = (0.3\quad 0.5\quad 0.2)$，$A_5 = (0.4\quad 0.2\quad 0.4)$，$A_6 = (0.3\quad 0.5\quad 0.2)$。

5) 一级模糊综合评判：根据 A_i 和 $\boldsymbol{R}_i$，由模糊变换运算可得综合评判：

$$B_1 = A_1 \cdot \boldsymbol{R}_1 = (0.5\quad 0.3\quad 0.2) \cdot \boldsymbol{R}_1 = (0\quad 0.666\quad 0.543\,1\quad 0.595\quad 0.285\,5)$$

同理可得：

$$B_2 = A_2 \cdot \boldsymbol{R}_2 = (0.266\,6\quad 0.676\quad 0.580\,8\quad 0.171\,0);$$

$$B_3 = A_3 \cdot \boldsymbol{R}_3 = (0.739\,1\quad 0.710\,5\quad 0.160\,800);$$

$$B_4 = A_4 \cdot \boldsymbol{R}_4 = (0.285\,5\quad 0.514\,3\quad 0.533\,5\quad 0.237\,90);$$

$$B_5 = A_5 \cdot \boldsymbol{R}_5 = (0.628\,2\quad 0.799\,8\quad 0.228\,800);$$

$$B_6 = A_6 \cdot \boldsymbol{R}_6 = (0.765\,5\quad 0.679\,7\quad 0.125\,00)。$$

分别计算各故障模式的危害性值，即

$$B_1 = \frac{0}{\text{很低}} + \frac{0.066\,6}{\text{低}} + \frac{0.543\,1}{\text{中}} + \frac{0.595}{\text{高}} + \frac{0.285\,5}{\text{很高}} \qquad (3-12)$$

若将语言对应的加权值表示为 1、2、3、4、5，则其综合危害性等级为 $c_1 = 5.57$，可相当于 FMECA 中的危害度值。

同理可得：$c_2 = 4.045$，$c_3 = 2.645\,2$，$c_4 = 3.866\,2$，$c_5 = 2.914\,2$，$c_6 = 2.499\,9$。按照最大隶属度原则并根据综合故障模式危害性等级大小，可得六种故障模式的危害性大小排列如下：故障模式 1＞故障模式 2＞故障模式 3＞故障模式 4＞故障模式 5＞故障模式 6。

3.2.4　FMECA 方法实施注意事项

在实施的过程中，应注意以下问题：

1) FMECA 工作应与产品的设计同步进行，尤其应在设计的早期阶段就开始进行，这将有助于及时发现设计中的薄弱环节并为安排改进措施的先后顺序提供依据。

2) 对产品研制的不同阶段应进行不同程度、不同层次的 FMECA。也就是说，应及时反映设计、工艺上的变化，并随着研制阶段的展开不断补充、完善和反复迭代。

3) FMECA 工作应由设计人员负责完成，贯彻"谁设计、谁分析"的原则。原因是设计人员对自己设计的产品最了解。

4) FMECA 分析中应加强规范化工作，以保证产品的分析结果具有可比性。开始分析复杂系统前，应统一制定规范要求，结合系统特点，对过程中的分析约定层次、故障判据、严酷度及危害度定义、故障率数据源和分析报告要求等均应作统一规定及必要的说明。

5) 应对 FMECA 的结果进行跟踪与分析，以验证其正确性和改进措施的有效性。这种跟踪分析的过程,也是逐步积累工程经验的过程。一套完整的资料是各方面经验的总结,是宝贵的工程财富,应当不断积累并归档,以备查考。

　　FMECA 虽是有效的可靠性分析方法,但并非万能,不能代替其他可靠性分析工作。特别应注意,一般是静态的单一因素分析方法,在动态分析方面还不完善。若对系统全面地实施分析,还应与其他分析方法相结合。

3.3　FMECA 技术标准

3.3.1　FMECA 技术标准发展

　　美国军方研究并制定了最早的 FMECA 技术标准,于 1949 年发布了 MIL – P – 1629《实施 FMECA 分析程序》。1950 年,美国 Grumman 公司针对新型喷射引擎(Jet Engine),为了评估其操纵系统的可靠度使用了故障模式及影响分析(FMEA)方法。随后在 20 世纪 60 年代早期,美国国家航空航天局(NASA)要求其承制方开始运用 FMECA 工程技术。1966 年,NASA 发布了用于阿波罗项目的 FMECA 程序。与此同时,FMECA 也扩展到民用航空领域。1967 年机动车工程师学会(SAE)发布了第一个民用的 FMEA 标准 ARP 926 *Fault/Failure Analysis Procedure*。1974 年,美国海军发布军用标准 FMEA 程序 MIL – STD – 1629(Ships)代替 MIL – P – 1629。1977 年,美国海军航空系统司令部(NAVAIR)发布了 MIL – STD – 2070(AS)。1980 年,美国海军发布 MIL – STD – 1629A 代替了 MILSTD – 1629(Ships)和 1977 年的航空设备 FMEA 分析标准 MIL – STD – 2070(AS)。

　　在民用行业,福特公司在 20 世纪 70 年代经历 Pinto 牌汽车问题之后,出于对安全性和法规遵守的考虑,开始在企业内部导入 FMEA。80 年代以后,许多汽车公司开始发展内部的 FMEA 方法,产生了风险优先数(RPN)分析方法,用以评价潜在故障,这种风险分析方法与传统的美军标危害性分析方法有所差别。随后汽车业将 FMEA 方法应用到工艺过程上,就不同的分析对象,汽车业建立了《设计失效分析 DFMEA》与《过程失效分析 PFMEA》两套程序,并开始要求零件供货商采用 FMEA 来分析所生产零件的设计与制程。各汽车公司的规定不尽相同,却纷纷要求推行 FMEA,使得零件供货商的负担额外沉重。为改善这种现象,在美国品管学会(ASQC)的赞助下,北美三大汽车公司 Ford、Chrysler、General Motor 等组成了汽车工业行动小组(AIAG),致力于整合各汽车公司规定的表格。1993 年,历经数年的努力后,AIAG 终于完成《潜在失效模式与影响分析参考手册》。藉由此份手册的指导,汽车工业统一了失效分析的程序与表格,并且奠定了 FMEA 在工业界的地位,至今已经更新到 2008 年的第四版。三大汽车公司没有就此止步,它们还通过标准体系的认证来促使供应商实施 FMEA,1994 年,在 QS 9000 第一版的质量体系要求条款中,就加入了 FMEA 的要求,成为获得 QS 9000 认证的必要条件,随后也成为国际汽车行业的技术规范——ISO/TS 16949《质量管理体系——汽车行业生产件与相关服务件的组织实施 ISO 9001 2000 的特殊要求》。与此同时,一些行业协会也发布了自己的汽车业的标准。1995 年,基于 AIAG FMEA -2《潜在失效模式与影响分析参考手册》内容,形成了 SAE 的 FMEA 正式技术文件 SAE J 1739《设计中的潜在失效模式影响分析,制造和组装过程中的失效模式影响分析》,与 AIAG 参考手册同步更新,并且在质量体系认证中两者可以等效,最新版本是 2009 年发布的。

1994 年 6 月,美国国防部发布名为"规范和标准——采购的新方法"备忘录。该备忘录要求国防部要更多地依赖民用产品和实践。由备忘录产生的结果是大量的可靠性标准被删除,其中也包括 MIL - STD - 1629A,并将更新 FMECA 工作程序的责任转移至 SAE。2001 年,SAE 发布非汽车工业 FMECA 的建议实践——ARP 5580《非机动车用的故障模式和影响分析的推荐实施规范》,但是在军工和航天领域 MIL - STD - 1629A 仍然有非常广泛的应用,也不乏军工产品采用民用标准。由于标准的选择变得复杂,国防部下属的一些机构针对自身产品的特点发布了一些技术手册和指南,如美国陆军 2006 年发布的 C4ISR 设备 FMECA 技术手册,美国空军航天司令部太空与导弹系统中心 2009 年发布的宇宙飞行器 FMECA 指南,这些手册和指南能够更好地指导 FMECA 的实施。

在除美国的其他地区,欧洲国际电工委员会(IEC)也在 1985 年发布了 IEC 812《系统可靠性分析技术——故障模式影响分析程序》(现在的 IEC 60812),介绍了 FMEA 和 FMECA 的一般性使用;基于同一目的,英国标准协会(BSI)在 1991 年发布了 BS 5760 - 5《系统、设备、组件可靠性——故障模式、影响和危害度分析》,该标准借鉴了汽车行业的最佳实践,将 FMECA 应用到工艺过程的设计中。随后中国也在 1992 年参考 MILSTD - 1629A 发布了 GJB 1391—92,后在 2006 年升级为 GJB/Z 1391 - 2006《故障模式、影响及危害性分析指南》。

3.3.2　FMECA 技术标准简介

目前国际上广泛应用的 FMECA 标准如表 3.8 所列,主要有国际级标准(如 IEC 发布的标准)、国家级标准(如 MIL - STD - 1629 和 BS 5760 - 5)、行业性标准(如 SAE 和 AIAG 发布的标准、美国国防部下属机构发布的技术手册)等。

下面对这些技术标准进行简单介绍。

表 3.8　目前主要的 FMECA 技术标准

FMECA 标准	发布者	范　围
MIL - SID - 1629A	美国国防部(DoD)	主要包含功能 FMECA、硬件 FMECA
SAE ARP 5580	机动车工程师学会(SAE)	非汽车工业、包括(功能\接口\硬件) FEMCA、软件(功能\接口\Detail)FEMCA、过程 FMECA

FMECA 标准	发布者	范　围
SAE J 1739	机动车工程师学会(SAE)	设计 FMEA、工艺 FMEA 和设备 FMEA
AIAG FMEA-4	汽车工业行动小组(AIAG)	包括设计 FMEA 和工艺 FMEA
C4ISR 设备 FMECA	美国陆军部	设计 FMEA
航天器 FMECA 指南	美国空军太空司令部与导弹系统中心	功能 FMECA、硬件 FMECA 和接口 FMECA
BS 5760-5	质量管理与统计标准政策委员会	设计 FMECA 和过程 FMECA
IEC 60182	国际电工委员会	设计 FMECA 和过程 FMECA
GJB/Z 1391—2006	中国人民解放军总装备部	功能 FMECA、硬件 FMECA、过程 FMEA、软件 FMEA

1. MIL-STD-1629A 失效模式、影响及危害性分析

目前的版本是 1980 年 11 月 24 日发行的 A 版,共有 57 页。该标准说明如何执行 FMECA,详细叙述了建立模式的方法、功能方块图、定义严重等级与危害性度量,提供一份 FMEA、危害性分析、FMECA-维修性信息表和损伤模式与影响分析单的样本表格,并且附有一些案例。

2. SAE ARP 5580 非机动车用的故障模式和影响分析的推荐实施规范

目前的版本于 2001 年 7 月发布,共 58 页,用于代替 1629A。该规范主要描述了实施 FMEA 的基本程序,包括功能、接口、详细 FMEA,还包括一些分析前的工作(FMEA 计划和功能需求分析)、分析后的工作(潜在故障分析、FMEA 的验证、文件管理),以及在硬件、软件、过程设计中的应用。主要应用对象是那些希望在产品研发过程中使用 FMEA 来评估系统单元的安全性和可靠性,或者作为其产品改进过程的一部分的组织。

3. SAE J 1739 设计中的潜在失效模式影响分析,制造和组装过程中的失效模式影响分析

目前的版本于 2009 年 1 月发布。该标准主要描述了设计中的潜在失效模式和后果分析(DFMEA)及潜在故障在制造和装配过程的模式和后果分析(PFMEA)。通过提供适当的术语、要求、排列图表和工作表,帮助用户识别和减轻风险。作为一个标准,文件中包含要求"必须"和建议"应该",以指导汽车工业用户展开 FMEA 过程。汽车工业的 FMEA 过程和文件,必须符合这个标准,以及任何这方面的企业政策标准。该标准与 AIAG FMEA-4 具有同等效力。

4. AIAG FMEA-4 潜在故障模式影响分析参考手册(第四版)

目前的版本于 2008 年发布。该手册主要阐述了设计故障模式影响分析和工艺故障模式影响分析,提供了相应的表格和应用技术的一般性指南,介绍了功能图、边界图、P 图等 FMEA 的辅助性工具,这些方法对军工行业也有很好的借鉴意义。

5. C4ISR 设备的故障模式影响分析

美国陆军部于 2006 年公开发布了 FMEA 技术手册。该手册的目的就是要通过 FMECA 的分析过程引导设备经理,指导他们如何将这种类型的分析方法运用到指挥、控制、通信、计算机、情报、监视和侦察(C4ISR)的设备。这些设施包含了很多冗余系统,用于实现极高的可用性。该手册在 1629A 的基础上详细描述了 FMECA 的分析流程,同时也借鉴了汽车工业 FMEA 的实践,引入了 RPN 的风险评价方法。

6. RPN 的风险评价方法

《航天器 FMECA》指南是由美国空军太空司令部太空与导弹系统中心于 2009 年发布的技术手册。美国国家的太空项目中(包括航天器和发射运载工具项目),有很多关键故障、单点故障、非预期的故障影响以及相关的系统可靠性的降低是在寿命周期的后期(测试与集成阶段或者在轨阶段)才被发现,因此成立了任务保证改进 FMECA 小组,讨论制定了该指南。该指南只包含硬件设计的 FMECA(功能 FME-CA、硬件 FMECA、接口 FMECA),为如何计划和执行一个详细的无人航天器以及与航天器存在接口的地面支持电子设备和机械设备 FMECA 提供指引。

7. BS 5760 - 5 系统/设备/组件可靠性——故障模式影响和危害性分析

该标准是在英国国家标准局质量、管理及统计标准委员会指导下,基于 IEC 812 标准的内容修改完成的。该标准于 1991 年发布,并成为系统、设备和元件可靠性标准体系第 5 部分的内容。该标准主要描述了 FMEA 和 FMECA,以及如何应用它们来研发可靠的产品,包括:

1) 描述执行分析的程序;

2) 提供合适的术语、假设和故障模式及危害度度量;

3) 确定基本的准则;

4) 提供必要的工作表例子,包括设计和工艺的 FMECA;

5) 提供应用 FMEA 和 FMECA 的建议。

8. IEC 60182 系统可靠性分析技术——故障模式影响分析程序

最新的版本是 2006 年发布的。该版本是在 IEC 812 的基础上进行的修订,包含设计和工艺的 FMECA,广泛应用于汽车行业的 FMEA,增加了更多的例子用于说明分析方法,提供了各种不同的 FMECA 方法优劣的说明,阐述了 FMECA 与故障树分析的关系。

9. GJB/Z 1391 - 2006 故障模式、影响及危害性分析指南

1992 年,中国发布 GJB 1391《故障模式影响及危害性分析程序》。该标准以 MIL - STD - 1629 为原型编制,内容基本与 MIL - STD - 1629 相同,在航空、航天、兵器、船舶等武器装备行业得到了广泛的应用。2006 年,对标准进行了修订,补充了工艺 FMEA 和软件 FMEA 技术内容,并对 FMECA 中的风险分析和控制方法进行了极大的改进。

3.3.3 FMECA 技术标准应用

FMECA 的技术工作一般是依据 FMECA 技术标准开展的,武器装备的研制行业尤其如此。但是在一般情况下,各企业依据 FMECA 技术标准,根据企业和产品的特点制定企业的 FMECA 工作方法,形成企业级的 FMECA 技术规范,在此基础上进行 FMECA 技术应用。

以 NASA 为例,FMEA 作为 NASA 产品研制过程中可靠性分析程序的一部分,已经在产品设计中成熟应用。NASA 参考 MIL-STD-1629,结合其产品特点以及设计需求,建立了一套符合 NASA 需求的 FMEA 程序文件,并作为其飞行保证程序(FLIGHT ASSURANCE PROCEDURE)的一部分强制实施。

NASA 在产品研制阶段已全面开展了 FMEA 工作,在每个阶段需要开展不同的 FMEA 工作,并且在各设计阶段中对其进行评审。

其各阶段开展的 FMEA 工作流程如图 3.9 所示。

NASA 的 FMEA 技术应用在产品设计中主要分为以下五个步骤:

1)系统分析:确定所有部件的功能,建立产品的功能框图和可靠性框图,确定系统的使用环境和任务剖面;

2)识别各产品的所有故障模式;

3)确定故障的高一级别影响:确定故障的检测方式,确定是否存在共因故障;

4)确定故障模式的危害性、风险等级、关键产品清单(CIL);

5)设计改进,对高风险故障进行跟踪并提出改进建议。

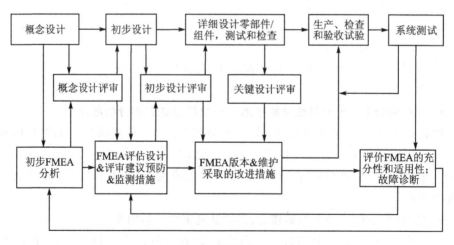

图 3.9 NASA 产品各研制阶段的 FMEA 工作流程

NASA 及其供应商在产品设计中广泛开展了 FMEA 工作。NASA 通过 FMEA 工程技术应用取得了以下效果:

1)确定了产品设计中的关键或危险情况;

2）识别了潜在故障模式；

3）确定了故障影响；

4）确定了关键产品清单；

5）为设计改进提供建议和依据。

从长期来看，FMEA 工作为可靠性、维修性、安全性、测试性和保障性提供了数据支持，取得了以下效果：

1）辅助生成可靠性框图；

2）辅助生成以维修为目的的诊断图；

3）辅助生成产品维护手册；

4）为机内测试（BIT）设计、冗余设计和故障检测提供依据和参考；

5）为测试性分析提供数据基础；

6）作为安全性和可靠性分析的正式文件保存，以作为产品安全诉讼证据。

3.4　FMECA 系统设计

3.4.1　系统总体设计

由于现代企业产品信息、故障信息、FMECA 信息及 FMECA 标准的增多，手工操作已远远满足不了企业信息管理的要求。手工操作主要靠开会的形式来交换信息，手工记录储存信息，再按个人记录层层传达，导致信息易丢失，会议泛滥，办事效率不高。另外，手工操作没有形成系统，信息不能集中管理，导致不能适时沟通，及时将责任落实到位。计算机技术的飞速发展为信息管理提供了有力的工具，数据库是按一定的结构方式存储在计算机硬盘和软盘中相关数据的集合。数据库中的数据独立于应用它的程序而存在，可以被不同用户不同程序所利用，用户还可以按需要采取统一的控制方法对数据进行调用、查询。通过项目信息、FMECA 信息数据库的建立，可方便迅速地实现数据信息的采集、查询、分析等操作。此外，FMECA 中有大量的事务管理工作，计算机软件技术将有效地帮助信息管理，并提供预警等功能。

1. 设计目标

FMECA 软件是故障模式影响及危害性分析的工具平台，其目的是快速、高效地完成大型复杂系统的分析。该软件不仅适用于可靠性分析，也适用于安全性分析。

2. 需求分析

功能需求是指软件必须执行的功能，用来定义系统的行为——软件在某种输入条件下，要给出确定的输出，并做相应的处理或转换，使用户利用系统能够完成规定的任务，从而满足业务需求。功能需求通常是软件功能的"硬指标"。FMECA 的功能需求是在充分分析现有可靠性行业流行的 FMECA 分析软件功能的基础上，结合我国可靠性行业 FMECA 分析人员的实践经验和使用特点，遵循实用、合理、易用的原则而提出的。主要功能需求如下：

1）能提供灵活简便的数据输入和信息管理。数据输入和信息管理是软件的重要功能之一。FMECA 的数据输入和信息管理功能应能够安全、科学、便捷地输入和管理各类 FMECA 信息，其中包括项目组成信息、产品基本信息、故障模式信息、FMECA 标准信息、用户信息等，从而使 FMECA 小组成员从大量数据信息中解脱出来，把主要精力集中在 FMECA 工作上。

2）能提供初始和修正 RPN 的自动计算。根据严重度、发生度和探测度的值计算或修改 RPN，并按照 RPN 大小进行排序，以引起分析人员特别注意，确保通过现存的设计控制或预防纠正措施降低风险。

3）能编辑各类数据信息（如项目属性信息、产品结构信息、FMECA 分析信息、FMECA 标准信息及用户信息）。可以增加、修改、删除、查询各类信息。

4）能提供安全的信息保护。通过 FMECA 工作组权限控制、数据备份与恢复和密码保护功能保证 FMECA 数据信息的安全性。

5）软件还应能自动生成 FMECA 报告。用户可根据需要设定输出格式，支持打印预览和打印机输出功能，并能生成 Word 或 Excel 文件。

3. 软件结构

FMECA 系统由以下七个主要模块组成：

1）输入模块：提供灵活简便的数据输入，包括项目组成信息、产品基本信息、故障模式信息、FMECA 属性信息、用户信息等。

2）FMEA 与 FTA 综合分析模块：确定所分析的产品或工艺的功能、故障模式、影响、故障原因和控制等。

3）风险评估模块：提供初始和修正 RPN 的自动计算，根据严重度、发生度和探测度的值计算 RPN 或修正 RPN。

4）输出模块：自动生成报告，报告制作方面具有灵活性，可在 Microsoft Word 或 Excel 中创建报告，支持打印预览和打印机输出功能；用户可创建各种风格的报告模板，并内置标准的报告模板供用户选用。

5）数据库管理模块：FMECA 分析包括大量的信息，比如项目组成信息、产品基本信息、故障模式信息等。该模块功能是主要采用树形结构管理产品的组成信息，以树形、工作表两种形式管理 FMECA 信息以及用逻辑符号构建某一故障模式下的故障树。

6）数据库系统：用于存储支持 FMECA 分析的基础数据，包括标准库、故障信息库、各类 FMECA 信息、便于填表使用的各类词库等，是软件运行的基础。

7）接口模块：使 FMECA 软件与其他可靠性分析相关软件相互支持，实现与FTA、可靠性预计与分配、寿命评估等软件的综合应用，也可进一步与可靠性仿真、维修性分析等软件连接，提供其所需的故障数据和可靠性信息，为开发"综合"分析平台奠定基础。

3.4.2 数据库设计

数据(Data)是数据库中存储的基本对象。在计算机中,为了存储和处理人们需要描述的事物,就要抽象出事物的特征来描述。例如在 FMECA 中,产品的名称、描述、功能、工作环境等。数据库(Database)是指按一定组织方式存储在一起、相互有关的若干个数据的结合。而数据库设计是指对于给定的应用环境,构造最优的数据库模式,建立数据库及其应用系统,使之能有效地存储数据,满足各用户的应用需求。

数据库设计最重要的工作就是要建立一个结构良好的数据库,将所有的 FMECA 所需要的相关数据信息存储在数据库中,并可以有效地对其进行存取和操作。数据库设计是开发 FMECA 软件的重要任务,也是后续软件开发工作的基础。

Microsoft 公司的 SQL Server 只能运行在 Windows 系列操作系统上,并行实施和共存模型并不是十分成熟,伸缩性也比较有限。但是 SQL Server 给用户提供一个非常友好的用户界面,操作简单,同时在数据库服务器上采用的是单进程/多线程的运行模式。

SQL Server 支持多个不同的开发平台,数据开发人员可以用现有的任意开发平台编写应用程序来访问 SQL Server,SQL Server 支持分布式事务处理,支持数据仓库。

1. 数据库设计原则

FMECA 过程中,要产生大量的数据信息,包括产品、故障模式、功能、任务剖面、任务阶段、工作方式、故障原因、严酷度、局部影响、高一层次影响、最终影响、检测方法、补偿措施、故障发生概率等级、工作时间、故障模式危害度等。这些数据信息依数据类型来看,有些是字符型,有些是整型,有些是逻辑型。由于 FMECA 的数据量大且相互之间关系复杂,所以如何建立一种合理而高效的数据模型并在数据库中实现,是软件开发中的关键问题。这样的话,数据库作为软件开发的一种工具,其设计需要满足以下要求:

1) 高的数据存取效率:FMECA 涉及的数据量很大,尤其是报告生成工作,所以必须根据不同的要求提供不同的数据;

2) 低数据冗余:不同分析方法涉及的数据有时相同,所以必须降低数据冗余,否则会加大数据库负担,造成效率降低;

3) 可扩充性:随着对 FMECA 方法研究的深入,新的数据项会产生且需要处理,这就要求数据库必须有良好的可扩充性,能满足未来的需求;

4) 与其他工具的接口:FMECA 工具与其他辅助设计分析工具有各种数据交换要求;

5) 保证数据的完整性和一致性:因未来 FMECA 软件要与其他软件工具集成在一起,且要支持多用户环境,所以数据的完整性和一致性问题就变得很突出。

2. 数据库详细设计

根据上述软件需求和数据库的设计原则,进一步得到 FMECA 软件中数据信息的基本流程,如图 3.10 所示。

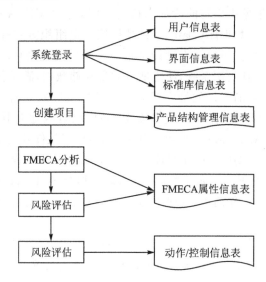

图 3.10　数据信息的基本流程

由此数据流程可列出以下 FMECA 系统所需要存储的数据项和数据结构:

1) 系统用户信息用户名、密码等;

2) 界面信息类型编号、属性名称、报告显示名称、激活显示等;

3) 产品基本信息:产品名称、描述、更新时间、功能、任务阶段等;

4) 标准库信息:标准类型、标准名称、标准值、标准描述等;

5) 产品结构管理:条目名称、级别、描述、条目环境、各系统数量、部件编号、替换部件编号、条目总的 RPN 值、修改后总的条目 RPN 等;

6) FMECA 属性信息:功能描述、故障模式名称、故障部位、故障原因、故障影响、严酷度等级、发生度等级、检测度等级、综合评定等级、检测方法、补救措施等。

3.5　FMECA 技术应用研究

3.5.1　FMECA 技术在设计分析中的应用研究

由于 FMEA 技术易操作且效果良好,所以国外非常重视 FMEA 的工作。早在 20 世纪 50 年代,美国 Grumman 公司已将 FMEA 技术应用于战斗机操控系统的设计分析。到 20 世纪 80 年代,FMEA 技术相继进入美国汽车、医疗、微电子行业领域。由于 FMEA 技术的广泛应用,以及设计、分析一体化领域的仿真工具早已普及,能够进行定量分析的 FMEA 分析验证技术很自然地融入正常设计研制流程中。1997 年,美国可靠性与维修性年会发表了题为 *Quantitative FMEA Automation* 的论文,该文以仿真软件 Saber 为基础,阐述了通过仿真软件进行 FMEA 分析验证的过程及特点;2004 年,欧洲的 C. Picardi 和 F. Berger 等人发表了题为 *Autas:a Tool for Supporting FMEA Generation in Aeronautic* 的论文,该文介绍了该课题组 FMEA 分析验证的工作思路,并介绍了一种为 FMEA 分析验证提供故障注入的软件工具。

　　21 世纪初,我国军工行业对 FMEA 分析验证技术进行了探索性研究,例如航天领域的"仿真软件在 FMEA 中的应用",航空领域的"航空田园系统 FMEA 自动化技术研究"、国防科技大学的"用于自动故障模式影响分析的系统功能角色模型"等。中国航天标准化研究所从 2002 年开始,对 FMEA 分析验证技术展开了深入研究,并于"十五"期间开展了"基于仿真的量化 FMEA 技术在型号中的推广应用",在已有研究成果的基础上,总结提出利用计算机仿真软件实施 FMEA 分析验证的基本方法和技术规程,并选择典型工程型号开展技术应用,形成了相应的分析方法理论体系和数据库。近年来,该单位在 FMEA 分析验证领域已取得重大突破,在载人航天工程等重点型号中,已取得 FMEA 分析验证技术的工程化应用成果,有力地支持了重点型号的可靠性工作。

3.5.2　开展 FMECA 分析验证的仿真模型研究

　　开展 FMEA 分析验证工作,须建立分析对象的仿真模型,因此故障分析结果的准确度和精度,很大程度上依赖于仿真建模水平及建模精度;另外,当前市场上功能较强的计算机仿真软件都是国外产品,器件库内不包含绝大部分的国产器件,例如国内航天控制系统使用的电磁继电器、太阳能电池导尿管,需对此类特定元器件进行建模。因此,解决仿真模型开发问题是 FMEA 分析验证技术应用的重点及难点。

　　在本质上,计算机仿真软件是将原对象转换成一定的数学模型进行运算,通过仿真软件的仿真器内核,将仿真对象简化成一系列非线性常微分方程组。这些常微分方程组利用形成电路网表的各类元器件和部件模型可间接得到。电路和器件被转换成网表后提供给仿真器,每个器件和设备的模型最终都转换成矩阵的一个部分。仿真器通过自身的仿真算法,逐步迭代求出电路各部分参数。

　　通常的仿真模型开发任务,是将被分析系统中使用的元器件,按照其内部工作规律,建立反映其内部动态过程的"通过变量"与"跨变量"(在电路中分别指电流和电压)的关系。

　　此外,仿真模型的层次分类一般包括初始级模型、功能级模型和行为级模型三个层次:

　　1) 初始级模型是最低层次的模型,这是仿真中最基础且详细的模型(如电路仿真中的电阻、三极管等器件模型)。开发完备的初始级仿真模型,是对单机及系统开展 FMEA 分析验证工作的基础。

2）功能级模型是由初始级器件组合构成的宏模型，用于模拟特定的系统功能块。

3）行为级模型可以描述任意的器件、功能和模块，通过数学表达式或过程性描述来表示。由于高度概括了模型的输入输出关系，而忽略了内部过程，行为级模型只具有外部等效意义。三种仿真模型层次特性见表 3.9。

表 3.9　仿真模型层次特性

模型开发层次	模型特性
初始级模型	用解析表达式或表格等表述的底层元器件（如 MOS 管、三极管、电阻等）
功能级模型	用下列方法开发的宏模型： 1）电路简化； 2）电路块搭建； 3）符号法； 4）综合上述方法
行为级模型	用线性或非线性数学公式或表格表示的高级语言模块

3.5.3　FMECA 技术的应用前景

国外对 FMEA 分析验证技术的研究与应用已较为广泛，形成了相关的技术手册、标准、指南及准则，在航空、航天、海军、空军等军工部门得到了广泛应用，且已开发了 FMEA 分析验证专用的分析软件。在国内，对 FMEA 分析验证的技术研究还不是非常深入，FMEA 分析验证技术在国内航空系统尚未大范围推广。由于在国内此项技术的研究和应用工作仍处于起步阶段，还需解决诸如故障注入、特殊器件的仿真建模、仿真分析方法综合应用、分析数据接口等关键技术问题；同时 FMEA 分析验证技术在缩短设计周期、减少研制费用、提高产品可靠性方面的功效尚未得到广泛认识，也给其推广应用工作带来了难度。

FMEA 技术作为一项可靠性分析技术，已在航天领域得到了广泛推广及应用，因此 FMEA 分析验证技术存在大量的分析验证对象。另外，通过试验逐一验证故障模式影响，经济成本高昂且耗费时间较多；且部分故障影响数据无法通过试验获得（如设备因为故障而损毁，则无法获得试验过程数据）。通过对 FMEA 分析验证技术的运用，可以模拟试验中难以实现的故障模式及高成本的故障模式，获得试验难以获得的故障数据，能够给以试验为核心的故障诊断、归零工作提供参考数据，进而可以降低试验成本，缩短故障诊断的试验时间，提高故障诊断的效率。

综上，FEMCA 分析验证技术是一项理论和实际紧密结合的技术，是提高航空电子电气产品可靠性与安全性的有效工具。该技术在产品研制领域内尚未普及，但在型号应用中存在大量需求,应用前景广阔,推广后将受到型号设计单位欢迎。此外,对该技术进行更为深入的研究,将极大地推动其在型号产品研制中的应用,并促进该技术向机电、机械、液压、光电等领域发展,最终提高航空型号的稳定性、可靠性和安全性,获得较大的综合效益。

思考题

1. FMECA 技术在保障性分析中的作用是什么?
2. 产品寿命周期各阶段 FMECA 技术分别是什么?
3. 阐述 FMECA 分析步骤。
4. FMECA 分析包括哪些内容?
5. 什么是功能故障?
6. FMECA 严重度评价标准是什么?
7. 实施 FMECA 时应注意哪些事项?
8. FMECA 技术目前主要有哪些标准?
9. FMECA 分析验证的仿真模型包含哪些层级?

第4章 RCMA 技术

RCMA(以可靠性为中心的维修分析)以 FMECA 的结果为依据,是按照以最少的维修资源消耗保持装备固有可靠性和安全性的原则,即最少代价或资源消耗原则,应用逻辑决断的方法确定飞机预防性维修要求的过程。RCMA 技术的目的就是确定重要维修项目(MSI)、重要结构项目(SSI),通过系统维修方式逻辑决断过程和结构评级,确定 MSI、SSI 的维修方式和维修工作要求,根据维修方式逻辑决断及结构评级结果,编制预防性维修大纲并确定维修项目的维修周期。

4.1 概 述

4.1.1 可靠性的定义

可靠性是产品在规定的条件下和规定的时间内完成规定功能的能力。这里,规定的条件通常指使用条件、维护条件、环境条件和操作技术。由于产品在工作中发生故障带有偶然性,是随机事件,因此产品可靠性的高低是观察一定数量的产品在统计分析基础上度量的。

4.1.2 可靠性度量参数

度量可靠性就是考察产品在规定的时间内和规定的条件下完成规定功能的能力的大小。描述或度量可靠性的数学函数和物理量如下:

1. 寿命、累积故障概率(函数)和故障概率密度函数

寿命:产品从开始工作到首次故障或失效前的一段工作时间 T 是随机变量,寿命 T 的分布函数为 $F(t)=P(T \leqslant t)$,表示在规定条件下产品的寿命不超过 t 的概率,即产品在 t 时刻前发生故障或失效的累积概率。在可靠性中,$F(t)$ 称为故障分布函数或累积故障概率(函数),简称故障概率。

确定产品的寿命分布函数是一件非常重要和非常基础的工作,以后的统计推断很多是在这个基础上进行的。

如果寿命 T 是一个离散型随机变量,概率可以用频率来解释,即 N 产品中在 t 时刻时有 $n(t)$ 件发生故障,则用故障频率

$$\widehat{F}(t) = \frac{n(t)}{N}$$

来估计该产品在时刻 t 的故障概率 $F(t)$。

如果寿命 T 是一个连续型随机变量,则分布密度函数 $f(t)=F'(t)$ 为故障概率密度函数。

可靠度函数 $R(t)$(简称可靠度):产品在规定的时间内和规定的条件下,完成规定功能的概率,$R(t)=P(T>t)$,显然 $R(t)+F(t)=1$ 且 $R'(t)=-f(t)$,因此有时 $F(t)$ 也叫不可靠度(函数)。$R(t)$ 具有如下性质:

1) $R(0)=1$;

2) $\lim\limits_{t\to\infty} R(t)=0$;

3) $R(t)$ 是 t 的非增函数。

2. 平均寿命

产品寿命 T 的数学期望称为平均寿命。平均寿命是一个标志产品平均能工作多长时间的量,是对整批产品而不是对单个产品而言的一个可靠性参数,即是通过整批产品来确定的。

- 可修复产品的平均寿命为平均失效前的工作时间(MTTF,Mean Time to Failure);
- 可修复产品的平均寿命为平均故障间隔时间(MTBF,Mean Time Between Failure)。

若产品的故障概率密度为 $f(t)$,则数学期望 $E(t)=\displaystyle\int_0^\infty tf(t)\mathrm{d}t$ 为平均寿命,也可直接从可靠度 $R(t)$ 求得,即

$$E(t)=\int_0^\infty R(t)\mathrm{d}t$$

物理意义:平均寿命在几何上等于 $R(t)$ 与时间轴 t 所包含的面积。实际工作中,产品的平均寿命一般通过寿命试验获得的试验数据来估计,属于破坏性试验。

3. 故障率函数

故障率(函数)$\lambda(t)$:已经工作到时刻 t 的产品,在时刻 t 以后单位时间内发生故障的概率。实际中可以用工作到 t 时刻的产品在 t 时刻后单位时间内发生故障的频率来估计故障率。

例如:设初始时刻 t_0 有 N 个产品开始工作,到时刻 t 有 $n(t)$ 个产品发生故障,即还有 $N-n(t)$ 个产品在继续工作,为考察时刻 t 后产品的故障情况,再观察 Δt 时刻,在 $(t,t+\Delta t)$ 内又有 Δn 个产品发生故障,则在时间区间 $(t,t+\Delta t)$ 内产品发生故障的频率为

$$\frac{\Delta n}{N-\Delta n}$$

于是,产品的故障率可以用产品工作到时刻 t 之后单位时间内发生故障的频率来表示,即

$$\hat{\lambda}=\frac{\dfrac{\Delta n}{N-\Delta n}}{\Delta t}$$

故障率随工作时刻 t 这一条件的变化而变化,因而能非常灵敏地显示出产品故障的变化速度。

综上所述,存在以下结论:

1) 故障概率(函数)$F(t) = P(T \leqslant t)$;

2) 故障概率密度(函数)$f(t) = F'(t)$;

3) 可靠度(函数)$R(t) = P(T > t)$,可见 $R(t)$ 与 $F(t)$ 互补,即 $F(t) = 1 - R(t)$;

4) 时刻 t 的故障率(函数)$\lambda(t) = \lim\limits_{\Delta t \to 0} \dfrac{P(t < T \leqslant t + \Delta t \mid T > t)}{\Delta t}$。

上述 $\lambda(t)$、$R(t)$、$F(t)$、$f(t)$ 同等重要,都是全面描述产品可靠性的重要参数。各参数之间转换的具体公式如下:

$$\lambda(t) = -\frac{R'(t)}{R(t)}$$

$$R(t) = e^{-\int_0^t \lambda(t)\,\mathrm{d}(t)}$$

$$F(t) = 1 - e^{-\int_0^t \lambda(t)\,\mathrm{d}(t)}$$

$$f(t) = \lambda(t)e^{-\int_0^t \lambda(t)\,\mathrm{d}(t)}$$

转换公式的具体推导过程如下:

产品工作到时刻 t 后,在 $(t, t + \Delta t)$ 内故障的概率可以表示为条件概率 $P(t < T \leqslant t + \Delta t \mid T > t)$。由条件概率性质 $P(B \mid A) = \dfrac{P(AB)}{P(A)}$ 以及上述结论 1)~4)可知

$$P(t < T \leqslant t + \Delta t \mid T > t) \xrightarrow{\text{概率性质}} \frac{P(t < T \leqslant t + \Delta t, T > t)}{P(T > t)}$$

$$= \frac{P(t < T \leqslant t + \Delta t)}{P(T > t)}$$

$$= \frac{P(T \leqslant t + \Delta t) - P(T \leqslant t)}{P(T > t)}$$

$$\xrightarrow{\text{上述结论}} \frac{F(t + \Delta t) - F(t)}{R(t)}$$

于是

$$\lambda(t) = \lim_{\Delta t \to 0} \frac{P(t < T \leqslant t + \Delta t \mid T > t)}{\Delta t} = \lim_{\Delta t \to 0} F(t + \Delta t) - F(t)/R(t)/\Delta t$$

$$= \lim_{\Delta t \to 0} \frac{F(t + \Delta t) - F(t)}{\Delta t} \times \frac{1}{R(t)}$$

$$= F'(t)\frac{1}{R(t)} \xrightarrow{\text{上述结论}} f(t)\frac{1}{R(t)}$$

$$= -\frac{R'(t)}{R(t)}$$

即 $\lambda(t) = -\dfrac{R'(t)}{R(t)}$。

对上式两边从 0 到 t 积分

$$\int_0^t \lambda(t)\mathrm{d}t = \int_0^t -\frac{R'(t)}{R(t)}\mathrm{d}t$$

得

$$\int_0^t \lambda(t)\mathrm{d}t = -\ln R(t)$$

$$R(t) = \mathrm{e}^{\int_0^t \lambda(t)\mathrm{d}t}$$

$$F(t) = 1 - R(t) = 1 - \mathrm{e}^{-\int_0^t \lambda(t)\mathrm{d}t}$$

$$f(t) = F'(t) = \lambda(t)\mathrm{e}^{-\int_0^t \lambda(t)\mathrm{d}t}$$

4.1.3　可靠性中常用的故障分布

可靠性中常用的寿命分布形式有指数分布、威布尔分布、正态分布、对数分布等。指数分布的物理背景是"浴盆曲线"的有效寿命阶段,在此阶段内故障率为常数,即

$$\lambda(t) = \lambda$$

代入上述推导出的指数分布函数,得

- 故障分布函数 $F(t) = 1 - \mathrm{e}^{-\lambda t}$;
- 可靠度函数 $R(t) = \mathrm{e}^{-\lambda t}$;
- 平均寿命 $E(t) = 1/\lambda$。

可见,寿命分布服从指数分布的产品,其故障率 $\lambda(t)$ 为常数,其平均寿命与故障率互为倒数。

此外,寿命服从指数分布的产品具有"无记忆性",即产品若在时刻 t_0 仍正常工作,则它在 t_0 以后的寿命分布和新的产品一样,产品对过去使用经历没有记忆。证明过程如下:产品无故障工作一段时间 t_0 后,再继续工作 t 小时的可靠度,其条件概率

$$P(T > t + t_0 \mid T > t_0) = \frac{R(t_0 + t)}{R(t_0)} = \frac{\mathrm{e}^{-\lambda(t_0 + t)}}{\mathrm{e}^{-\lambda t_0}} = \mathrm{e}^{-\lambda t} = R(t) = P(T > t)$$

4.1.4　RCMA 的范围

RCMA 最初应用于飞机及其航空设备,后来应用于军用系统与设备,现已广泛应用于其他各个行业,如核电企业、电力公司和汽车制造。目前的 RCMA 应用领域已涵盖了航空、武器系统、核设施、铁路、石油化工、生产制造、甚至大众房产等各行各业。

4.1.5　RCMA 的基本原理

装备的固有可靠性与安全性是由设计制造赋予的特性,有效的维修只能保持而不能提高其固有特性。如果装备的固有可靠性与安全性水平不能满足使用要求,那么只有修改设计和提高制造水平。

1) 故障有不同的影响或后果,应采取不同的对策。故障后果的严重性是确定是否做预防性维修工作的出发点。在装备使用过程中故障是不可避免的,但后果不尽相同,重要的是预防有严重后果的故障。

2) 产品的故障规律是不同的,应采取不同方式控制维修工作时机。有耗损性故障规律的产品适宜定时拆修或更换,以预防功能故障或引起多重故障;对于无耗损性故障规律的产品,定时拆修或更换常常是有害无益,更适宜于通过检查、监控,视情况进行维修。

3) 对产品采用不同的预防性维修工作类型,其消耗资源、费用、难度与深度是不相同的,可加以排序。

4) 对不同产品(项目),应根据需要选择适用而有效的工作类型,从而在保证可靠性与安全性的前提下,节省维修资源与费用。

4.2　RCMA 的实施流程与分析方法

4.2.1　RCMA 的实施流程

RCMA 过程分析主要应包含以下几个步骤:

1. 信息收集

为保证 RCMA 工作的顺利进行,应尽可能收集下列有关信息:

1) 产品的概况,例如产品的构成、功能(产品的全部功能,包括隐蔽功能)和余度等。

2) 产品的故障信息,例如产品的功能故障模式、故障原因和故障影响,产品可靠性与使用时间的关系,预计的故障率,潜在故障判据。产品由潜在故障发展到功能故障的时间,功能故障或潜在故障可能的检测方法。

3) 产品的维修保障信息,例如维修的方法和所需人力、设备、工具、备件等。

4) 费用信息,包括产品预计或计划的研制费用、预防性维修和修复性维修费用,以及维修所需保障设备的研制和维修费用。

5) 类似产品的上述信息。

2. 确定重要功能设备(FSI)

确定重要功能设备是指那些故障会影响任务和安全性,或有重大经济后果的产品。飞机是由大量设备组成的,然而在这些设备中只有少部分设备所发生的故障后果比较严重,因此我们只需对这一小部分飞机的重要功能设备进行 RCMA 即可。

3. 进行故障模式及影响分析(FMEA)

RCMA 的第二步就是对选定的重要功能设备进行故障模式及影响分析,将分析完成后的有关信息填入 FMEA 记录表内。此表内容的填写可为下一步 RCMA 逻辑决断提供必要的基本信息。

4. 应用逻辑决断图确定预防性维修工作类型

RCMA 的第三步就是对重要功能设备进行逻辑决断分析,得出每个设备应采用的维修工作类型和工作间隔期。维修工作类型的决断可以通过 RCMA 逻辑决断图进行定性逻辑决断,还可以通过层次分析法对其进行定性与定量相结合的决断。预防性维修工作间隔期可根据不同设备和不同维修方式来确定。

5. 工作组合

工作组合的目的是把分析确定的各项预防性维修工作按不同的时间间隔组成可靠性维修大纲。

RCMA 的一般步骤如图 4.1 所示。

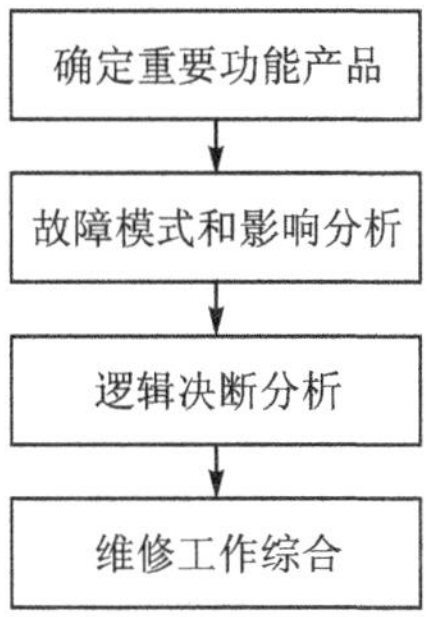

4.2.2　重要功能产品的确定方法

RCMA 应首先确定重要功能产品。飞机的零部件的数量很大,如果都要求进行详细的 RCMA,则工作量很大,而且也无此必要。事实上,许多产品的故障,对飞机的使用来说其后果都是可以容忍的,也就是说不会带来什么严重的影响。对于这些产品可以不做预防性维修工作,而等产品工作到发生故障后再做处理。因此只有会产生严重故障后果的重要功能产品才需要作详细的维修分析。确定重要功能产品就是对飞机中的产品进行初步的筛选,剔除那些明显的不需要做预防性维修工作的产品。重要功能产品一般是指其故障符合下列条件之一的产品:

1) 可能影响安全;

2) 可能影响任务完成;

3) 可能导致重大的经济损失;

4) 产品隐蔽功能故障与另一有关或备用产品的故障的综合可能导致上述一项或多项后果;

5) 可能引起从属故障,导致上述一项或多项后果。

确定重要功能产品的过程是一个粗略、快速而又偏保守的过程。不需要进行深入的分析。具体做法是:

1) 将功能系统分解为分系统、组件、部件……直至零件,如图 4.2 所示。

沿着系统、分系统、组件……的次序,自上而下按产品的故障对装备及分系统使用的后果进行分析,确定重要功能产品,直至产品的故障后果不再是安全性、任务性和经济性后果时为止。低于该产品层次的都是非重要功能产品。

确定重要功能产品

故障模式和影响分析

逻辑决断分析

维修工作综合

图 4.1　RCMA 步骤图

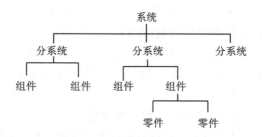

图 4.2　功能系统分解图

2）重要功能产品的确定主要是靠工程技术人员的经验和判断力，而不需用 RC-MA。如在此之前已进行了 RCMA，则可直接引用其结果来确定重要功能产品，而 RCMA 本身无须做如此详尽的分析。可参考表 4.1 来确定重要功能产品。

表 4.1　确定重要功能的提问表

问　题	回　答	重　要	非重要
故障影响安全吗？	是	√	
	否		？
有功能余度吗？	是		？
	否	？	
故障影响任务吗？	是	√	
	否		？
故障导致很高的修理费吗？	是	？	
	否		？

4.2.3　预防维修工作的逻辑决断图确定方法

重要功能产品的逻辑决断分析是以可靠性为中心的维修分析的核心，应用逻辑决断图可以确定对各重要功能产品需做的预防性维修工作或其他处置。

逻辑决断图由一系列的方框和矢线组成，见图 4.3。决断的流程始于决断图的顶部，然后由对问题的回答"是"或"否"来确定分析流程的方向。逻辑决断图分为两层：

1）第一层确定故障影响（问题1～5）：根据故障模式和影响分析确定各功能故障的影响类型，即将功能故障的影响划分为明显的安全性、任务性、经济性影响和隐蔽的安全性、任务性、经济性影响。问题2提到的对使用安全的直接有害影响是指某故障或它引起的二次损伤直接导致危害安全的事故发生，而不是与其他故障的结合才会导致危害安全的事故发生。

2）第二层选择预防性维修工作类型（问题 A～F 或 A～E）：考虑各功能故障的原因，选择每个重要功能产品的预防性维修工作类型。对于明显功能故障的产品，可

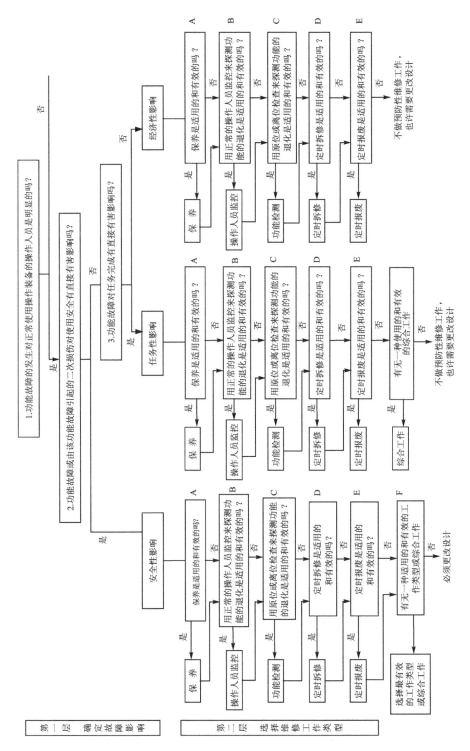

图4.3　RCMA逻辑决断图

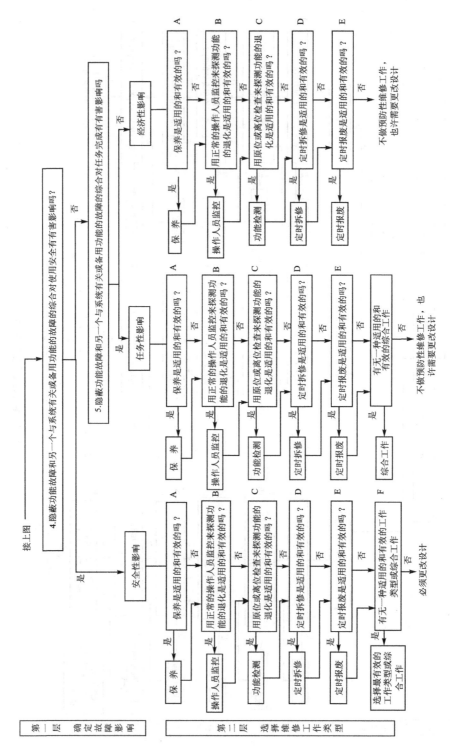

图4.3　RCMA逻辑决断图(续)

供选择的维修工作类型为：保养、操作人员监控、功能检测、定时拆修、定时报废和综合工作。对于隐蔽功能故障的产品，可供选择的维修工作类型为：保养、使用检查、功能检测、定时拆修、定时报废和综合工作。

第二层中的各问题是按照预防性维修工作费用或资源消耗，以及技术要求由低到高和工作保守程度由小到大的顺序排列的。所以除了两个安全性影响分支外，对其他 4 个分支来说，如果在某一问题中所问的工作类型对预防所分析的功能故障是适用又有效的话，则不必再问以下的问题。不过这个分析原则不适用于保养工作。因为即使在理想的情况下，保养也只能延缓故障的发生，而不能防止故障的发生。所以，无论对问题 A 的回答为"是"或"否"，都必须进入问题 B。为了确保装备及其分系统的使用安全，对于两个安全性影响分支来说，必须在回答完所有的问题之后，选择其中最有效的维修工作。

通过对问题 1、2、3、4、5 的提问，将一个功能故障的后果划定为明显的或隐蔽的安全性、任务性、经济性影响六类中的一类，然后沿该类影响分支的流程进入逻辑决断图的第二层，以选择适用而又有效的预防性维修工作类型。

4.2.4　维修间隔的确定方法

预防性维修周期是指两次预防性维修之间的工作间隔时间又称预防性维修间隔时间。对应于装备的大、中、小修，其预防性维修周期称为大、中、小修周期或称为大、中、小修间隔时间。正确确定预防性维修周期关系到定期预防性维修是否有效和是否经济。维修周期过短更换或修理过早使零部件的潜在寿命得不到利用，造成人力、物力的浪费甚至诱发因修理不当而造成的人为故障。反之，维修周期过长更换或修理不及时将影响装备的任务完成和使用安全甚至会带来严重的后果。所以如何正确进行预防性维修周期决策十分重要。我们既要保证装备的安全使用并发挥其最大的效能，又要节省维修费用，以提高装备的使用经济效益。确定维修周期的决策一般有：

1）以可用度最大为目标的维修周期的决策；

2）以平均费用最低为目标的维修周期的决策；

3）按任务期间的任务可靠度要求确定维修周期；

4）维修周期的综合决策。

确定预防性维修周期具有十分重要的意义，因为通过掌握预防性维修周期便于维修管理部门对维修工作进行组织计划和调控。确定的维修周期从宏观上对某种装备来说是适用的，但是落实到具体装备允许根据装备实际情况适当地提前或延长预防性维修间隔时间。具体问题具体对待才能做好维修工作。

预防性维修工作间隔期的确定所需信息：项目的使用条件；项目的故障模式及故障规律等方面的信息；承制方的测试与技术分析数据；承制方对维修的建议；订购方对维修的要求；同型或类型项目的使用或维修经验。

预防性维修工作间隔期的确定原则:使用检查间隔期的确定原则;功能检测间隔期的确定原则;定时拆修或定时报废间隔期的确定原则;对于只有经济性后果的项目,其维修工作间隔期的确定应满足经济有效性要求。

4.3　RCMA 的要点

4.3.1　重要功能产品确定的层次

在重要功能产品的确定过程中,要选择出适宜的层次来划分重要与非重要功能产品。这个层次必须是低到足以保证不会有功能和重要的故障被漏掉,但又高到功能丧失时对飞机整体会有影响,且不会漏掉分系统或组件内部几个产品相互作用而引起的故障。

然而,最适宜的层次也不是绝对的。例如可以将整台发动机定为一个重要功能产品,但特别要注意在逻辑决断分析过程中,不要遗漏其所有功能故障、模式和原因(虽然故障可能很多),从而得出发动机应作的全部预防性维修工作,也可将发动机本体、涡轮、涡轮叶片这几个层次的产品都确定为重要功能产品,并分别加以分析,则应该得出同样的结论。

4.3.2　重要功能产品与非重要功能产品的区分

1) 包含有重要功能产品的任何产品,其本身也是重要功能产品;

2) 任何非重要功能产品都包含在它以上的重要功能产品之中;

3) 包含在非重要功能产品内的任何产品,也是非重要功能产品。

掌握以上性质,划分重要功能产品与非重要功能产品就会简便迅速得多。

4.3.3　隐蔽功能故障与明显功能故障的划分

功能故障是指使设备不能继续完成所具有功能的故障。根据功能故障发生以后是否能被维修管理人员发现,我们可将功能故障划分为明显功能故障与隐蔽功能故障。

明显功能故障是指设备故障发生后能被正在履行正常职责的维修管理人员所发现的功能故障。这里明显的含义是指当设备发生故障后,管理人员能够通过自己的感官或机器上的监视设备来发现故障。

隐蔽功能故障是指当设备发生故障后正常使用设备的管理人员不能发现其功能故障。它必须通过对设备进行停机检查或检测才能够发现,它包含两种情况:一是指正常运转情况下工作设施对于使用设备的人是不明显的故障;二是指正常运转情况下不工作的设施,使用时间是否良好对于设备使用人员是不明显的故障。

4.4　RCMA 的应用

运用 RCMA 技术进行分析,主要包括重要功能部件的确定、故障模式及影响分析和重要功能部件 RCMA 逻辑决断等三个步骤。下面以俄罗斯"库兹涅佐夫"号航母喷气偏流板装置为例来介绍 RCMA 在航保特种装置维修决策中的应用。

4.4.1　重要功能部件的确定

运用 RCMA 辅助分析软件进行分析,确定方法步骤。

1. 确定原则

特种装置中满足下列条件之一的部件应确定为重要功能部件。

1)该部件的故障可能影响安全;

2)该部件的故障可能影响任务完成;

3)该部件的故障可能导致重大的经济损失;

4)该部件的隐蔽功能故障与另一有关的或备用部件的故障的综合可能导致上述一项或多项影响;

5)该部件的故障可能引起的从属故障将导致上述一项或多项影响。

2. 确定步骤

确定重要功能部件是一个自上而下的、粗略的过程,如果没有准确的信息表明某一部件是否为重要功能部件,应将该部件暂时划为重要功能部件。确定过程中,对部件故障后果一般应采用工程判断方法进行决断。重要功能部件的确定一般应按如下步骤进行:

1)从系统级开始至可在装备上直接更换或修复的最低层次上的单元为止,逐层列出各个部件,形成装备的结构框图;

2)从系统级开始自上而下地对各个层次上的部件进行重要功能部件判定。如果某一部件被确定为重要功能部件,则应继续判定其下一层次的部件是否为重要功能部件。此过程反复进行,直至非重要功能部件可在装备上直接更换或修复的最低层次上的单元为止。

3. 特种装置重要功能部件汇总

按上述分析方法得到的喷气偏流板装置重要功能部件如表 4.2 所列。

表 4.2　喷气偏流板装置重要功能部件汇总

装置名称	系统组成	重要功能部件
飞机止动装置	偏流板组件	耳片、冷却面板等
	运动执行机构	心轴、曲柄、旋转臂等
	海水冷却系统	海水滤器、双金属温度计、压力传感器邮箱:电接点温度计、过滤器、空气滤清器等
	液压控制系统	阀台总成:方向控制阀、流量控制阀、压力控制阀等 柱塞泵、蓄能器、液压橡胶软管等
	电器控制系统	PLC、电气元件、仪表等

4.4.2　故障模式及影响分析

　　进行故障模式和影响分析,具体分析过程通过 RCMA 辅助分析软件进行分析。分析内容包括各重要功能部件故障原因、故障模式、对装置各层次影响等,形成 FMEA 汇总表。以喷气偏流板装置中的液压控制系统阀台总成为例,分析过程如图 4.4 和图 4.5 所示。其故障模式有三种,阀门开关失灵、阀体渗漏、阀门内漏。造成阀门开关失灵的原因是阀芯和阀杆脱离或阀芯止退垫片松脱、连接部位磨损。造成阀体渗漏的原因是阀体有砂眼或裂纹。造成阀门内漏的原因是关闭不严或结合面损伤或阀芯和阀杆间隙过大。

图 4.4　液压控制系统阀台总成故障模式分析

图 4.5　液压控制系统阀台总成故障原因分析

4.4.3　重要功能部件 RCMA 逻辑决断

运用 RCMA 逻辑决断图确定重要功能部件维修工作类型、维修等级、预防性维修间隔和时机。

1）RCMA 逻辑决断方法。应用逻辑决断确定预防性维修工作类型，如图 4.6 所示。针对以可靠性为中心的维修分析部件各功能故障原因应按逻辑决断图的流程

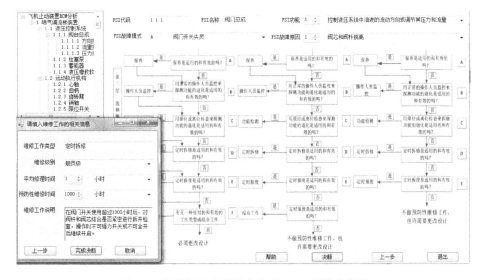

图 4.6　液压控制系统阀台总成 RCM 逻辑决断图

进行分析,选择适用而有效的预防性维修工作类型。对于没有找到适用的和有效的维修工作类型的部件,应根据其故障后果的严重程度确定是否更改设计。

2）维修工作类型。维修工作类型包括保养、操作人员监控、定期检查、技术检测、定时拆修、定期报废、综合工作等。对于冷却面板,除了日常保养外,当达到一定的使用时限时就应该进行定期报废。

3）特种装置重要功能部件维修等级。维修等级分为三级:舰员级、中继级和基地级。对于冷却面板的更换,适用于舰员级。

4）特种装置重要功能部件的预防性维修间隔和时机。以故障规律与故障特征为依据,但为了便于执行,应尽可能与现有的维修制度的规定一致。除非特殊需要,一般应将分析出的预防性工作按分析要求的间隔期就近靠在现有制度规定的间隔期上。间隔期一般成倍数关系,这样便于维修管理与操作。对于冷却面板,其预防性维修间隔期为×××次,即当使用×××次后,不管面板损坏与否,都应进行更换处理,避免因超期使用出现预想不到的严重后果。以此类推,对装置的每个重要功能部件都按照上面的分析方法进行决断,最后经过汇总就可以得到整个喷气偏流板装置的维修工作类型、维修等级和维修间隔期等重要数据。由于该方法具有通用性,因此可直接推广应用到整个航保系统特种装置的维修决策分析中。

思考题

1. 阐述 RCMA 技术在保障性分析中的作用与目的。
2. 阐述 RCMA 的基本原理。
3. 什么是重要功能产品？如何区分重要功能产品与非重要功能产品？
4. 什么是功能故障？如何识别隐蔽功能故障与明显功能故障？
5. 如何应用逻辑决断图方法进行预防维修工作分析？
6. 阐述预防性维修周期的定义、预防性维修工作间隔期的确定原则。

第5章　维修与费用分析技术

5.1　维修级别分析

维修级别分析(国外称修理级别分析)是一种系统性的分析方法。它以经济性或非经济性因素为依据,确定飞机及其分系统中待分析产品需要进行维修活动的最佳级别,这里的待分析产品一般指设备、组件和部件。维修级别分析是航空保障性分析的一个重要内容,是航空维修规划的重要工具之一。

5.1.1　维修级别分析的目的和作用

维修级别分析的目的是确定维修工作在哪一维修机构执行最适宜或最经济,并影响飞机设计。即在飞机设计时,应回答如下两个基本问题:

1) 应将组成飞机的设备、组件、部件设计成可修改的还是不可修理的(故障后报废)?

2) 如将其设计成可修改的,应在哪一个级别上进行维修?

维修级别分析不仅直接确定了飞机各组成部分的修理或报废地点,而且还为确认航空维修所需要的保障设备、备件储存、各维修级别的人员与技术水平以及训练要求等提供信息。在飞机研制的早期阶段,维修级别分析主要用于制定各种有效的、最经济的备选维修方案。在使用阶段,则主要用于完善和修正现有的维修和保障制度,提出改进建议,以降低飞机的使用与保障费用。

5.1.2　维修级别分析的方法

维修级别是指航空装备使用部门进行维修工作的各级组织机构。通常多采用三级维修机构,军用飞机采用基层级、中继级和基地级(工厂级)三级维修机构,民用飞机采用航线、基地和车间三级维修机构。图 5.1 给出了维修级别分析的流程图。对每一待分析的产品,首先应进行非经济性分析,确定合理的维修级别。如不可能,则需进行经济性分析,选择合理可行的维修级别(基层级、中继级、基地级或航线、基地和车间)或报废。

应用维修级别分析决策树,可以初步确定待分析产品的维修级别。图 5.2 给出了简化的维修级别分析决策树。

在维修级别分析中比较困难的是建立维修级别分析模型。当一个产品发生故障时,将其报废还是修复,这种决策要根据维修一个产品的费用与购置一件新品所需的

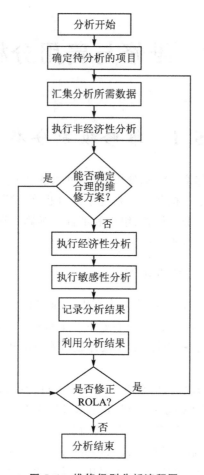

图 5.1　维修级别分析流程图

相关费用的比较结果作出。下式给出了这种决策的基本原理。若下式成立,则采用报废决策:

$$\frac{T_{BF2}}{T_{BF1}} \cdot N < \frac{L+M}{P}$$

式中:T_{BF1}——新件的平均故障间隔时间;

$\quad T_{BF2}$——修复件的平均故障间隔时间;

$\quad L$——修复件修理所需的人力费;

$\quad M$——修复件修理所需的材料费用;

$\quad P$——新件单价;

$\quad N$——预计确定的可接受因子。

N 是一个百分数($50\%\sim80\%$),它说明修复件费用降低到可接受的水平。也就是说,如果产品的修复费用超过了新件费用的百分比,则决定对其进行报废处理。

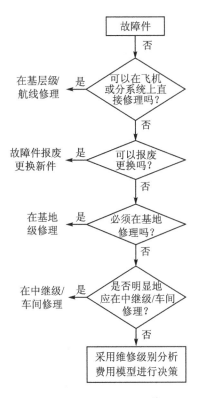

图 5.2　维修级别分析决策树

5.2　使用与维修工作任务分析

　　根据保障性分析的要求,在飞机设计与研制过程中,要同时确定与飞机及分系统和零部件相匹配的保障资源要求,这是关系到装备交付订购方使用时,能否及时、经济有效地建立保障系统,并以最低的费用与人力提供航空装备所需的保障,是能否实现预期的运行完好性和保障性目标的重要问题。保障性分析中的使用与维修工作任务分析正是为解决上述问题提供了技术手段。

5.2.1　使用与维修工作任务分析的目的

　　使用与维修工作任务分析是将新研机型的使用与维修工作任务分解为作业步骤而进行的详细分析,用以确定各项保障工作所需的资源要求。由于要对每项工作任务进行分析,因而工作量很大;同时又要与保障性分析中很多方面做好协调工作划定相当数量的文件,所以是十分繁琐和复杂的。虽然,分析需要耗费大量的人力与资金,然而,由分析得出的准确结果,可以排除因采用一般估计资源要求的臆测性和经验法所引起的资源浪费或短缺,因此,执行该项分析工作所需的额外花费,可以由新研机型在使用期间得到充足的保障资源和显著地降低使用与保障费用的效益中得到多倍的补偿。使用与维修工作任务分析的目的是：

1）为每项使用与维修工作任务确定保障资源要求，其中包括确定新的或关键的保障资源要求；

2）确定运输性方面的要求；

3）从保障资源方面为评价备选保障方案提出根据；

4）为备选设计方案提供保障方面的资料，以减少使用保障费用；

5）为制定各种保障文件（如技术手册、操作规程、培训计划和人员清单等）提供原始资料；

6）为维修分析提供输入信息。

5.2.2 使用与维修工作任务分析的方法与应用

使用与维修工作任务分析过程如图5.3所示。使用与维修工作任务分析是在确定了使用工作任务、预防性维修工作任务、修复性维修工作任务等后，对每项任务进行逐个详细分析。任务要划分为作业，作业又进一次划分为工序。然后对执行每个工序所需的人员及技术水平、工具、测试设备、备件和消耗品、所需的工时和时间以及采用的标准与技术文件等等一一加以分析，并列出清单。

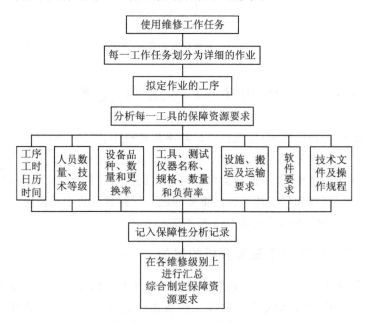

图5.3 使用与维修工作任务分析过程

5.3　费用分析

5.3.1　费用分析与效费分析

　　费用分析是从费用角度决策问题的一种分析方法。效能则是达到规定任务要求的程度的描述,并且通过效能分析来予以量化。费用分析总是与效能分析相结合而进行讨论,然后对问题进行比较全面的评价,从而做出正确的决策,这就是效费分析。经过效费分析的决策结论,既考虑达到任务要求的程度又考虑到所耗费的费用,所以是比较全面的。判断这种决策优劣的准则有:

　　1) 等费用准则——在满足给定的费用条件下,获得最大的效能;

　　2) 等效能准则——在满足给定的效能条件下,所需费用最少。

　　如果决策的问题是具有两个以上选择准则的复杂问题时,权衡研究是解决这种问题的正规的决策方法。综合保障工程中这类决策问题很多,如费用、性能、进度和保障要求的综合权衡;选择保障方案时,费用与诸多保障资源选择的权衡。这时并非费用最低为最好,而要按综合的分析找出都可以接受的方案。

5.3.2　保障中费用分析的用途

　　在综合保障中费用分析主要用于以下几个方面:

　　1) 制定保障性要求时的费用权衡;

　　2) 为建立定费用设计指标和门限值提供依据;

　　3) 估算不同的设计和保障方案以及主要保障资源对费用的影响;

　　4) 在可承受的费用前提下,为研究和确定可行的保障方案提供决策依据;

　　5) 在研制阶段,有效地促进航空装备可靠性和维修性的改进,保证飞机寿命周期费用最佳值;

　　6) 部署后使用方案的决策;

　　7) 为维修方案的改进决策提供依据;

　　8) 为决策者作出中止或继续实现飞机设计方案及重大保障资源研制提供依据;

　　9) 验证是否在规定的年度内能经济而有效地购买和使用所预计的航空装备系统。

5.3.3　费用分析的基本方法

　　费用分析是为决策者提供费用决策的依据,分析时决策尚未作出。因此,所研究的费用必须考虑决策后的各种影响,寿命周期费用分析是考虑影响最全面的费用分析,现在以寿命周期费用分析来阐明费用分析方法。

1. 寿命周期费用分析的一般过程

寿命周期费用分析的过程大体如图 5.4 所示。其中分析的目标可按综合保障工程中所需费用分析的要求而定，如评价备选保障方案，可靠性、维修性改进费用，以及分析某项保障资源的费用等。因为分析是在研制工作的早期或尚未对问题决策之前，所以对分析工作要做出一些假设，如在决策备件费用时可假设备件库存的方案、运输距离等。建立费用分解结构和费用估算是分析工作的重点，下面将单独讨论。

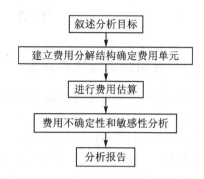

图 5.4　寿命周期费用分析的一般过程

2. 费用分解结构

费用分解结构是按飞机寿命周期费用的构成分解成不同层次的费用单元，并将它们按序分类，用于估算寿命周期费用。由于装备类型不同，进行费用分析的目的不同，费用分解结构可能各式各样，但应与装备系统财务会计管理项目相协调，以便于计算。图 5.5 为飞机的寿命周期费用分解结构示例，其中第一层次分为 7 个主费用单元，第二层次则根据财会管理体制又分为若干费用单元。费用分解结构的基本要

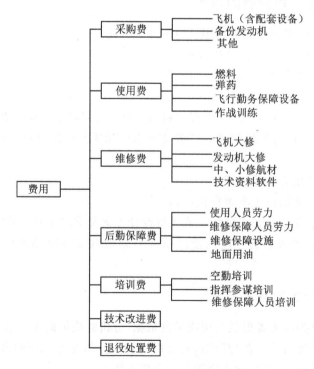

图 5.5　飞机费用分解结构示例

求如下：

1）必须根据费用分析的目的要求和进行的时机考虑所有有关的费用。费用单元必须反映所应有的费用，不能重复，也不能遗漏。

2）费用单元必须有明确的定义并和相关费用的界面划分清楚，与现行财会管理项目协调一致。

3）为费用单元拟定统一的符号（或编码），并与装备工作分解结构（WBS）的编码相一致，以便于计算机管理。

4）对于转承包方式的项目，应把供应方的价格与其他费用区别开来，列入专项。

5）费用分解结构应能鉴别那些需要严格监督和控制的部分。

3．费用估算方法

费用估算的基本方法有：类比法、专家判断估算法、参数估算法和工程估算法等。

（1）类比法

类比法是将拟估算费用的部件与以前类似部件作分析比较，找出主要异同点，从而估计其费用。类比法多在产品研制的早期（如论证阶段和方案阶段）使用，此方法可迅速地作出各方案的费用估算结果。

专家判断估算法又称德尔菲法，这种方法由专家根据经验估算，或由几个专家分别估算后加以综合确定。它要求估算者确实拥有关于产品和费用的综合知识和丰富的经验。一般在数据不足或没有足够的统计样本以及费用参数与费用关系难以确定的情况下使用这种方法。有时类比法与专家判断法作为一种方法联合使用。

（2）参数估计法

参数估计法是把费用和影响费用的因素之间的关系看成某种函数的关系来进行费用估算的。影响费用的因素有：物理参数（如尺寸、体积、重量等）、性能参数（速度、功率、寿命或故障间隔时间等）和保障活动参数（如维修工作时间、备件消耗量）等。因此，首先要确定影响费用的主要因素（参数），然后利用已有可比的同类装备的统计数据，运用统计法建立费用估算的模型。参数型费用估算一般用于装备总体费用估算，在方案前和方案阶段进行。

（3）工程估算法

工程估算法是一种按费用分解结构中各费用单元自下而上的累加方法。每一费用单元都用工程的方法来计算，如计算零部件的费用则由设计费、原材料费、工时费及外购件费等总和而得。它需要设计工程的具体数据，因此工程估算法一般用于方案阶段后期、工程研制、生产、使用阶段。显然，采用工程估算法必须对产品全系统要有详尽的了解，而且还应熟悉产品的生产过程、使用方法和保障方案及历史资料数据等。但是，由于工程费用估算技术反映了详细的设计，所以一般具有较高的准确性。

4．费用不确定性和敏感性分析

费用分析是对未来事件或环境情况作预计性的工作，有些条件要作假设，很多费用单元存在着各种不确定性因素。使分析的可信程度受到影响，给决策带来风险。

因此要在分析过程中研究费用不确定性的来源,预测各种因素变化对费用的影响和影响程度,找出敏感性的因素,制定对策以减少风险。

(1) 费用不确定性分析

费用不确定性的原因大体有如下几方面:设计方案和保障方案变更、进度提前、具体设计的更改;原材料供应、制造工艺和加工方法的变化;费用估算不准确或遗漏;通货膨胀变化过大,等等。要对不确定性因素的原因做好分析,找出影响费用的重点问题并及时加以解决。

(2) 费用敏感性分析

费用敏感性分析是分析和预测影响费用的重要因素发生变化时对寿命周期费用或拟分析的目标所产生的影响程度的系统分析方法,也是一种常用和有效的不确定性分析方法。

敏感性分析可在研制和使用过程中任何阶段上进行,可分析单因素影响,也可综合分析各因素的影响。它可以有以下具体用途:

1) 检验重要的因素是否已列入费用估算模型;

2) 找出对费用影响大的因素,以便采取措施改进;

3) 区分敏感性大小的不同方案,以及研究不同方案的风险,提高决策的准确性;

4) 对敏感性因素重新进行分析,提高预测精度。

敏感性分析的主要步骤如下:

1) 确定分析的目标值。敏感性分析的目标值应与装备费用要求的目标值相一致,可以选用寿命周期费用的总现值(各个时期费用都贴现换算成基准年的现值),或其中某一个主要费用单元的现值。

2) 选定费用估算所需的全部重要参数,所谓重要参数是指初步估计对装备及分系统的效能和寿命周期费用影响较大,或在分析评价费用时认为数据准确性把握不大的那些参数。

3) 重要参数值取其可能变化的极限,非重要参数可取平均值进行费用估算。

4) 求出各参数值变化范围内寿命周期费用或待研究费用的变比,通常用费用变化的百分比或相应的系数表示,也可用现值说明其变化,并绘制敏感性图表(参看图 5.6)。

5) 找出敏感性因素,即对费用影响大的参数。

图 5.6 为装备使用与维修费用的敏感性分析结果。由图可知,在四项重要因素的变化对使用与保障费用的变化的影响中,以每飞行小时所需维修人力和平均大修间隔期两项因素所产生的影响最大。因此在设计和研制中应对它们采取措施,哪怕有小量的改进与提高,都会有效地节约使用与维修费用,同时也降低了寿命周期费用。

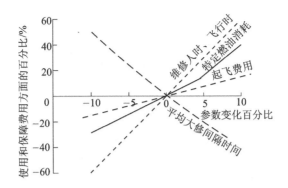

图 5.6 飞机使用与维修费用敏感性分析

思考题

1. 维修级别分析在综合保障中的作用是什么？
2. 维修级别主要分为几级？
3. 使用与维修工作分析的程序是什么？
4. 费用分析的目的是什么？
5. 什么是费用分解结构？
6. 有几种主要的费用估算方法？简要说明其用法。

第6章 IETM 技术

交互式电子技术手册(Interactive Electrical Technical Manual,IETM)出现于 20 世纪 80 年代,是在现代信息技术发展的推动与信息化战争的军事需求牵引下产生与发展起来的一项重要的装备保障信息化的新技术,自从提出到现在已经有 20 多年了。这 20 多年里,在飞速发展的现代技术信息的推动下,IETM 也得到了迅速的发展,其技术日趋成熟,已经成为装备保障信息化的重要手段。实践证明,IETM 在降低装备保障费用,提高工作效率,提高装备的可靠性、维修性和保障性等方面具有显著优势,因此成为目前装备保障信息化研究和应用的热点之一。

6.1 概 述

6.1.1 IETM 的概念

IETM 是在现代信息与电子技术发展的基础上实现的一种装备综合保障技术和手段。IETM 通过对装备的大量书面技术资料进行数字化,形成电子化文档,将装备信息数字化,并划分成许多信息对象,将其作为基本信息单元存储在数据库中,相互关联的信息数据按照一定的结构存储。存储时按照有关技术标准规定的中性格式,不依赖于某个特定装备。用户使用时,信息数据可通过文字、表格、图像、图纸、声音、视频、动画等多种形式表现,用户可以与计算机交互作用,信息数据相互参引,具有多种查询和导航功能查询所需要的信息,显示样式遵循统一标准。

IETM 技术是数据存储与处理、信息分析和决策支持等多种手段的集成,是一个具有辅助维修、资料查询、信息浏览等多种功能的综合应用信息系统。它具有数据格式统一、内容功能多样、交互丰富生动、存储多样灵活、网络分布管理、用户灵活多样等特点,可以提高技术资料准备、处理、维护及使用的及时性和便捷性,提高数据准确性,改善装备故障诊断维修的精确度,增强数据的互操作性、传递与使用的实时性和共享性,从而有效提高装备的保障能力和可靠性,并降低资料制作、管理和维护的各项费用。

6.1.2 IETM 的基本功用

1. 辅助维修功能

IETM 能按装备层次结构形象地描述出各组成的系统、分系统、设备部件等分解结构及技术原理;能按照装备维修大纲和维修规程,制定预防性维修计划、维修范围;

给出故障查找程序、分析故障原因、指导故障检测、故障定位、故障隔离、分解与更换零部件、在组装、调校、检测及修复损坏原件的整个维修作业过程,以及对维修过程中可能遇到的危险给予必要的警告和提示;指导战场抢救抢修和提供远程维修支援;给出图解零部件目录、器材库存目录及零部件信息,指导器材管理和供应保障;给出保障设备、工具清单,指导其正确使用等,还能以系统集成的方式,记录装备动用、故障、零部件更换、维护和修理等信息。

2. 辅助训练功能

IETM 能按照装备训练大纲和要求,制定课程培训计划;能将 IETM 公共源数据库中的数据模块、插入及多媒体模块自动生成装备结构原理、使用操作、维修等内容的课件,并以文字、表格图形以及虚拟现实等形式实现交互式教学或远程教学;能利用 IETM 浏览器跟踪学员的学习,进行在线交流与在线考核,以及能实时进行教学总结与效果评定。

3. 辅助技术资料管理功能

IETM 能存储和管理产品技术说明书、产品图样、维修规程、维修手册、图解零部件目录等用户技术资料,能对这些技术资料进行录入、浏览、检索、查询、更新、下载与归档和进行有效的版本管理和更改管理等。

6.1.3　IETM 的特点

在航空领域使用 IETM 技术的重要意义主要表现在:大大减少飞机技术信息的管理费用;提高飞机研制的质量和速度;降低飞机的维修保障费用;提高新飞机的培训能力和训练水平。应用在航空装备维修领域,大大减少故障检测的虚警率,提高故障隔离的成功率,减少故障隔离时间,避免维修中的错误拆卸,保证维修中人员和装备的安全性,提高维修信息的管理能力,加强航空装备全寿命周期管理。此外,IETM 还具有以下优点:

1) 具有交互性。IETM 可以设计成与用户交互,基于用户及时反馈的信息决定下一步显示什么信息。

2) 信息的组织检索和使用方式灵活。IETM 在计算机技术的支持下,用数据库、超文本或超媒体的形式进行信息组织和存储,因此提供了非常方便、灵活的信息检索方式。它可以采用关键字、属性等进行随机检索或分类检索,还可用热字(Hot Word)进行联想检索。

3) 信息更新快、获取快、质量高。IETM 更注重实现信息的快速更新以及随时向用户传递信息,而且指定系统的集成变化是一个自动更新的过程,确保了技术人员所接受信息的完整性和准确性。

4) 使用媒体信息种类多。传统纸型技术手册只能记载文字、图形、图像等静止媒体信息,而 IETM 除了上述静止媒体信息外,还能记载声音、音乐、视频图像等动态媒体信息。也就是说,IETM 是以声、文、图等多媒体形式来传递和记录信息的,它一改传统纸型技术手册的单调面貌,具有传统纸型技术手册不可比拟的表现力。

5) 小体积、大容量的信息保存。电子文件易于被有效地管理,并节省大量空间。且一部笔记本电脑既能储存大量的书面文件所容纳的内容,也易于携带。

6.1.4　IETM 的分类

由于开发 IETM 的机构不同,其采用的标准也不尽相同,使得 IETM 在体系结构、数据格式、显示方式和功能等方面存在着差异。为了识别这些差异,很多组织都对 IETM 进行了分类。美国海军将 IETM 分为五类:Class 1,2,3,4,5;JCALS 将 IETM 分为三类:1000 Class(1300,1500,1700),2000 Class(2300,2500、2700),3000 Class(3500);欧洲航空航天工业协会将 IETP(交互式电子技术出版物)分为五类:IETP‐L、IETP‐D、IETP‐I、IETP‐H、IETP‐X。其中,应用最广泛的是美国海军的五级分类方法。

1. IETM 的五级分类

IETM 应用日益广泛,数字化转换和实现方法也越来越多,但是美国军方并不希望每个承包商都因此提出自己的解决方案。为此,美国国防部 IETM 工作组的主席单位——海军水面作战中心(NSWC)Carderock 分部于 1994 年 4 月发布了“电子技术手册的国防部统一格式”白皮书,文章列出了 IETM 的五种类型及其功能。各类型 IETM 的特征、数据格式、数据模块和结构如表 6.1 所列。

表 6.1　IETM 的分类

IETM 类型	ETM 电子技术文件		IETM 交互式电子技术文件		
IETM 分级	1 级	2 级	3 级	4 级	5 级
IETM 特征	电子索引页面图像	电子滚动式文件	线性结构 IETM	层次数据库结构 IETM	综合数据库结构 IETM
数据格式	电子图像数据	ASC Ⅱ 文本＋图像数据	ASC Ⅱ 文本＋图像数据	ASC Ⅱ 文本＋多媒体数据	ASC Ⅱ 文本＋多媒体数据
数据模块	文件各页为一个模块	整个文件为一个模块	整个文件为一个模块	各信息单元为一个模块	各信息单元为一个模块
信息结构	线性结构 IETM		线性结构 IETM	数据库结构 IETM	
	线性结构			非线性结构	
	面向文件信息结构			面向对象信息结构	

(1) 第一级——索引式电子页面图像

此类电子手册主要由数字化的页面图像构成,是美军最早实现的电子技术手册。由于 20 世纪 80 年代计算机技术处于发展初期,只能通过扫描纸型手册获得电子页面图像,然后添加、编辑正文前资料(如目录、图形和表格等)实现智能索引,用户只能通过正文进行资料查询并访问相关技术内容,技术内容以页为单位进行显示,并且可以页为单位直接打印输出。

（2）第二级——滚动式电子文档

许多此类电子技术手册采用了 SGML（通用标准标记语言）技术，一般与纸型手册一一对应，其制作方法如下：先将纸型手册中技术内容依据章节顺序划分为数据片段，并按照统一的文档类型定义（DTD）生成/转换为 SGML 文件，添加相应的链接（如表、图形、音频、视频以及专家系统等外部应用程序），最后根据手册中的前后顺序将数据片段组合起来，按照统一的样式生成电子页面式手册。此类手册能够提供关键字查询功能、书签功能、自动提示功能和光栅、矢量图形显示功能等，用户通过目录表访问手册中相应的技术内容，也可以通过控制滚动条直接浏览整个手册。由于纸型手册中的技术内容可能有重复，此类电子技术手册的数据片段中有冗余数据。

（3）第三级——线性结构 IETM

线性结构 IETM 的数据组织方式与滚动式电子文档大致相同，即以传统纸型手册的技术内容（线性结构）组织技术信息，根据技术信息内容（如描述信息、故障信息等）不同划分为数据片段，按照 MIL - PRF - 87269A *Revisable Database for Support of Interactive Electronic Technical Manuals* 要求生成/转换为 SGML 文件，最后按照手册中的前后顺序将数据片段组合起来，生成电子手册。此类电子技术手册在功能上与滚动式电子文档（第 2 级）相比有较大的提高，除了第 2 级 IETM 所具有的功能以外，还能够以对话框方式实现交互，并且图形与文字分窗口显示，能够提供浏览记录和交互式辅助维修等功能。线性结构 IETM 可以消除冗余数据，但是基于考虑节省费用或是向用户提供直接打印成册（纸型）功能要求，许多冗余数据被保留下来，如通用的警告和注意信息、一些相同的维修操作步骤等。

（4）第四级——基于层次结构数据库的 IETM

前几级电子手册的数据组织都是基于章节、段落等传统的线性出版方式，只是在展现方式上由于采用了计算机技术而有所不同，而层次结构 IETM 与前几类手册完全不同。尽管层次结构 IETM 的数据对象（或数据片段）也是按照 MIL - PRF - 87269A 要求生成/转换，但数据对象中的技术内容均按照后勤保障分析记录（Logistic Support Analysis Record，LSAR）要求进行组织，并存储在基于后勤保障分析（Logistic Support Analysis，LSA）原理和格式要求的层次结构的数据库中，这样不仅消除了数据冗余，而且减少了 IETM 数据更新的次数和工作量。层次结构 IETM 的用户界面按照 MIL - PRF - 87268A *General Content*, *Style*, *Format*, *and User Interaction Requirements for Interactive Electronic Technical Manuals* 要求设计，能够向用户提供更多样的交互式访问方式，使用户能够更加快捷、方便地访问其所需的信息（包括文字、表格、图形、音视频等），并向用户提供基于功能系统或结构的导航访问方式，而不是传统的基于页面/章节的导航和显示方式。因为第 4 级 IETM 的技术信息存储在层次结构的数据库中，无法作为一个整体打印成纸型形式（以线性方式输出），只能提供数据单元的打印功能。

（5）第五级——基于集成数据库的 IETM

此类 IETM 将专家系统、智能诊断系统、培训辅助系统等与装备的技术信息数据库（层次结构）相集成，向用户提供故障隔离、操作指导等先进功能，从而更快速和准确地帮助用户完成任务。第 5 级 IETM 允许各个领域的专家将他们的实践知识导入系统，并使之能够得到正确的重复使用，实现知识的动态扩充。用户通过 IETM 的界面可以直接访问专家系统或智能诊断程序，以帮助缺乏相关经验和技能的人员顺利完成复杂的工作程序。

2. S1000D IETP 的分类方式

北约和欧洲将电子化技术资料称为交互式电子技术出版物（Interactive Electronic Technical Publications，IETP）。S1000D 规范对 IETP 也曾进行过详细的划分，并随着技术的发展，不断增加新的类型。IETP 的种类是按照编写技术信息数据所需的结构、底层数据格式和功能划分的。在 2001 年 4 月发布的 1.9 版本中，S1000D 规范定义了五类 IETP：线性结构 IETP（IETP – L）、面向数据库的 IETP（IETP – D）、网络化 IETP（IETP – H）、集成结构 IETP（IETP – I）、基于 XML 的 IETP（IETP – X）。自 2003 年 5 月 S100D 规范 2.0 版发布后，取消了对 IETP 的细分，废除了以前版本定义的 IETP – L、IETP – D、IETP – I、IETP – H 分类方式，仅保留了 IETP – X，即 IETP。

（1）IETP – L：线性结构 IETP

从 CSDB 中抽取数据，并编译成一个线性文档。此类型的 IETP 可以使用交互属性来实现界面交互，但这样做并不是必需的。

（2）IETP – D：面向数据库的 IETP

IETP – D 将其所有的内容放入一个数据库中，此数据库是必需的，可以访问数据库中的数据模块。数据可以通过标准的线性出版系统显示或查询使用。

（3）IETP – I：集成结构 IETP

IETP – I 进一步扩展了数据库的使用，它允许来源于外部程序的查询，也具有向其他数据库查询的功能。最典型的应用为：当进行维修操作时，现场向存储计算机发送一条关于备件使用的消息，此计算机将此消息作为触发器，向仓库订购备件。

（4）IETP – H：网络化 IETP

此类 IETP 使用 HTML 作为其输出机制，将从 SGML 转化得到的 HTML 文件，通过网络环境分发。2003.5.31 发布的 2.0 版中，引入了 IETP – X 分类，同时废除了以前版本定义的 IETP – L、IETP – D、IETP – H、IETP – I 分类方式。

（5）IETP – X：基于 XML 的 IETP

本类 IETP 使用 XML 作为输出机制，因此可以使用 XPOINTER、XLINK 等进行 IETP 间的交互。此机制提供了强大的双向链接功能，允许链接到本 IETP 或另一个 IETP 中的一个句子甚至一个单词或表格的一个单元格。IETP – X 可以使用现有软件，利用日益增多的可用软件来实现 IETP。

3. 现行 IETM 的分类方式

美国 IETM 分类方式是由 Eric L. Jorgensen 提出的,而并非美国官方定义;分类原则是建立在美军标 MIL - PRF - 87268/87269 之上的,但这两个标准却严重过时了(badly out of date);这种分类方式比较混乱、并且相互交叠。

最近,行业规范根据 IETM 所包含的功能级别(level of functionality),将 IETM 的 5 级划分,减化为两类:Type 1 和 Type 2。

(1) Type 1:线性(Linear)

Type 1 线性 IETM,可以认为是美国分类方式 0～3 级的组合,它描述了低级功能的 IETM。一般情况下,Type 1 具有较低级的交互性,可以认为是面向页面的。

(2) Type 2:非线性(Non - linear)

Type 2 非线性 IETM,可以认为是美国分类方式 4～5 级的组合,技术实现上比较高级,它具有广泛的交互性及诊断能力。

6.1.5　IETM 与航空保障的关系

随着科学技术的飞速发展,航空设备的复杂程度迅速提高,在飞行器研制、设计、生产、使用、维修和保养等全寿命周期的各个阶段传递和使用大量的技术资料,传统纸型技术资料的使用和管理模式存在着耗时、费力,时效性差等缺陷,已不能满足现代设备后勤保障的需求,IETM(交互式电子技术手册)作为实施 CALS(持续采办和全寿命支持)战略的基础和关键技术,能够为保障人员提供实时、高效的技术指导和信息支持,对提高设备的后勤保障水平发挥着越来越重要的作用。因此,建立技术先进、结构开放且适应当前航空设备后勤保障要求的 IETM 应用工程结构体系,对缩短维修时间,提高航空设备保障效率具有重要意义。为了更好地将 IETM 运用到航空保障中,必须正确认识 IETM 与航空保障的关系。

第一,IETM 是一项重要的综合保障要素。综合保障是通过保障性分析协调主装备设计与保障系统设计,通过过程集成使两者达到最佳的匹配;然后,利用产品集成形成装备系统和通过信息集成生成用户 IETM。

第二,制作 IETM 的信息主要来源于产品定义数据和产品保障数据。其中,产品保障数据来源于装备保障性工程与综合保障工作过程,特别要通过可靠性维修性预计、使用与维修功能分析、故障树分析(Fault Tree Analysis,FTA)、故障模式影响及危险性分析(Damage Mode Effect and Criticality Analysis,DMECA)、以可靠性为中心的维修分析(Reliability-Centered Maintenance Analysis,RCMA)、修理级别分析(Level of Repair Analysis,LORA)、使用与维修工作分析(Operation And Maintenance Task Analysis,OAMTA)等相关的保障性分析和保障性试验与评价得出产品保障数据。IETM 集成了辅助装备维修和辅助人员训练所需的信息,这些信息在装备设计和综合保障的过程中生成。例如,装备结构信息、装备部件信息主要来自于装备结构设计、功能与性能分析;装备操作使用信息除来自于装备设计信息外,还来自于使用与维修功能分析和使用与维修工作分析；装备故障信息来自于故障树分析、故障模型影响及危害性分析及保障性试验；维修工作信息主要来自于通过使用与维修功能分析、故障模式影响及危害性分析、以可靠性为中心的维修分析得出的修复性维修工作和预防性维修工作。

第三，对于新型装备 IETM 的制作，要求与装备研制的综合保障工作过程同步进行，在装备设计定型的同时对 IETM 产品进行设计定型鉴定。

因此，航空保障工作开展得好坏将直接影响 IETM 制作的内容和质量，从这个意义上讲，推广应用 IETM 可以进一步促进航空保障工作的深入发展。

6.2　IETM 技术国内外发展现状与趋势

6.2.1　国外 IETM 技术的发展现状

为了减少存储和传递技术数据所用纸张的数量和因此造成的高额费用，提高武器系统的后勤保障能力，1984 年美国国防部和工业界开始联合进行调研，并在 1985 年 6 月编写了 CALS(Computer-Aided Logistic Support)实施计划报告。1985 年，美国国防部启动 CALS 项目，以实现武器装备系统研制、生产制造、培训和维护等工作的技术信息数字化、信息交换标准化，以便交换信息数据，减少重复劳动，降低武器维护和培训费用。IETM 作为 CALS 的关键应用技术和主要内容，作为装备保障信息化技术研究和应用的热点之一，一直受到美国国防部和国防工业界的重视，美国三军和很多装备生产厂家均成立了 IETM 研究单位。IETM 相关开发技术和应用得到了全面深入的研究。

经过十多年的努力，美国国防部和海军制定了一系列通用标准和专用标准，用以指导 IETM 的开发、应用与实施，对 IETM 的内容、格式、用户交互要求、显示风格、图标图示以及支持数字化技术文档和技术手册的数据库、网络集成化等方面进行统一规范，以实现美三军之间的互操作。这些措施大大推动了 IETM 的研究与发展。由于现代商业信息技术和军民两用信息技术发展迅速，改进和升级更新速度很快，因此在美军的多个标准和规范中均指出 IETM 的开发和使用要大量使用最新的现代商业信息技术和军民两用信息技术，以实现 IETM 发展的持续性和使用的便利性。

随着现代信息技术的不断发展，IETM 的技术进步出现了两种新的特点：一种特点是 IETM 与 Internet 技术结合日趋紧密。1998 年 3 月美国海军航空兵根据当时 Internet 技术的发展，提出了基于 Web 的交互式电子技术手册体系结构，作为美国国防部所属单位实现网络集成交互式电子技术手册的标准体系结构。基于 Web 的交互式电子技术手册，可以通过 Internet 或 Intranet 发布、更新和获取装备技术信息，具有广阔的应用前景；另外，随着 XML(Extensible Markup Language，可扩展标记语言)技术的发展,IETM 领域正在使用 XML 作为其数据格式标准。另一种特点是 IETM 与人工智能(AI) 技术相结合,今后的 IETM 集成了人工智能、专家系统和故障隔离功能,能自动进行故障分析和定位,提供故障信息和故障修复信息。随着网络技术的快速发展和大量应用,以及美国三军网络硬件基础的成熟构建,实现 IETM 在陆海空三军之间的协同操作成为可能。

为了实现 IETM 的通用性、制作标准的统一、各个 IETM 内容数据的网络化共享集成,美国国防部与国防工业界联合制定了新的 IETM 联合体系(JIA)。2000 年,美国公布了 MIL – HDBK 511(IETMs 技术手册),对 JIA 的浏览器组件、网络应用、数据库服务、IETM 对象封装、IETM 的功能及使用操作要求等进行了规范和建议,作为 IETM 新的技术指南。JIA 的目标是实现多个 IETM 的联合使用,真正实现装备信息数据的透明性。JIA 的各项标准以对军事需求的持续研究为基础,以当前商业软件状况和可获得的 COTS 产品为参照,符合已公布的军用标准和实际 Internet 标准,因此具有良好的可扩展性、灵活性,可以方便地应用最新的商业软件产品,接受可预见的互联网技术、网页技术、在网页上可用的电子文档应用技术等各方面技术的快速改进。为了实现系统的改进升级和技术资料的补充维护,JIA 还构建特殊的接口接收用户提交的有效方案并鼓励创新。JIA 是转换所有国防部技术手册到统一形式和格式的一个主要参考,可以使 IETM 符合在整个国防部信息体系中长期和综合应用的要求,方便装备技术信息数据的发布和应用 JIA 的主要特点为采用通用浏览器、对象封装、采用电子寻址和库函数、网络和数据库服器接口。

可见,美军 IETM 已经与装备的整体维修保障体系紧密联系在一起,并且在 IETM 的开发、使用、管理和维护上形成了相应的体系和制度,成了一种事关全局的现代装备保障技术,在现代战争与装备保障中占据了重要地位。通过美军 IETM 的发展过程可以看出,美军 IETM 的发展主要体现了以下几个特点:

1) 人员保证:各种组织和专门研究小组的成立为 IETM 的研究和开发提供了时间和人员上的保证;

2) 技术支持:现代信息数据库、网络、编程、故障诊断、多媒体制作等技术的快速升级为 IETM 的发展提供了技术支持;

3) 制定规范:系列军用标准和要求的制定和不断改进为 IETM 的研究、制作和发布提供了技术实现的规范性;

4) 厂家贯彻:鼓励装备设计和制造厂家大力推行 CALS 战略,要求其提交数字化资料,为 IETM 的开发提供了方便直接的数据来源;

5) 持续发展:先进商业技术和军民两用技术的应用为 IETM 的发展可持续性提供了技术上的可能;

6) 推广应用:大量 IETM 系统的实际投入应用为 IETM 各方面的改进升级提供了经验基础;

7) 体系建设:美国军队网络的全面建设为 IETM 联合体系(JIA)的发展提供了

硬件基础。

日本是亚洲最早最积极研究、试验和推广 IETM 技术的国家,也是最富有成果的亚洲国家,早在 1991 年就完成了对 IETM 的调研。IETM 在日本得到了较好的发展,尤其是商业领域得到了成功的应用,如富士通公司、松下公司等在生产中都积极采用 IETM 技术,并取得了很好的效果。

韩国于 1994 年 4 月成立了 CALS 委员会,并多次组织人员赴美国参加 CALS 展览会和 IETM 研讨会,并开始引进美国的 IETM 开发技术,并形成了适合本国需要的 IETM 技术,已开发出 Tmp@pyruxv2.0IETM 制作工具。

受美国国防部的影响,北大西洋公约组织(NATO)自 1998 年以来积极采取各项措施,努力推动实施 CALS 战略,强调以数据格式标准为先导,将 IETM 作为一种重要的 CALS 应用技术加以研究。

由欧洲航空工业协会(AECMA)发起和 TPSMG(Technical Publications Specification Group)集团负责开发和维护的 S1000D 是一个采用通用资源数据库(Common Source Data Base)来创建技术文档的国际标准,正逐渐取代 MIL - PRF - 87269A 成为创建技术文档的通用标准。此标准及时跟踪信息技术的发展,采用了多项 ISO 国际标准、CALS 和 W3C 标准,支持标准广义标记语言(SGML)和计算机图元文件(CGM),并逐步采用了 XML、Schema 等新技术。美国国防部 CALS 办公室、英国的 IETM 工作组、北约 CALS 管理委员会和 CALS 工业指导小组的标准制定部门,已经着手协调美国国防部的 IETM 数据库规范和欧洲的 AECMA1000D 数据模块规范,以便联合应用于军用装备系统电子技术手册上。

民用航空领域也十分重视 IETM 的应用。20 世纪 80 年代,美国航空运输协会在 ATA Spec100 规范中增加了数字化资料的内容。20 世纪 90 年代初,增加了附录——数字化资料规范(包括 SGML)。1994 年 6 月,ATA Spec100 规范中数字化资料的内容被剥离出来,形成了新的 ATA Spec 2100《飞机保障数字化资料标准》。2000 年 3 月,ATA 又将最新版本的 ATA Spec 2100 和 ATA Spec100 组合成一个新的规范——ATA Spec 2200《航空维修资料标准》。ATA 规范虽然不是强制性的,但已被国际主流航空公司和飞机制造商所普遍采用,成为事实上的民用航空器技术出版物制作的国际通用规范。两大国际飞机制造公司——波音和空客均为其制造的飞机研发了 IETM 系统。IETM 在民航领域的应用已经相当成熟。

目前,IETM 已由军用装备和民用航空领域向工业制造、运输、教育、电信等领域推广,并得到了广泛应用。

6.2.2 国内 IETM 技术的发展现状

国内 20 世纪 80 年代开始由军方率先引入综合后勤保障(ILS)和 CALS 概念,翻译了大量 ILS 资料,对 CALS 和 IETM 的基本概念、内容形式和应用前景已经有了一定的了解。

随着世界信息化进程的加快,我国通信和计算机网络飞速发展,国家信息化基础设施建设有了一定规模,IETM 的各种开发技术,如数据库技术、数据挖掘技术、保密技术、多媒体技术、网络编程技术、虚拟现实技术,都已经日趋成熟完善。这些都为 IETM 的研究和开发提供了良好的环境和技术条件。

针对当前国内 IETM 的研究和开发开发现状,对国内 IETM 的发展方向给出以下建议:

1) 进一步开展 IETM 相关技术的研究,如虚拟现实演示技术的研究、智能化 IETM、嵌入式 IETM、远程网络支持技术等;

2) IETM 相关开发标准和接口标准的研究,统一相关技术标准,方便多 IETM 系统的整合;

3) IETM 标准制作工具的研究开发;

4) 装备资料提交的编排形式合理化、介质形式电子化,开发相应的电子化提交软件,在装备资料提交后,方便 IETM 系统的直接生成;

5) IETM 及应用平台自身的性能,如可靠性、可维护性、可用性、可升级、可扩展性等。

6.2.3　IETM 技术的发展趋势

IETM 作为一种装备维修保障信息化的重要技术手段,是在信息技术发展推动和军事需求的牵引下产生和发展起来的。因此,信息技术的不断发展和军事需求的不断深化,使得 IETM 技术也在不断地发展。当前,IETM 的发展趋势,可以概括如下:

1. 建立通用国际 IETM 标准体系

欧洲 S1000D 国际规范综合了现有各种 IETM 标准的优点,全面关注了元数据的标准化、用户交互机制、运行格式和用户信息反馈,其范围已经涵盖了军用海陆空装备和民用装备。目前,该规范还在按照 IETM 的发展需求不断进行修订完善,以适应不同行业、不同组织、不同类型产品的需要。随着 IETM 技术的发展,以 S1000D 为基础的 IETM 技术规范将有可能成为国际通用标准。

2. 广泛引入新技术,提高 IETM 的使用质量和效益

近年来,IETM 在不断地引入一些新的技术,如引入三维立体图像的动态显示,可与高度清晰电视进行交互;采用新的输入/输出机制、支持虚拟现实等新技术,不仅能够在信息组织结构上实现优化,而且能够增强 IETM 的表现力,为保障人员提供面向任务、生动形象、交互性更强的 IETM,以提高 IETM 的使用质量和效益。

3. 融合 SCORM 标准,强化 IETM 的训练功能

近年来,提高 IETM 的辅助训练功能,已经越来越受到 IETM 研究、开发与使用人员的关注。可共享内容对象参考模型(Sharable Content Object Reference Model,SCORM)标准以其在数字化教学方面所展现的独特优势已引起人们的高度重视,如何充分考虑 SCORM 的需求,将 SCORM 标准融入到 IETM 中去,成为 IETM 解决实时实地训练,增强训练功能的一项重要措施。在教学系统中直接引用 IETM 的技术信息,而在 IETM 中又引用学习系统中的多媒体素材,建立一种具有双重目的的共享机制,可以减少数据的冗余,提高数据的利用率和共享性,将成为解决该问题的一个重要突破口。

4. 紧密结合保障需求,创建 IETM 信息源集成化解决方案

准确的数据源是实现 IETM 向用户提供指导装备保障活动的技术信息目标的基础。但是现有的 IETM 数据源往往分布于分布式导购的系统中,如产品数据管理,技术状态管理,维修管理等系统。因此,如何创建集成化的数据源解决方案,有效地集成这些系统并及时地与 IETM 系统之间进行数据交换,实现自动化编辑、网络化传输、实时内容管理和动态发布,以适应多层次、高度交互的应用要求,已成为 IETM 研究与制作的重要发展方向。

5. 充分融合应用系统,实现 IETM 的一体化信息保障

第 5 级 IETM 强调通过整合集成外部应用系统或应用软件来实现 IETM 的应用增值和功能扩展,以提高 IETM 的智能化水平。因此,充分融合专家系统、综合诊断系统(Integrated Diagnostic System,IDS)、基于状态的维修(Condition Based Maintenance,CBM)、自动测试系统(Automatic Test System,ATS)、虚拟训练环境(Virtual Training Environment ,VTE)等应用系统或应用软件,实现与 IETM 的交互操作和协同工作,交换共享技术信息,将成为最终实现一体化信息保障的发展趋势。

6.2.4　IETM 技术的应用现状

1. 国外发展现状

波音、空客两公司在第四代手册的基础上开发了多种客户服务软件,具体包括空客的 Airman、AirN@V 以及波音公司的 AHM、PMA。

(1) Airman(Aircraft Maintenance Analysis)

它是空客和航空公司以及维护、维修及大修(MRO)厂商协商后开发的,也是同类产品中唯一的商用产品。目前应用在空客 A320、A330、A340、A380 飞机上。能够监测飞机系统飞行途中的状况,把实时信息传送给地面维护部门,依靠这些早期信息,维护人员在飞机着陆前就能清楚判断出故障所在。安装 Airman 能最大限度地缩短由于飞机维护而造成的运营时间延误,从而保证准点签派。

主要功能:通过 ACARS/ATSU,实时采集和管理机载维护系统的信息,以便机务在飞机仍然在空中时就可以准备维护活动,可以容易地得到所有与飞机维护相关的信息,并为机务人员提供在线排故帮助,可以提供预防性维护措施的日常任务清单。这些活动可以安排在过夜检查中或增加到下一次的计划维护中。这样,可大大减少非计划性维护活动。

（2）AirN@V(Advanced Consultation of Interactive E – documentation)

由空中客车公司开发并在各航空公司推广应用,是一种优化的技术数据查询工具。提供了一种先进的互动式的网络技术浏览器,可以使技术数据的获得更为容易。

- 构成:三层结构,单机版和网络版;
- 单机版:IPC、TSM、AMM;
- 网络版:IPC、TSM、AMM、ASM、AWL、AWM、ESPM。

功能包括:

查询功能:AirN@V 可通过树状的目录查询任何信息;通过先进的词语检索功能查询在任何位置的卡片;按预定的格式从目录页或从上下文列表查询信息。能实现所有手册之间的轻松导航和图形处理。

交互式排故指导:AirN@V 有不同的入口(INOP 系统、ECAM 警告、机组和维修人员观察……),可以提供与故障相关的信息,超级链接至所有的参考手册并综合多种信息形成正确的 TSM(排故手册)程序。

（3）AHM(Airplane Health Management)

AHM 在飞行中监督飞机的工作状态,如果发现问题,能在飞机着陆前提前将情况通知地面,使维修人员有时间查看维修程序,准备好必要的零部件,等待飞机到达。当飞机抵达登机口后,维修人员已一切准备就绪,能迅速展开维修活动。该项新服务使航空公司能实现高效率运营,降低运营成本,并使乘客能获得安全舒适的旅行体验。

主要功能包括:实时采集数据,数据主要来源于飞机的中心维修计算机或状态监测系统;当正在飞行的某架飞机出现问题时,AHM 通过 Internet 或寻呼机通知航空公司有关人员,引导航空公司进入波音的商务网络站点找到可以帮助其作出正确维修决策的飞行特定信息;能预测飞机零部件何时可能发生故障,并以此作为一种预防性度量标准,将这些零部件的更换或修理纳入飞机正常的计划维修活动中,避免零部件在不方便的时间和地点意外发生故障。

波音公司提供的飞行健康管理服务有三个版本,AHM 的 1.0 版本是从飞机中央维修计算机报告故障数据,该版本在 2004 年第 1 季度开始应用于 B777、B747 – 400、A320 系列、A330 和 A340 飞机上;2.0 版本将采用飞行中系统的"抽点打印"(snapshots)方式从飞机状态监控系统获取数据。该版本在采用 1.0 版本的同样型号飞机以及 B757、B767 和 B737 上应用。

2. 国内发展现状

国内某机型采用 Reactor 实现工作流定义环境,Reactor 是由美国 Oakgrove 公司开发的第三方软件系统,Reactor 提供组织、角色、人员的定义,同样提供工作流定义的工具和工作流运行引擎。

Life * 1000d 系统是由挪威 Corena 公司开发的技术资料内容管理系统(CMS)。该系统提供内容管理解决方案,负责在 ATA2200 标准下资料的生成、管理维护、传输、发布。

Life＊Web 也是由 Corena 公司提供的第三方系统,是基于 Web 的信息浏览系统,用于访问和浏览 Life＊S1000D 的数据。向 Life＊S1000D 系统输入 SGML/XML 或者从 Life＊S1000D 系统输出 SGML/XML 时都经过 E3 或其他工具进行存取。E3 是由 Arbortext 公司开发的多渠道动态内容发布引擎,作为内容发布和转换工具。

6.3　IETM 技术标准

IETM 是一个数字化的技术手册,它将技术手册的内容以数字化的格式进行存储,因此存在着平台与系统的互异性问题。为了实现信息共享和数据互操作,必须使用被广泛接受的 IETM 标准来开发 IETM。制定标准的目的有两个:一是提供互用性,以允许 IETM 系统能够跨平台、跨系统进行信息交换,避免出现“信息化孤岛”;二是提供兼容性,使 IETM 系统的基础框架具有较长的寿命,不论技术如何发展,都要确保信息长期可用。

自 1992 年开始,美国国防部陆续颁布了一系列 IETM 标准和规范。在此基础上,英、德、法等国军用标准化机构相继颁布了适应本国应用要求的技术规范。北约组织、国际标准化组织(ISO)也制定了一些相关标准。目前,指导 IETM 的标准规范很多,其中比较有代表性的是美国国防部制定的三个规范:MIL－PRF－87268A、MIL－PRF－87269A 和 MIL－HDBK－511,美国航空运输协会制定的 ATAiSpec2200 以及目前较为流行的国际标准 ASD/AIA/ATAS1000D。

6.3.1　美国 IETM 标准

美国是最早提出武器装备技术资料采用 IETM 技术的国家。美国国防部在提出 CALS 计划后,自 1992 年开始,结合当时信息技术的发展水平,陆续制定和颁布了一系列有关 IETM 的标准和规范,包括 MIL－PRF－8728A、MIL－PRF－87269A、MIL－STD－2361A、MIL－HDBK－511 等,对数字化技术手册的内容、格式、用户交互要求、显示风格、图标图示、数据库,以及体系结构等方面进行了要求,这些措施有力地推动了 IETM 的研究和发展。到 21 世纪初,逐步形成了以美军标为主的 IETM 规范体系。美国国防部颁布的 IETM 相关标准和规范如表 6.2 所列。

表 6.2　美国国防部 IETM 相关标准和规范

标准代号	颁布日期	标准内容	国际商用标准
MIL－HDBK－59B	1994.6.10	CALS(持续采办与全寿命周期保障)实施指南(已取消,仅供参考)	
MIL－STD－974	1993.8.20	承包商技术信息集成服务(CITIS)	

续表 6.2

标准代号	颁布日期	标准内容	国际商用标准
MIL - STD - 1840C	1997.6.26	技术信息自动交换	ISO 10303 产品数据交换标准
MIL - PRF - 28000B	1999.9.30	产品数据通信的二进制表示：IGES 应用子集和 IGES 应用协议	ANSI Y14.26M 初始图形交换规范（IGES）
MIL - HDBK - 28001	1995.6.30	使用标准通用标记语言（SGML）的 MIL - PRF - 28001 应用	
MIL - PRF - 28001C	1997.5.2	文本的电子印刷输出和交换的标识要求和通用样式	ISO 8879 标准通用标记语言（SGML）
MIL - PRF - 28002C	1997.9.30	光栅图像二进制表示	
MIL - PRF - 28001	2000.4.30	图像数据通信的数字表示法：计算机图形元文件（CGM）应用概貌	ISO 8632 计算机图形元文件（CGM）
MIL - PRF - 28001	2001.2.15	技术手册——多输出显示的数字技术信息的编制	
MIL - PRF - 28001	1995.10.1	交互式电子技术手册通用内容、样式、格式和用户交互要求	
MIL - PRF - 28001	1995.10.1	可修改的交互式电子技术手册数据库	
MIL - PRF - 28001	1992.11.20	IETM 和相关技术信息的质量保证程序（已取消，仍供参考）	
MIL - PRF - 28001	2000.5.15	IETM 互用性手册	

MIL - PRF - 87268A、MIL - PRF - 87269 和 MIL - HDBK - 511 构成了美国军用 IETM 的主要标准体系，对 IETM 的交互风格、数据结构和体系结构进行了规范。

MIL - PRF - 87268A 定义了 IETM 内容、样式和用户交互性的通用要求，提供了通用的、标准化的 IETM 数据显示方式，以确保用户使用各种 IETM 系统时操作方法的一致性。

MIL - PRF - 87269A 规定了武器系统承包商为创建 IETM 而构建的 IETM 数据库（IETMDB）的有关要求。IETMDB 由复合节点构成，如图 6.1 所示。基本信息单元（文本、图表、图形、对话）被定义为带有链接、属性、提示操作的网络节点。允许一对一的元素链接或多路的关联，以实现数据的冗余（避免内容的重复）。内部和外部引用采用 HyTime（超文本链接标准 ISO/IEC 10744）定位。内容的过滤则依靠关系元素。

内容数据模块将技术信息定义为两层：顶层为通用层（类），用来定义数据特征的语法规则，它定义了跨应用的通用属性；底层为内容层，通过通用层定义技术信息元

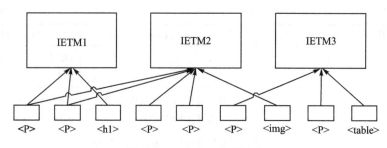

图 6.1　IETMDB 节点构成

素,包括内容的文档类型定义(DTD)。

通用层是 SGML 的 DTD,提供了用于定义内容元素的模板,包括每个模板的定义和属性表。另外,还定义了基本数据元素、链接元素和内容过滤元素。通用层一共定义了五种模板:节点(Node)、选择节点(NodeAlts)、顺序节点(NodeSeq),条件节点(IfNode)和循环节点(LoopNode)。

内容层中的技术信息被分解成一个基于系统/分系统的分级结构。技术信息有四种类型:程序信息、描述信息、零部件信息和故障信息。

MIL - HDBK - 511 推荐了一种为 IETM 提供互操作性(协同性)的技术框架和体系结构,这种结构称为联合 IETM 体系结构(JIA)。为达到协同性目标,JIA 采用的途径是使用现有的商业 Internet 和 WWW 技术,构建 IETM 并在保密的内部网上使用。JIA 作为一种体系结构没有定义明确的数据格式或操作功能,但描述了在异构软件环境下为终端用户提供协同性的设计特征。同时,作为一种体系结构,JIA 与其他 IETM 标准没有冲突,事实上还鼓励和推荐使用现有标准开发 IETM 产品。JIA 对终端用户的协同性定义为两种能力:一是查看不同数据源和不同数据格式的技术信息,并使之相结合的能力;二是自动访问和查看技术数据的能力。

6.3.2　欧洲 S1000D 标准

S1000D 是由欧洲航空航天和国防工业协会(ASD)和美国航空航天工业协会(AIA)共同制定的一个有关技术出版物采办和编著的国际规范。从第 2 版开始,其适用范围扩展到了陆、海、空装备,可适用于各种类型的军用和民用装备。它与美国 IETM 的概念不同,主要规范的是使用公共源数据库(CSDB)的技术出版物。公共源数据库不同于一般数据库的概念,它可以通过数据库管理系统(DBMS)实现,也可以是各种类型的文件管理系统。通常情况下,CSDB 采用的是某些类型的文件管理工具。在 CSDB 中存储的信息对象有三种主要类型:数据模块、图形对象和出版物模块。

技术出版物所需的文本、矢量图形、光栅图形、音视频等技术信息被分解成数据模块(DM),并在 CSDB 中汇集和管理。

数据模块定义为"包含文字和图形的最小自包容数据单元"。用户可以通过数据代码访问数据模块。数据模块包含数据和元数据两部分,元数据包含识别和管理给定数据模块的全部配置信息。

图形对象可以是各种类型的插图,如 CGM,TIFF 等格式。用户可以通过插图控制码标识图形对象,以便于在 CSDB 中存储和提取。

出版物模块是通过引用定义的一个出版物内容结构,引用包括数据模块(包括扉页信息和访问插图数据模块)、出版物模块(嵌套),以及传统技术出版物。用户通过出版物模块代码标识出版物模块,以便于在 CSDB 中存储和提取。

S1000D 采用一个标准编码系统,为每种类型的装备分配制定的编码。

S1000D 采用了 ISO、CALS 和 W3C 标准,信息的生成采用中立格式。这意味着信息可以在不同的甚至是全异的 IT 系统中使用。CSDB 的效益在于能够生成独立于 IT 平台的 IETM 产品,也可以输出印刷版的纸质手册。

6.3.3　国内 IETM 标准

国内方面,为了实现 IETM 更大范围的研究和推广,在对国外相关标准有一定程度的研究之后,装甲兵工程学院和中国标准化研究所合作制定了我国的 IETM 标准,总装备部电子信息基础部标准化研究中心则编制了 IETM 国家军用标准。其中,GB/T 24463 IETM 系列国家标准于 2009 年底出版并实施,包括:GB/T 24463.I—2009《交互式电子技术手册第 1 部分:互操作性体系结构》、GB/T 24463.2—2009《交互式电子技术手册第 2 部分:用户界面与功能要求》、GB/T 24463.3—2009《交互式电子技术手册第 3 部分:公共源数据库要求》。该标准基本规定了 IETM 的互操作性体系结构的要求、用户界面显示格式、数据模块和出版物模块等相关定义与要求等。而由总装编制并出版的 GJB 6600 IETM 系列国家军用标准,共包含 4 部分:GJB 6600.1—2008《装备交互式电子技术手册第 1 部分:总则》、GJB 6600.2—2009《装备交互式电子技术手册第 2 部分:数据模块编码和信息控制编码》、GJB 6600.3—2009《装备交互式电子技术手册第 3 部分:模式》、GJB 6600.4—2009《装备交互式电子技术手册第 4 部分:数据字典》。该标准也规定了对 IETM 功能和内容的要求;对数据模块编码和信息控制码的要求、各项数据元素的内涵和格式属性等要求。上述规范都是以 S1000D 为基础编制的,体现出我国正在努力与国际先进标准接轨,积极解决装备技术数据的结构化问题,但由于我国 IETM 还处于初级阶段,尚未得到大范围推广和使用,上述两项标准均还需在具体 IETM 工程中继续修改完善。

6.3.4　IETM 标准的选择

1. IETM 标准的选择原则

IETM 标准体系涉及的内容很广,包括文件结构、数据格式、界面说明、交互规范、数据库规范等。在制定相关标准时,要考虑的问题很多,既要有专用标准也要考虑国际通用标准和国家标准。我国 IETM 标准还处于起步阶段,为了快速实现

IETM 的发展,我们要积极借鉴美国等发达国家 IETM 标准体系的成功经验,统筹规划,尽快构建我国的标准体系。

美国作为 IETM 最早的提出者和实施者,在应用开发过程中有丰富的经验,形成了完整的标准体系。因此,其有关 IETM 标准的制定及选用问题值得研究借鉴。美军在 IETM 标准制定方面展开了大量的工作,国防部及各军种都专门设置了 IETM 管理组织,负责相关标准的制定与 IETM 系统的采办。最初,美国各军种都有自己的 IETM 标准,后来美国国防部统一制定了三部 IETM 标准,对 IETM 产品的研发和政府采购起到了不可忽视的作用。但伴随着冷战的结束,计算机以及网络技术等应用科学的发展,军事设施和民用设备的标准趋于统一,美国国防部为了降低军品成本费用,自 1995 年以来的方针是不再开发自身的特殊规范和标准,而转向关注行业、国内和国际标准。美国国防部在选用标准时,其优先次序如下:

1) 国际标准化组织(如国际标准化组织 ISO)的标准;

2) 美国国家标准化机构(美国国家标准化组织 ANSI)的标准;

3) 工业专业协会标准化机构(如电气与电子工程协会 IEEE)的标准;

4) 无其他选择,则选用事实上的工业标准;

5) 如果有必要,再制定军用标准。

目前,IETM 技术发展很快,而且,越来越向商业技术靠拢,原有的 IETM 标准已经过时,美国国防部毅然决定不再独立发展原有的 IETM 标准,准备采用国际商业规范。同时,伴随着世界经济全球化、一体化的趋势和市场经济的不断完善,世界范围内实行比较统一的数据透明度标准和准则,将是一个必然的趋势。我国要建设发展社会主义市场经济,积极参与国际分工与合作,融入世界经济发展的潮流中区,就非常有必要采用世界通行的标准和准则。

2. IETM 标准的比较

(1) 美军 IETM 标准存在的问题

1) 美军标严重过时的问题。MIL - PRE - 87268A 和 87269A 最初是在 1992 年 11 月 20 日发布的,1995 年 10 月进行了修订,至今已经过了十几年。这期间,IT 技术的发展已经非常迅速,美军 IETM 标准已经难以适应新技术的发展。之后美国国防部也颁布了 MIL - HDBK - 511,MIL - DTL - 87268C 等新标准,但是在源数据的互操作上仍存在问题。

2) 美军标缺乏完善的维护体制。美军 IETM 标准采用的还是传统的"标准修订"方法,而没有引入新技术和新装备发展所需要的"维护体制"。而且,这些标准主要是美国国防部独家进行修订,几乎没有其他组织和商业机构参与开发,使得标准体系推广困难。因此,在美国国防部 Perry 的备忘录中,提倡尽可能地使用商用标准。

3) 美军标缺乏商业标准支持。目前还没有相应的商业标准能够满足美国军用需求。包括美国的 AIA、ATA 等标准均与美军的 IETM 标准有较大差别。依据这两个标准制定的 IETM 无一例外地使用了后台编制打包系统和相应的前台显示系统,它们必须相互依赖,由一个 IETM 编制系统打包的数据不能被其他 IETM 的显示系统显示。因此,这两个标准导致了很多格式各异、互不兼容的电子手册的产生。在实际应用中,造成了信息难以维护、共享和互用。

(2) S1000D 的优势

美军 IETM 的推动力是军方,其目的是通过增强电子手册的交互性来提高维修效率。其着眼点始终围绕客户,对工业界作用的发挥重视程度不够。S1000D 的推动力则来自工业界,其目的是采用一种标准化的方法来管理出版物和重复实用技术内容,以降低寿命周期成本。

1) S1000D 有强大的组织支持。S1000D 最初是由欧洲工业协会(AECMA)的成员国和用户共同制定的有关电子技术出版物的国际标准。1989 年,正式颁布了第一版。1998 年,美国正式加入 S1000D 的发展工作。2002 年,AMCMA 与美国航空工业协会(AIA)签署谅解备忘录,世界上两个最强大的航空工业协会联手发展 S1000D。AIA 代表美国航空航天工业的共同利益,成员包括 Boeing、Lockheed Martin、General Dynamics 等美国航空工业巨头。2004 年 4 月,欧洲航空工业协会、欧洲国防工业协会和欧洲航天工业协会合并成立了新的组织——欧洲航空航天和防备工业协会(ASD),它代表了整个欧洲 20 个国家的 32 家协会,成员超过 800 家公司。2005 年 1 月,美国运输协会(ATA)也加入进来,与 ASD 和 AIA 合作共同发展下一代的技术数据标准,意图建立一个能够同时规范军事和商业航空工业的单一标准——ASD/AIA/ATA S1000D。至此,世界上最强大的航空工业组织,以及欧洲、美洲、大洋洲和非洲四大洲的几十个国家都开始采用 S1000D。其他一些团体,如高级分布式学习(ADL)先导计划和 OASIS 联盟下的产品寿命周期保障(PLCS)技术委员会,也已签署了专门协议,参与 S1000D 的发展。

2) S1000D 有完善的维护体制。S1000D 一直由专门的组织机构——技术出版物规范管理工作组(TPSMG)进行维护。TPSMG 是由 ASD 的用户和产品支持委员会、AIA 的产品支持委员会和 ATA 的电子商务委员会共同成立的。

3) S1000D 有广泛的技术基础。S1000D 在制定之初,是由 AEC 下属的用户和产业支持委员会(CPSC)成立的一个文档工作组(DWG)负责的。DWG 由欧洲航空工业界各方代表组成,任务是报告各方的文档编制情况并推荐形成航空装备技术文档编制的统一方法。工作组织认识到 ATA Spec 100 虽不是正式的国际标准,但在航空领域应用范围最广。因此,决定用 ATA Spec 100 作为源文档来协调民用和军用文档。各成员国使用的很多国家军用标准均开源于美国军用标准,因此工作组邀请各国军方代表参与他们的活动,并成立一个扩大化的文档工作组(ADWG)来协调不同标准,并建立广泛适用的公共标准。

4) S1000D 有合理的发展计划。自从 1989 年 AECMA 正式颁布了 S1000D 1.0 版本以来,到 2002 年共进行了 9 次较大的更改。2003 年,S1000D 2.0 版本颁布,包含了美国工业界的需求;2005 年 5 月,S1000D 2.2 版本颁布,成为能够规范航空、航海、陆地装备技术出版物的影响最大的技术标准；2007 年 2 月，ASD/AIA/ATA S1000D 2.3 版本颁布，标志着标准规范的范围又从军用装备扩展到民用航空领域；2007 年 7 月，ASD/AIA/ATA S1000D Issue 3.0 颁布，全面覆盖了军用、民用航空、航海、陆地装备的需求。2008 年 8 月，ASD/AIA/ATA S1000D Issue 4.0 颁布。按照 TPSMC 的计划，S1000D 仍将逐步发展下去，并且有明确的发展步骤和时间节点。S1000D 的发展不仅仅是需求牵引，同时还紧紧跟踪了 IT 技术的发展，如逐步采用了 XML、Schema、ADL 等新技术。

3. IETM 标准体系现状

目前，还没有国际通用的标准体系来规范 IETM 的采办和开发，由于 IT 技术的飞速发展，IETM 也很难采用固定的技术途径来实现。如何在开发商和用户之间取得一致，如何通过标准和技术获取 IETM 的协同性，这些问题还需要进一步研究。

从现有标准支持组织和国家的范围、标准的维护体制、标准的技术基础、标准的发展计划等方面来看，S1000D 具有明显优势。另外，S1000D 标准全面关注了源数据的标准化、用户交互机制、运行格式和用户体验。在静态源数据的标准化方面主要来源于 AECMA S1000D。在动态源数据的标准化方面主要来源于 MIL‐PRE‐87269A 和 MIL‐STD‐2361。用户的交互机制和运行格式参照了 MIL‐HDBK‐511。用户体验方面则综合了 MIL‐PRE‐87268A、MIL‐HDBK‐511、MIL‐STD‐3001 和 AECMA S1000D 中的有关要求和指导方针，可以说，S1000D 综合了现有 IETM 各方标准的优点。

基于以上原因，我国 IETM 标准的制定也正是以 S1000D 为基础的，并且，标准建设已经取得了较大的进展。为了继续跟踪 S1000D 的发展，中国航空综合技术研究所于 2007 年加入了 S1000D 规范编制维护工作组（TPSMG），成了该组织的观察员（O 会员），代表中国参加该组织的各项技术活动。

但是，也应该看到，我国技术资料的建设基础仍很薄弱，技术资料的内容和格式远未统一，基于 S1000D 发展起来的国家标准和军用标准能否符合我国国情，能否适用于我国的装备和产品，仍是一个值得商榷的问题。至少，现有技术资料的电子化工作就不能完全采用这两个标准；否则，必须推翻原有的技术资料体系，重新编制和组织，其工作量和成本将非常巨大。目前，我国 IETM 的发展面临的困难仍然很多，需要尽快实现"内容标准化、管理规范化、使用交互化"三重跨越。

6.4　IETM 的基本原理

6.4.1　IETM 的交互性

IETM 是在 ETM 的基础上发展起来的，它区别于 ETM 的最显著的技术特征是交互性。由于 IETM 的良好的交互性使其从传统纸质技术手册的静态知识表达方式向采用文字、图形、表格、音频和视频等多样化的动态、直观、生动、易于学习与理解的信息表现形式发展,因而使用 IETM 时能极大地提高装备维修和人员训练的效率和效益。因此,IETM 的交互性是表征 IETM 的主导性技术特征。

当前的很多文字处理器生成的电子文档如 Word、PDF 文件,相当于 IETM 发展早期的第 1、2、3 级 IETM,它们嵌入了具有链接功能的书签、目录、索引、文档搜索等界面元素,而且还建立文档内部或者与外部的链接,但由于是属于线性阅读模式的文档,只具有有限的交互性,不能很好地满足用户对技术信息快速、准确定位以及智能化学习的需求,因此,发展了具有人机对话的交互性技术特征的第 4、5 级的 IETM,即采用了对话框、树形结构导航与目录、超文本与超媒体链接、信息查询与搜索等非线性交互访问的阅读方式以及图形、动画等界面元素的交互性功能来最大限度地满足用户快速准确的定位和深度显示所需技术信息的需求。

IETM 交互性是指 IETM 做到人(IETM 使用者)与计算机(IETM 系统)之间以人机对话方式获取信息与知识的能力。它是通过设计获得的一种表征 IETM 的主导性技术特征的固有特性,也是使用 IETM 能极大地提高装备维修和人员训练的效率与效益的关键之所在。良好的 IETM 交互性要求 IETM 用户显示界面与功能设计不仅需要符合人的反应、感知的生理和心理特性,更要符合人在形象思维与逻辑思维方面所表现出的认知特性。由于 IETM 采用人机对话的非线性交互方式,使其阅读过程能够跟随人的思维活动,做到了"想看哪里就看哪里",非常便捷、轻松地实现人机配合的最佳状态。例如,在维修过程中使用 IETM,既可以查看特定故障部件的检测与维修步骤的描述,也可以查看三维模型图形,并在图上随意点击拆卸可拆卸的零件,通过拖拽、放缩、旋转,随意查看结构,以及点击查看相关拆装过程的视频;还可以查阅任何一个零部件的插图、性能参数,甚至操控与之链接的外部器材管理信息系统查询零备件的储备及供应等信息。因此,IETM 良好的交互性特性能极大地满足维修使用人员对信息保障的需求。

IETM 为了实现人机交互需要完成两个过程。第一个过程是用户与机器的交互,即用户通过电子显示界面及其功能向计算机发出操作指令(对话)的过程。在这个过程中,用户要根据使用 IETM 辅助维修、辅助训练的需要,充分利用电子显示器的交互显示界面及其交互界面功能,以用户特有的认知方式操作 IETM 系统,通过键盘、鼠标、话筒等外部设备对 IETM 界面功能进行操作,将操作指令传递给 IETM 系统。在这个人机对话的学习过程中,为了降低用户学习的难度和提高学习效率,要求 IETM 系统的界面尺寸、显示布局、色彩使用、字体样式、对话框、显示风格等交互显示界面,以及访问、注释、链接、导航和跟踪、图形、使用外部过程等交互界面功能的设计符合人机工程要求,既满足人的生理与心理需要,以达到使用安全、便捷与舒适,又要达到高效率的学习与认知的目的。第二个过程是交互界面功能与技术信息库中的数据(包括数据模块、插图及多媒体信息、出版物模块等)之间的交互,即 IETM 系统按照交互界面功能的操作指令组织技术信息向用户显示的过程。

为了实现 IETM 的交互性,良好的交互显示界面以及功能设计是十分重要的。GB/T 24463.2—2009《交互式电子手册　第 2 部分:用户界面与功能要求》规定了 IETM 交互显示界面及功能要求。

1. 交互显示界面

IETM 浏览器交互显示界面,包括:界面的尺寸、显示布局、色彩的使用、字符字体的样式与格式、导航面板、文本、对话框、列表、步骤与程序、表格、超链接、警告与注意、插图、音频信息、视频信息、交互动画等信息显示元素的设计,要符合人机工程要求,既要满足人的生理与心理需要,以达到使用安全、便捷与舒适,又要达到高效率的学习与认知的目的。

2. 交互显示界面功能

IETM 浏览器的交互界面功能,通常有:访问、注释、传输与发布、诊断与预测、使用外部过程、图形、链接、导航与跟踪、打印、特殊内容层、更新、用户操作模式等。这些功能的介绍如下:

1) 访问功能:①访问权限,可根据不同的任务剖面、用户 ID、角色和保密等级、提供不同的数据访问权限;②暂停和重启,在 IETM 系统会话过程中,可暂停在某一点,重新使用后,可以继续访问。

2) 注释功能,IETM 用户可以根据实际的情况在阅读 IETM 的过程中可对技术信息内容进行解释,如划红线标记、全局数据注释、局部数据注释或个人注释等。

3) 传输与发布功能,IETM 可以通过 CD-ROM、DVD 或网络等多种形式进行发布。

4) 诊断与预测功能,主要包括三种形式:①编制 IETM 时将故障排除程序存储于 IETM 技术信息库之中,根据用户输入来进行决策,决定维修活动开始点;②由诊断软件驱动,如使用推理机或逻辑引擎决定维修活动开始点;③动态诊断功能,如按照装备 BIT 指导故障隔离和故障排除进行维修。

5) 使用外部过程功能,通过 IETM 外部接口集成其他信息系统。

6) 图形功能,可进行图形定位以显示某个零部件的位置和对图形进行拖动、放缩、扩展、旋转、放大。

7) 链接功能:①链接到前言或目录,说明内容的复杂性和可操作性;②链接到零件数据,在当前或新的窗口中用插图显示零件的分解与种类;③链接到图、表,以获得图、表的信息;④链接到热点以显示附加说明内容;⑤链接到包括危险、警告、注意和说明的信息,以提醒操作人员预防事故;⑥内部引用链接,通过导航图标或链接实现相关数据从一个显示视图到另一个视图的跳转;⑦热区链接,设置图像的热区并连接到其他技术信息上等。

8) 导航和跟踪功能:①型号系列过滤,选择用户要阅读的装备型号信息;②历史记录,用来追踪与列出用户浏览过的每个页面地址;③关键词搜索,用一个特定的“关键词”来定位信息位置;④前进与后退,按预先定义好的逻辑顺序浏览下一个或前一个技术数据信息;⑤系统与子系统导航,允许用户按照自上而下的路径遍历系统结构;⑥创建书签,允许用户标注数据信息特定的位置,以便于随后进行访问;⑦上下文检索,允许用户通过特定元素进行检索;⑧全文检索,允许用户用任何词组或短语进行检索;⑨逻辑检索,允许通过词汇的逻辑关联来精确检索结果;⑩技术状态过滤,按照信息的技术状态为用户提供信息列表;⑪标识码过滤,根据唯一标识码浏览显示信息;⑫对话导航,允许用户向 IETM 输入特定数据并根据输入信息作出响应;⑬声控命令,允许用户通过预先确定的语音命令来浏览 IETM;⑭跨数据库文档搜索,允许用户在几种不同的数据库中进行关键词或者全文检索;⑮多种内容元素的同步显示,同步显示具有关联关系的不同样式的技术信息,如文字与图形一起显示;⑯图像导航,在装备及其组件的图像中设置热键,通过图形实现导航功能;⑰审查记录,管理所有用户和 IETM 交互记录等。

9) 打印功能,包括打印屏幕,打印数据模块和打印给定任务或位置的相关数据。

10) 特殊内容层功能,如浮动栏,通过弹出帮助或者菜单提供相应内容;右键弹出栏,右键单击鼠标或在特定图像上移动鼠标会弹出特定的帮助或描述;图像,完整地显示实际系统图像内容与容量。

11) 更新功能:①完全校订,对原有数据进行替换,但不标记更改的位置与内容;②定期更新,按某一设定的时间间隔期更新所有数据;③被动更新,更新了数据,但不对信息的更改进行跟踪;④主动更新,对数据进行更新,且对信息的更改进行跟踪;⑤准实时更新,用户被授权后马上进行更新。

12) 用户使用模式:①单机模式,在单机设备访问硬盘上的 IETM,访问的数据可从网络上下载;②网络连接,用户能够访问网络上的 IETM,技术数据放在主服务器端,通过网络进行实时传输。

6.4.2　IETM 的互操作性

1. IETM 互操作性的概念

信息系统的互操作性(Interoperability)是指两个或两个以上系统或部件交换和使用信息的能力。信息化的目标是建立信息资源共享的集成数据环境,信息系统之间的互操作性是实现这个目标的基础。信息系统的互操作性包括:系统互操作性和应用互操作性。系统互操作性是信息基础设施(硬件或软件)的特性满足系统之间可以交换数据和互相利用功能的能力。应用互操作性是指有关信息交换的语义理解和互操作系统之间共享应用程序的能力。

IETM 互操作性是指授权的 IETM 终端用户能通过通用 Web 浏览器访问任何 IETM 系统,实现通信、信息共享、协调操作的能力。这是将信息系统的互操作性概念应用于 IETM 系统使其成为 IETM 系统的一个重要设计特性。

2. 软件互操作性和 Web 服务的互操作性

IETM 系统的使用模式有:不联网单机使用,或互联网单机使用(如在线更新数据),以及联网使用。在未来信息化战争中,联网使用将是重要的使用模式,无论是联合作战与联合保障时、远程支援维修时、网络环境下的人员训练时,以及大型复杂装备众多分承包单位分布式系统开发 IETM 时,都需要联网使用。因此,联网使用的互操作性更为突出。从软件工程的角度,互操作性包括:软件的互操作性和 Web 服务的互操作性。

1) 软件的互操作性。软件的互操作性是软件系统在不同的网络环境、操作系统和应用程序间共享信息的能力。其解决的重点是对由各类操作系统、数据库和应用程序组成的复杂异构系统环境中,通过不同的编程语言、数据结构以及调用接口来实现互操作性。在信息化建设中,互操作性的重要性甚至超过了服务质量与功能性要求,称为最核心、最关键的基础。

2) Web 服务的互操作性。Web 服务是一种可用标准因特网协议来访问的可编程应用过程,或借助于 Web 标准实现有关系统和应用程序之间透明通信与数据共享的过程。Web 服务的互操作性是借助于 Web 标准实现不同系统与应用程序之间无缝地进行通信与数据共享的能力。目前,用于 Web 服务的规范有很多种,如简单对象访问协议(Simple Object Access Protocol,SOAP)、Web 服务描述语言(Web Service Description Language,WSDL)和超文本传输协议(Hyper Text Transfer Protocol,HTTP)等,而且相关规范数量还在不断增加。由于规范本身的开放性,以及同一规范不同版本之间的差异性,导致基于这些 Web 服务规范的实现平台和 Web 服务实例出现了一些互操作性问题。为了尽量消除由于 Web 服务的描述不当而导致的互操作性问题,Web 服务互操作性组织分别于 2004 年 8 月推出了 Web 服务互操作性基本大纲,力求在现有的 Web 服务相关规范的基础上加以澄清、提炼、解释、详述,通过消除现有规范中的二义性来达到统一的目的。如果 Web 服务的平台开发商、Web 服务实例的开发者均能遵守大纲,就会极大地避免 Web 服务中互操作性问题的发生。

6.4.3 IETM 的数据可重用性和技术信息可重构性

CLAS 最重要的理念是数字数据的"一次生成,多次使用"(create one,use many times),以保证信息高度共享。IETM 作为 CALS 的关键技术,使用 IETM 的数据可重性(Reusability)和技术信息可重构性(Reconfigurability)来实现这个理念。在这一方面,欧洲 S1000D 国际规范的做法很成功。该标准对实现数据的可重用性和技术信息可重构性的主要做法是:(1)采用具有明显结构化特点的中性可扩展标记语言 XML 和数据模块化技术对来自于产品定义数据和保障数据的 IETM 原始数据进行结构化与模块化处理,奠定了数据可重用基础;(2)采用公共源数据库对结构化的数据模块(Data Module,DM)、非结构化的插图及多媒体单元(类模块)以及半结构化的出版物模块(Publication Module,PM)等进行存储与内容管理,为数据可重用性与技术信息可重构性提供信息组织保证;(3)出版物模块的模块化和(半)结构化保证了

IETM 系统按用户的技术信息需求(客户化制定)发布可灵活重构的 IETM 产品。数据模块的结构化主要是采用 XML 描述语言。

1. 数据的模块化与结构化

IETM 数据可重用性的基础是数据的模块化与结构化处理。模块化处理的实质是数据标准化的方法。数据模块化的做法是将数据模块作为最小独立数据单元,按某种通用格式组合成更大(更高层次)数据单元(出版物模块),从而保证了该独立数据单元(模块)在更高层数据范围内的可重用性和对技术信息的可重构型。

IETM 的数据大体可分为两类:结构化数据和非结构化数据。结构化数据是指能用二进制数字或统一的结构表示的数据,如 IETM 中描述装备结构原理、人员、费用及零备件清单等文字、表格数据。非结构化数据是指无法用二进制数或者统一的结构表示的数据,如 IETM 中的插图、音频、视频等无法分层的信息,只能用某种数据格式构成一个整体文件。为了实现数据共享,IETM 技术标准根据数据的性质与特点,分别对数据模块、插图以及多媒体单元和出版物模块等信息对象采取相应的数据模块化与结构化处理。

(1)数据模块

数据模块是 IETM 技术标准的重要概念之一,它也是公共源数据库中最为核心的信息对象。数据模块是 IETM 中最小的、独立的信息单元。它包括文本、图标和其他数据类型,并且具有通用的结构。IETM 技术标准规定了数据模块的基本结构包括两个部分,第一部分是标识与状态,第二部分是内容。第一部分即数据模块的标识和状态部分,包含了数据模块的元数据信息,其中标识部分是实现可重用的关键,它包括数据模块代码、数据模块标题、发布号、厂内编号、发布日期、语言等管理和检索信息(重用时,需保证编码的唯一性);状态部分包括表示数据模块的安全级别、数据限制、数据模块大小、合作责任方、质量保证、技能等级、更新原因等状态信息。

(2)插图及多媒体单元

插图及多媒体单元是 IETM 的重要信息对象,是非结构化形式的数据,其内容结构上不能分解,现有的关系型数据库支持以二进制流的形式存储插图及多媒体文件成为一个独立数据单元。在 IETM 技术标准中也同样采用模块化处理方法,将插图及多媒体单元表达为两个部分:一是插图及多媒体文件的本身内容部分;二是用信息控制码(ICN)作为文件名唯一的标识。

2. 公共源数据库——源数据储存于管理中心

采用公共源数据库(Common Source Data Base,CSDB)来储存与管理数据是 IETM 技术标准最重要的概念,也是该标准的最突出的优势之所在。CSDB 是一个信息存储和管理工具。对数据的组织来说,可以认为是对 IETM 所有信息进行储存和管理的一种方式;从数据库的角度说,是一个抽象的数据库。构建 CSDB 的目标是支持 IETM 数字化出版流程、支持数据模块定制化创作、支持质量保证程序、支持 IETM 制作方与用户之间的数据交换、支持 IETM 以多种媒体格式传递而独立于源存储格式。

3. 技术信息的可重构性和面向用户的 IETM 信息发布组织

向用户发布的 IETM 是由一个或多个满足用户需求的出版物模块构成。出版物模块是满足用户需求的所有数据模块的组织集合。出版物模块是信息集(Information Set,IS)和数据模块对象进行组织的数据单元(IETM 的源数据并不在其中)。信息集在定义的范围和深度内,在 CSDB 中以数据模块形式管理的必要信息。对某个型号项目的信息集可以数据模块需求列表(Data Module Requirements List,DMRL)的形式给出。出版物模块与数据模块一样是用 XML 语言描述的经过模块化、结构化方法处理的半结构化数据,与数据模块相类似,它由两部分组成:标识与状态部分和内容部分。出版物模块的标识与状态部分也有出版物模块代码、出版物模块标题、出版号等方便检索和重用的信息。出版物模块的内容部分定义了出版物模块的内容与结构,它包含了一个或多个数据模块、出版物模块。

IETM 技术标准所使用的 XML 中性结构化标记语言、模块化和公共源数据技术,可以很方便、很灵活地构造或重构出面向用户不同需求的 IETM 系统。

6.4.4　IETM 研发策略

研发 IETM 要以系统工程理论、方法作指导,完成 IETM 的需求分析、系统集成分析、系统重用和重构性分析、分发媒体的选择分析。

1. 系统需求分析

IETM 的需求分析主要包括以下方面:对当前技术文档和技术手册完整性的分析,以及任何相关支持文档或需求数据的分析;对通过研制 IETM 替代技术文档和技术手册提高维修保障工作能力的需求分析;对系统的使用对象人员情况分析;对图形、图示显示的需求分析;对研发费用和维修计划的分析;对系统平台的需求分析;对维修保障训练任务的需求分析,以及维修保障工作的分析。

2. IETM 集成分析

有许多技术与功能可以集成到 IETM 当中,其中包括:飞机系统或部件测试集成;故障诊断和排除集成;备件申请;链接数据库集成;通过 IETM 软件进行的数据上传/下载集成;与自检系统和自检的设备进行信息交互集成;外场训练软件包集成等。通过各功能系统的集成,可提高 IETM 的工作效能。同时,IETM 的集成策略要适合不同技术水平、不同机型的实际需要。

3. 系统重用和重构性分析

IETM 设计应加强 IETM 的可重用设计、标准化和模块设计、可重构设计,使系统资源可以进行再利用,并进行功能的扩展和相近系统的移植,同时,采用的计算机、相关硬件、软件平台、应用软件应尽可能选择标准产品,以减少研制费用和风险。

4. 快速构建初步功能的 IETM

为了减少 IETM 研制的风险和提高系统的适用性,应在研制的早期构建初步的具有基本功能的 IETM。具有初步功能的 IETM 应能根据飞机及分系统的特点,显示系统所需具有的一些典型目录,并完成基本的技术文档和技术手册交互功能。快速的初步功能 IETM 的构建能够提高研发人员对所研制的系统的良好理解能力,并使研发人员制订更准确的费用估算和研制时间计划。

5. 分发媒体

IETM 的分发媒体可以根据 IETM 的规模和维修保障人员的需求灵活地采用可移动硬盘、光盘或磁盘等形式。同时,各种分发媒体应具有较强的保密性和安全性。

6. IETM 的测试与认证

IETM 的目的是提高飞机的维修保障能力。因此,必须根据维修保障人员的需求进行研制,而且还需要一定的 IETM 管理人员、使用人员、技术文档和技术手册出版人员、飞机及分系统测试和故障诊断人员、型号采办人员等的协作、参与开发和提供咨询。研制过程当中应遵循“研制与测试不断交互”的原则,而不是到研制的最后才进行系统测试和认证。通过研制与测试的不断交互可提高 IETM 的适用性并降低研制风险。

6.5　IETM 的信息生成

IETM 信息生成是为公共源数据库中信息对象的产生与管理做好准备,目的是让 IETM 创作人员了解 IETM 所需的信息对象、对象的要求、数据模块结构及数据模块类型,便于对装备技术信息进行分类与编码。

6.5.1　信息生成过程

完整的信息生成过程包括明确手册类型、确定信息集以商定技术信息的用途、范围和深度,根据信息集确定的信息深度和范围生成数据模块需要列表、编制和出版数据模块。

IETM 中所包含的信息来源于设计说明书、工程图纸、故障手册、使用手册等,此类技术信息可以直接取自 CAD 生成的工程数据,或通过图片扫描、文字识别等计算机技术得到。

IETM 不是普通的计算机文件或多媒体数据库,而是将一套文档或手册的文本信息划分为许多信息单元,用 XML 将数据标注成中立格式,并按照特定 Schema 结构,存储于数据模块中;将非文本信息如历史资料、插图及多媒体按照规定进行标记编码,存储于单独的文件中。而所有的数据模块、插图及多媒体信息对象均被存储在 CSDB 中,其目的是便于信息的检索、重用等管理。

6.5.2　数据模块的组成

数据模块是 IETM 技术标准的重要概念之一,它也是公共源数据库中最为核心的信息对象。数据模块是 IETM 中最小的、独立的信息单元。它包括文本、图标和其他数据类型,并且具有通用的结构。IETM 技术标准规定了数据模块的基本结构包括两个部分,第一部分是标识与状态,第二部分是内容。

1. 数据模块的标识及状态部分

标识和状态部分(IDSTATUS)是数据模块的第一部分。标识和状态部分给出识别和控制数据模块需要的所有元素,同时也提供与安全、质量和技术状态及全部数据模块内容相关信息的状态元素。它包括标识数据(如数据模块编码、标题、发布号、发布日期、语言)和状态数据(如保密等级,生产厂家、适用性、技术标准、质保状态、技能等级、更新的原则)。标识及状态部分描述的数据可用于:①CSDB 中数据模块的管理;②适用性使用的管理;③质量控制过程的管理;④检索功能的管理和控制;⑤信息集或子集的自动编辑;⑥用户访问 CSDB 时的通用信息。

标识及状态部分包含在元素<idstatus>(M)(其中,M 表示必选元素;O 表示可选元素),其结构如图 6.2 所示。

(1) 数据模块的标识部分

数据模块的标识部分是强制性的,标记元素是<dmaddres>。其中包括:①数据模块编码<dmc>(M);②数据模块标题<dmtitle>(M);③发布号<issno>(M);④发布日期<issdate>(M);⑤语言<language>(O)(其中,O 表示可选性元素,M 表示必选性元素)。

1) 数据模板编码。数据模板编码构成了数据模块的唯一标识符。所有数据模块都应分配一个 DMC。DMC 提供了三个顶层信息:第一层是利用型号识别码、系统层次码和分解码标识数据模块的装备或装备零件;第二层是使用信息码标识信息类型;第三层是使用产品位置码标识数据模块中信息的位置。

2) 数据模块标题。数据模块标题应给出 DMC 装备识别元素的含义,即数据模块所包含内容的标题。它位于元素<dmtitle>中,为确保标题以标准方式构成,标题分为两部分:技术名称<techname>和信息名称<infoname>。元素<techname>的内容应反映由 SNS 表述的产品(一般是硬件)的命名如航空器、着陆传动系统等。也就是说,它应反映相关的系统、子系统或子子系统。元素<infoname>和信息码<incode>相关,通常信息名称是信息码的简短描述。例如,信息码"520"带有信息名称"移出步骤"。也可以根据数据模块的具体情况,在信息类型的基础上对信息名称进行修改或扩展。如某信息码"251"其信息名称是"清洁步骤",但可以根据具体情况详细至 251A"清洁步骤(用水)"。

3) 发布号。发布号<issno>是由发布类型(type)(O)、场内编号(inwork)(O)下面三个属性进行描述的。

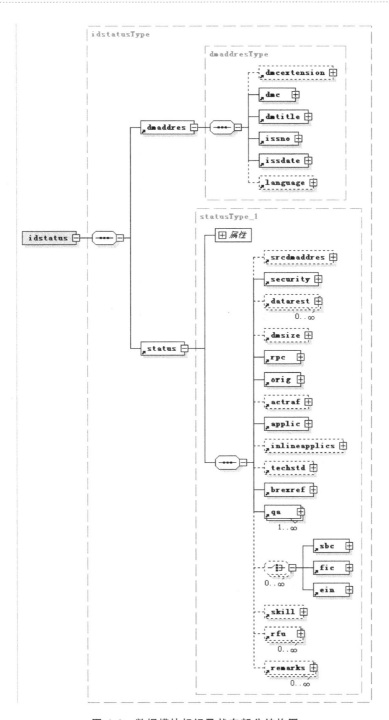

图 6.2　数据模块标识及状态部分结构图

① 发布号(issno)(M)。每个数据模块的认可发布应接收连续的发布号,当不使用

<language>元素时,这是唯一识别数据模块的元素。发布号的取值范围是"001"～"999"。

② 发布类型(type)(O)。该属性描述了数据模块的发布状态,有 8 个值可以使用。

a. "new",数据模块初始发布时的状态值;

b. "deleted",数据模块在 CSDB 中标记为删除,通过标记这种状态,可以改变整个 IETM 的内容,但并非从 CSDB 中真正的删除吧,这种情况下,数据模块的状态值为"删除";

c. "changed",数据模块中的数据内容已被更换,并使用<applic>中的更改元素和属性指出数据模块中更改的内容,那么数据模块的状态为"内容更换";

d. "revised",数据模块对象中的内容进行了修订,则数据模块的状态值设为"修订";

e. "status",改变数据模块的标记状态<IDSTATUS>信息,将状态值设为"标识修改";

f. "rinstate‐status",数据模块从原始的删除数据模块状态中恢复,则数据模块状态值设为"标识恢复";

g. "rinstate‐changed",数据模块从原始的"删除"状态中恢复,但其中的数据内容也进行了更换,则将状态值设为"标识恢复并更换";

h. "rinstate‐revised",数据模块从原始的"删除"状态中恢复,并对内容进行了修订,则状态值设为"标识恢复并修订"。

③ 厂内编号(inwork)(O)。给出了非发布的数据模块厂内编号,它用于记录数据模块在两个版本之间的信息更改。初始值设为"00",取值范围为"01"～"99",数据模块发布后,inwork 被重置为"00"。

4) 发布日期。数据模块的每次发布,无论是最初的编写,还是通过更改完成修订或者是更新,都应以 YYYY‐MM‐DD 的格式分配一个 ISO 8601 日历日期。在做标记时,通过使用带有属性年、月和日的空元素<issdate>来表示。

例:发布日期为 2009 年 2 月 28 日。

<issdate year ="2009"month="02"day="28"/>

5) 语言。在该标题下,给出了编写该数据模块所使用的语言。一般来讲,语言必须使用来自 ISO 639 的两位字符(字母)进行编码。除此之外,国家码(来自 ISO 3166 的两位字符(字母))用于表示使用该语言的国家。

(2) 数据模块的状态部分

数据模块的状态部分提供了与数据模块状态相关的信息。状态部分包含在元素<status>(M)中。它包含了更新原因<rfu>、安全级别<security>、数据约束<datarest>、质量保证<qa>、合作责任方<rpc>、创作者<orig>、技能等级<skill>等项。

　　1）更新数据模块。数据模块可能需要更新的内容有：在数据模块最初发布时无法使用的装备；新装备的使用；新消耗品的使用；由新操作经验获取的新信息；由于技术出版改进报告结果的更新；软件的改进；更新/调整、服务公告、专用技术说明和类似的文件；质保检验结构的理性；电子检查功能结果的更新；需要添加和修改的其他数据。数据模块的所有更新原因都在状态部分的元素＜rfu＞(O)中进行归纳。

　　2）安全级别和数据约束。安全级别＜security＞有三个属性，即 class(M)、commcls(O) 和 caveat(O)。属性 class 可以为“01”～“99”之间任意的整数值，表示安全级别，项目中属性 class 的取值为“02”～“05”，class 属性值与安全级别的对应关系为：“02”——内部；“03”——秘密；“04”——机密；“05”——绝密。属性 commcls 和 caveat 可以是“cc01”～“cc99”和“cv01”～“cv99”之间的任意值。数据约束数据＜datarest＞主要是对数据模块在使用、存储和传输的过程中受到的约束进行说明。

　　3）质量保证。质量保证＜qa＞用于详细说明项目 QA 进程的状态。数据模块的 QA 状态可以分为未经确认的或已确认的。元素＜unverif＞用于表示数据模块首次未被确认。＜unverif＞是工作中数据模块的缺省值。元素＜firstver＞和＜secver＞分别表示首次和/或第二次确认的数据模块。

　　4）合作责任方。合作责任方＜rpc＞是指负责数据模块出版的组织。该组织应当是负责整个 IETM 公共元数据库中数据模块的管理单位。元素的值必须进行统一的定义，并在整个项目中保持一致。

　　5）创作者。创作者＜orig＞是模块的创作编写单位，装备的创作者编码取值可按照双方的约定进行，通常为 1～5 位数字、字母或者数字与字母的结合。

　　6）技能等级。元素＜skill＞(O) 用于识别数据模块所需的技能等级，该元素的属性 skill 设置在项目配置文件中。项目必须确定数据模块是否携带和标记技能等级。如果使用，它应连续应用在所有数据模块中。

2. 数据模块的内容部分

　　CONTENT 部分是数据模块的第二部分。它包括显示给用户的文本、插图及多媒体等信息。下面介绍数据模块内容部分的通用结构。

　　(1) 标记变化

　　除非数据模块完全改变，现有数据模块的所有变化(除编辑上的改动外)都必须标记出来，并在数据模块的标识和状态部分给出更新的原因。

　　1）元素变化的标记规则。通常使用属性 change、属性 mark、属性 level 和属性 RFC(请求注解)来表明数据模块中元素级别的变化。用元素＜change＞标记单词和句子层次的变化。

　　① 属性 change。属性 change 可以设置为“add”(表示插入元素)，“modify”(表示修改过的元素)或“delete”(表示删除的元素)。此属性的使用是强制性的。

　　② 属性 mark。属性 mark 设置为“1”或“0”。“1”值表示变更栏或标记(或其他可见的表示)要在被添加、删除或修改的元素旁边标记出来。“0”值意味着尽管变化

被标记出,也并不在变更栏中作物理表示。

③ 属性 level。如果项目要在数据模块中保存变化的数据就需使用属性 level。

④ 属性 RFC。属性 RFC 可以用来标示改变的原因。提交人必须了解这些值可能会被项目自动编译出数据模块的更新原因(<rfu>元素)并自动生成数据模块的重点。

当更改部分的文本在某些元素中时,必须使用元素<change>。元素<change>也包含属性 change、属性 mark、属性 level 和属性 RFC。

2) 文本变化的标记规则。当某些元素的文本发生改变时,必须使用元素<change>。元素<change>也包含属性 change、属性 mark、属性 level 和属性 RFC。

3) 标记插入的信息。标记插入元素,即在插入元素上使用属性 mark 和属性 change(可选择使用属性 RFC 和属性 level)。在现有文本中插入新文本,则需使用元素<change>。

4) 标记删除的信息。在标记被删除的元素时,可以使用属性 mark 并将元素本身的属性 change 值设为"delete"(可选择使用属性 RFC 和属性 level)。标记被删除的文本则需使用元素<change>,并将其属性 change 值设为"delete"。

5) 标记修改的信息。标记修改的元素,使用该元素的属性 mark 和属性 change(可选择使用元素 RFC 和属性 level)。其中将属性 change 的值设置为"modify"。标记修改或的文本要使用元素<change>和属性 change,并将属性 change 的值设置为"modify"。

6) 标记表格变化的信息。当在表格内添加、修改或删除条目时,表格发生变化。Schema 不允许创作者对被添加或修改的表格条目进行标记,而是要将标记应用于元素<entry>的子元素。要显示条目内的元素被插入和修改,可使用以上提到的元素的变化标记。标记元素的文本变化,需要使用元素<change>。

7) 标记警告、注意的变化信息。在执行维修任务的过程中,对于用户来说,阅读完整的警告和注意是十分重要的。因此,对于警告和注意的变化标记应是针对完整的警告和注意信息,而非其中单独的句子或词。

(2) 引　用

1)交叉引用——元素<xref>。元素<xref>用来编辑一个从数据模块中的一个点到同一模块中另一个点的交叉引用。通过使用常态的 ID/IDREF 机制达成。

2) 引用表中列出的引用——元素<refs>。元素<refs>用于列出引用的所有数据模块和技术出版物。如果无引用,则利用元素<norefs>标识。其结构如图 6.3 所示。

3) 引用——元素<refdm>与元素<reftp>的内联引用。内联引用是用来指引读者到另一个文件或本文件的某个位置。使用元素<refdm>引用另一个数据模块、出版物或文件的信息。当引用其他出版物和文件时,使用元素<reftp>。

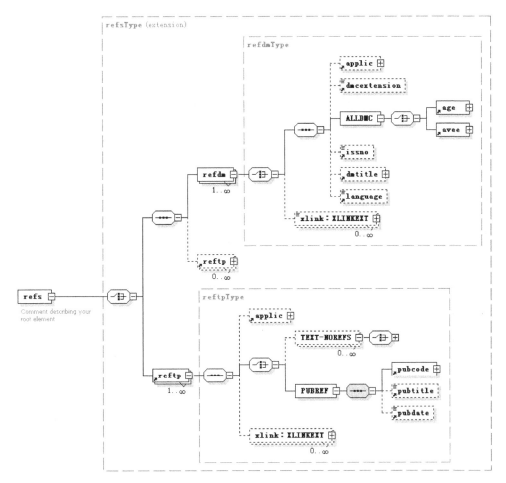

图 6.3　元素＜refs＞的结构图

（3）列　表

列表分为顺序列表、随机列表和定义列表。

1）顺序列表，使用元素＜seqlist＞来表示。通过使用元素＜applic＞或属性 refapplic 分配适用性信息。使用元素＜title＞和＜item＞。在顺序列表中，可以在一个表项目中包含多个段落。

2）随机列表，使用元素＜randlist＞来表示。通过使用元素＜applic＞或属性 refapplic 分配适用性。使用元素＜title＞和＜item＞。有简单和无序两种类型的随机列表。在随机列表中，一个列表项可以拥有多个段落。若列表项多于一段，则需使用元素＜para＞，可以嵌套列表。

3）定义列表，是术语和定义的列表，使用元素＜deflist＞来表示。它使用元素＜applic＞或属性 refapplic 分配适用性。还使用元素＜title＞（列出标题）、＜item＞（列出列表中的项目）和＜def＞（包含定义）。

（4）标　题

标题＜title＞用于描述标题。标题元素＜title＞可以包含一个或多个文本或以下元素中的一个＜xref＞、＜indxflag＞、＜change＞、＜emphasis＞、＜symbol＞、＜subscrpt＞、＜supscrpt＞、＜refdm＞、＜reftp＞、＜ftnote＞、＜ftnref＞、＜acronym＞、＜acroterm＞、＜caption＞。其结构如图6.4所示。

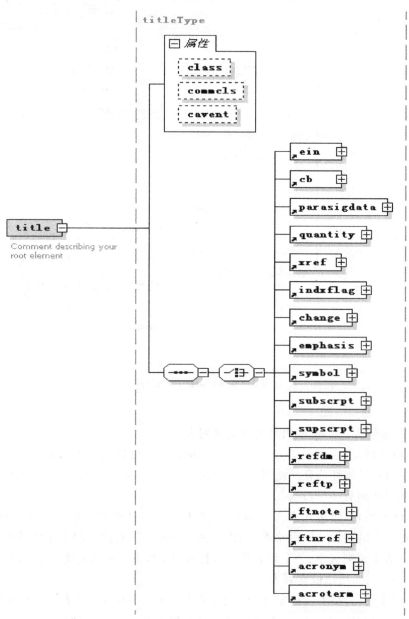

图6.4　标题结构图

（5）表　格

表格分为正式和非正式两种类型。其中正式的表格包括四个部分：标题行、表头、表行和表尾。非正式的表格比较短小、简单，不需要标题行、表头和表尾，最多不超过三列。

表格元素<table>用来描述表格形式的信息。用属性 frame、属性 rowsep 和属性 tocentry 建立表格的显示参数。通过使用元素<applic>或属性 refapplic 分配适用性，其结构如图 6.5 所示。

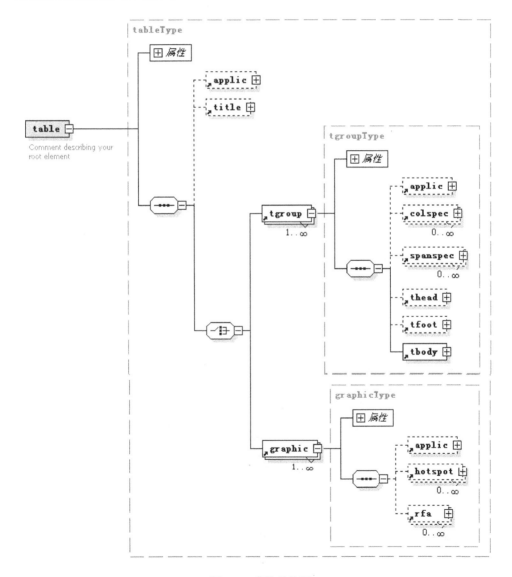

图 6.5　表格结构图

（6）插　图

插图＜figure＞用于包含插图，使用其所属元素＜graphic＞的属性 boardno 标识引用的插图文件，属性的值必须包含完整的 ICN。元素＜graphic＞也有属性 reprohgt、reporscl 和 reporwid，用于指出显示系统的显示尺寸和比例。另外，使用元素＜hostpot＞标识插图中的热区信息（该元素可多次出现）。元素＜figure＞也包含＜rfa＞，用于包含修改信息的原因，该元素通过使用元素＜applic＞或属性 refapplic 分配适用性。插图的结构如图 6.6 所示。

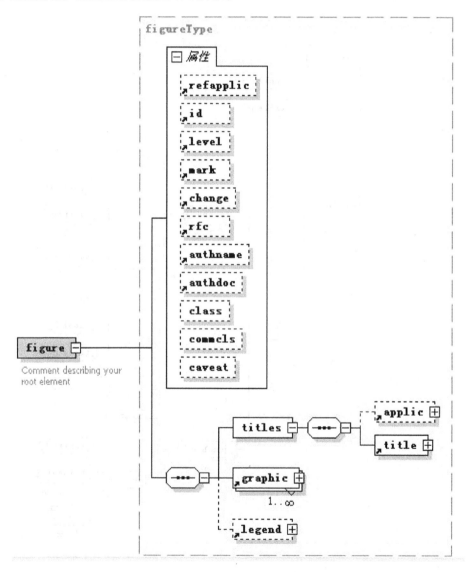

图 6.6　元素＜**figure**＞的结构图

（7）热　点

元素＜hostpot＞可将图形区域的定义插入到标记中。元素＜hostpot＞中的元素＜xref＞、元素＜refdm＞或元素＜csnref＞定义图形区域的交互功能。其属性apsname、属性 apsid 和属性 coords 用于定义元素＜hostpot＞的图形区域或图形对象。属性 visibility 决定元素＜hotspot＞定义的图形区域是否可见。图形中的项目均默认可见，只有当属性 visibility 的值设为"hidden"时隐藏当前图像的显示，其结构如图 6.7 所示。

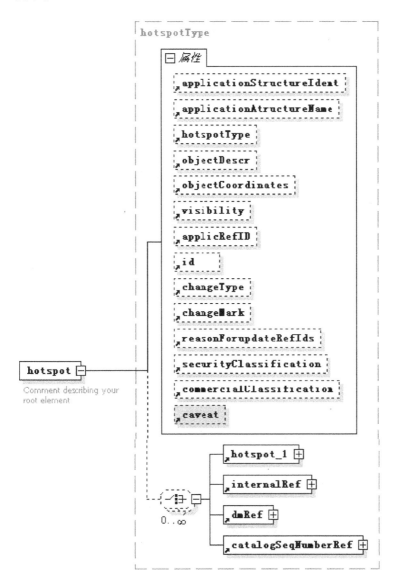

图 6.7　元素＜hotspot＞的结构图

（8）预先要求和工作完成后的要求

1）预先要求元素＜prelreqs＞用于涵盖工作开始前的所有初步要求，其结构如图 6.8 所示。其中包括产品管理数据＜pmd＞、所需条件＜reqconds＞、所需人员＜reqpers＞、保障设备＜supequip＞、供应品＜supplies＞、备品＜spares＞和安全性＜safety＞。

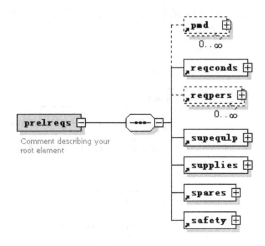

图 6.8　元素＜prelreqs＞结构图

2）工作完成后要求。工作完成后元素＜closereqs＞用于涵盖程序完成后的要求，其结构如图 6.9 所示。

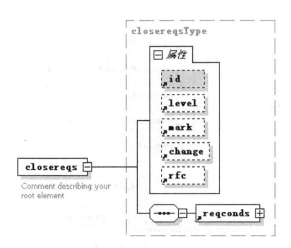

图 6.9　元素＜closereqs＞结构图

（9）段　落

段落＜para＞用于获得文本，其结构如图 6.10 所示。

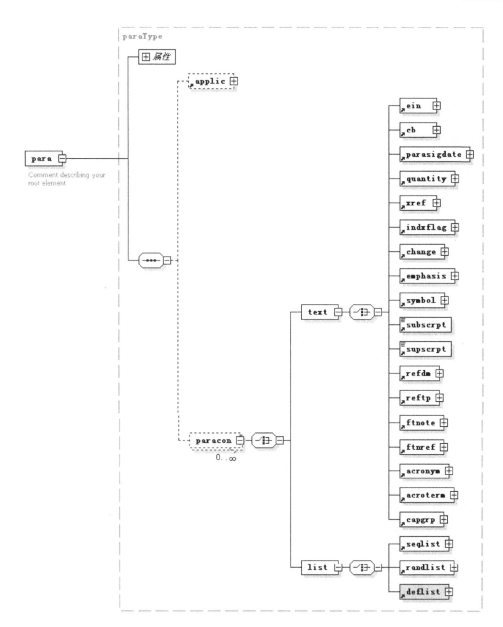

图 6.10　段落元素结构图

6.5.3　数据模块的编码

　　在公共源数据库中存储数据模块时,一个重要的元数据是数据模块编码(Data Module Code,DMC)。编码的目的主要是使信息的描述代码化,即用一个具有充足信息的代码来唯一地标识一个事物,提供对象的分类管理和提高查找效率,为模块化设计、生产与管理提供方便。

（1）编码的原则

信息分类编码的基本设计原则为：唯一性、可扩充性、适用性、稳定性、可操作性。结合技术信息的特征，在编码结构设计时，既要考虑技术信息生产的现状，又要兼顾其发展对信息编码的要求。因此，提出以下要求：

1）编码结构简单，对各类信息尽可能采用相同（或类似）的编码结构，以实现编码表现形式的统一；

2）涉及多个管理环节的信息，确保信息编码含义的唯一性；

3）在结构和容量上具有一定的柔性，能够适应未来发展的要求；

4）编码的结构设计充分考虑到国标、行标、国军标和国际标准，以提高标准化程度，满足异地协同制造的发展要求。同时，统一编码结构要能够适用于装备维修保障活动中各自不同类别的信息，使数据模块编码具有一定的向前兼容性，能够兼容原有编码结构，易于被 IETM 创作者接受。

（2）数据模块编码结构

IETM 技术标准对信息编码有严格的要求，通过数据模块编码实时技术信息编码活动。数据模块编码（DMC）是按技术标准制作的数据模块标准化、结构化的标识符，它包含在数据模块的状态标识段部分，用来标识和管理公共源数据库（CSDB）中的数据模块，以实现电子环境中对数据模块的检索查询和自动访问。DMC 构成了数据模块的唯一标识符。所有数据模块都应分配一个 DMC。DMC 提供了三个顶层信息：第一层是利用型号标识码或最终产品术语码编写数据模块的装备或装备零件的标识，第二层是使用信息码的信息类型标识，第三层是使用产品位置码定位数据模块中信息的位置标识。

DMC 最长由 37 个数字字母构成，最小长度为 17 个字符，如图 6.11 所示。

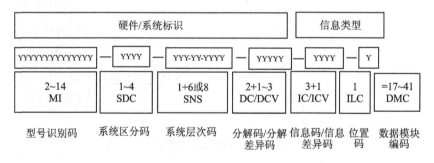

图 6.11　数据模块编码的一般结构

一个项目可以有多个 MI，但 DMC 元素中每个 MI 应是固定的长度。

"硬件标识"和"信息类型"两个 DMC 划分的详细细目分类在表 6.3 和 6.4 中给出。DMC 有英文字母与数字组成，为避免错误，不用字母"I"和"O"。

表 6.3　硬件标识

硬件标识	长　度
型号识别码(MI)	2～14 位字符
系统区分码(SDC)	1～4 位字符
系统层次码(SNC) ● 系统 ● 分系统＋分分系统 ● 单元或组件	1 位(可选)＋6 位或 8 位字符 ● 1 位(可选)＋2 位字符 ● 2(1＋1)位字符 ● 2 位或 4 位字符
分解码(DC)	2 位字符
分解差异码(DCV)	1～3 位字符

表 6.4　信息类型

信息类型	长　度
信息码(IC)	3 位数字字符
信息差异码(ICV)	1 位数字字符
位置码(ILC)	1 位数字字符

6.5.4　过程数据模块的功能与结构

1. 过程数据模块的功能

IETM 技术标准定义了一个具有特殊交互功能的过程数据模块用来表现由数据模块和步骤组成的如维修过程、故障查找程序等程序流,实现 IETM 技术信息的复杂交互过程。这样,IETM 系统按照交互界面功能的操作指令组织技术信息向用户显示的过程,就可以看作 IETM 将数据模块、数据模块之间的逻辑、装备维修保障活动的规则有机地组织成出版物模块的一个交互过程。可将 IETM 的这个过程形式化表示为:D(Document)＝{M(Modules),P(Process),A(Activity),T(Theorem),R(Role)}。其中,M 是参与整个交互过程的数据模块集合;P 是交互过程中逻辑集合;A 是交互过程中活动步骤的描述,是业务过程所包括的活动或任务集,也反映了交互过程中所要完成的阶段性业务目标和最终目标,如果这一目标是与时序相关联,则上一目标也称为下一目标的前提;T 是指导整个交互过程如何发生、发展、结束的规则集,是对活动和角色进行约束的业务规则;R 是参与交互的数据模块在整个交互过程中以何身份扮演了何种角色,即业务交互活动过程定义的活动或任务由相应的角色来完成。过程数据模块是按照上述思想来呈现交互信息的,需要同时呈现在一个页面的信息被组合到一个节点<dmNote>里。用户读完屏幕的信息后,需要给一个确认回应来继续下一个节点。

在过程数据模块中,IETM 创作人员可以定义变量、表达式、对话框,以此实现人机交互的功能。更为重要的是，过程数据模块可以调用外部程序，与外部程序交换数据，以实现集成化的 IETM。例如，过程数据模块在处理故障隔离和故障诊断类的技术信息时，通过变量机制和逻辑引擎的处理，形成推理机制，调用描述类、程序类、故障类等其他任何一类数据模块，完成故障诊断，将所需信息提供给用户。

过程数据模块是实现 IETM 交互过程的基础，具有获取、存储和操作状态信息的能力，可充分描述一个故障诊断、隔离的完整流程。过程数据模块将一系列使用、诊断、维修步骤存储于 IETM 的 CSDB 中，通过一定的逻辑关系对这些步骤进行组织，并利用变量和表达式来控制这一过程。

过程数据模块是具有内在逻辑判断的程序流，该程序流由数据模块和步骤组成。因此，也可以说过程数据模块是一个程序流脚本，逻辑引擎担当它的解释器，读入过程数据模块作为输入并且执行其中包含的指令。过程数据模块能实现的交互功能包括：

　　1）故障诊断，特别是动态诊断与系统仿真；

　　2）执行外部程序，实现 IETM 与外部程序的交互；

　　3）导航、跟踪和对话框驱动等交互功能；

　　4）信息过滤，呈现与用户当前情形相吻合的所需要的信息；

　　5）顺序遍历，尤其对测试和排故是必要的，下一步骤是基于当前的动态状态信息或者由外部输入来决定的。

2. 过程数据模块的结构

过程数据模块采用元素＜process＞标记，内容组织以节点为基本元素，可使用顺序、分支、条件和循环 4 种节点类型构建数据模块的执行顺序。过程数据模块利用顺序和选择过滤结构来给用户提供无缝的信息逻辑流，从概念上看，过程数据模块就是逻辑的集合。用户通过触发启用过程数据模块，利用逻辑引擎对元素＜process＞进行遍历解读，并返回数据模块信息的逻辑显示结果。逻辑引擎是过程数据模块的软件部分，其核心是状态表，它根据存储于表中的变量及其变量值对信息的逻辑流进行控制。根据 S1000D 国际规范对过程数据的描述，它具备数据模块的所有属性。

元素＜process＞是包含在流程结构中的顶层元素，拥有变量声明＜variableDeclarations＞、前置要求＜preliminary＞、模块顺序＜dmSeq＞、结束要求＜closeRqmts＞、公用信息＜commonInfo＞等子元素，如图 6.12 所示。其中两个重要子节点是节点＜variableDeclarations＞和节点＜dmSeq＞，前者用于声明变量和赋初值，后者则是聚集顺序信息的节点。过程数据模块通过这些子元素的设计和组织，完成一项具体的任务。

　　1）变量声明元素＜variableDeclarations＞

变量声明元素＜variableDeclarations＞由一个或多个变量元素＜variable＞组成，用于定义和初始化过程数据模块中所用到的全部全局变量，包括变量名称、描述、配置、类型、精度和使用范围等属性，以及对话框、对话框分支、变量初始化等三个子元素,其结构如图 6.13 所示。对话框元素<dialog>提供有填空、菜单、按钮、消息框和对话框组等五种交互方式,用于接收用户的输入,给变量赋值,从而实现逻辑引擎与用户之间的信息交互。赋值后的变量可以通过表达式元素<expression>进行运算,从而确定下一步要执行的步骤。

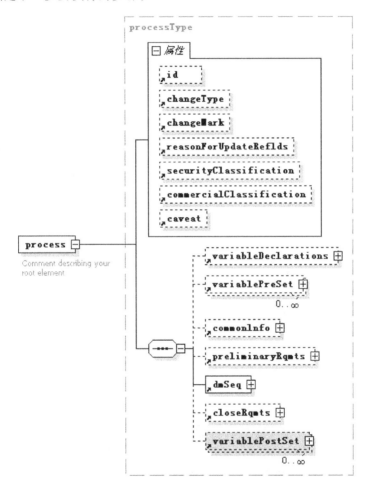

图 6.12　过程数据模块中的主要元素

2) 模块顺序元素<dmSeq>

数据模块顺序元素<dmseq>是过程数据模块的主要内容,它决定了步骤、对话、外部应用请求、数据模块引用和数据模块中的条件顺序。元素<dmSeq>定义了子元素<dmNote>、<dmNodeAlts>、<dmIf>和<dmLoop>的逻辑顺序。其中节点<dmNode>是呈现给用户信息的主要来源,其余三个节点则是首先通过业务逻辑判断,最终嵌入节点<dmNote>来呈现信息。元素<dmSeq>中各子元素的结构如图 6.14～图 6.17 所示。

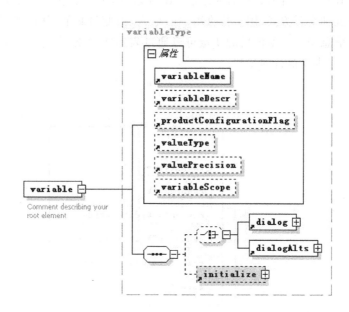

图 6.13　元素＜variable＞的结构图

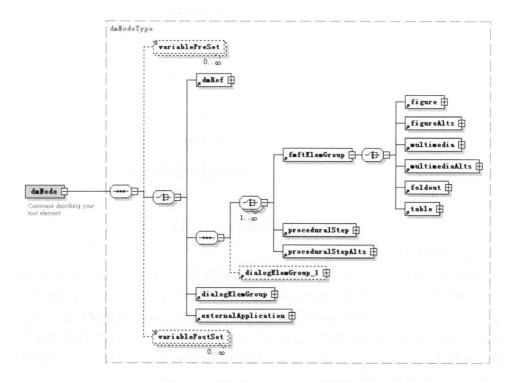

图 6.14　子元素＜dmNode＞的结构图

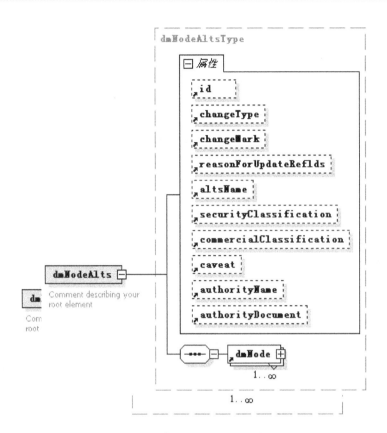

图 6.15　子元素＜dmNodeAlts＞的结构图

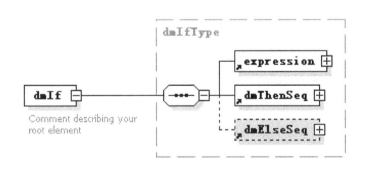

图 6.16　子元素＜dmIf＞的结构图

逻辑引擎对元素＜dmSeq＞进行处理,按处理的结果对内容进行排序。节点显示的链接用＜refs＞表示,显示方式采用超文本形式。在超文本系统中,信息由节点和链组成。节点中的信息可以是文字、数据、图形、图像、声音等一种或几种的组合。热点是节点的一个组成部分,是信息关联的链源,通过它激发链而引起向相关内容的转移。链是超文本系统的一个最基本的单元,其定义了超文本的非线性结构,提供了

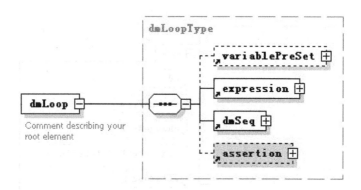

图 6.17　子元素＜dmLoop＞的结构图

浏览、查询节点的能力。在 IETM 中,过程数据模块就是链接实现的逻辑组合。各个数据模块作为节点,通过过程数据模块的作用,实现各个数据模块的非线性组装,表达丰富的技术信息。

思考题

1. 简述 IETM 的基本功能和特点。
2. 简述 IETM 的分类方法以及各级 IETM 的特点。
3. IETM 的标准主要有哪些? S1000D 标准的优势是什么?
4. IETM 交互性与互操作性有什么区别?
5. IETM 具有数据可重用性和信息可重构性的原因是什么?
6. 数据模块的标识与状态部分包括哪些内容? 请以示例说明。
7. 简述过程数据模块与数据模块的关系与区别。
8. 过程数据模块具有哪些功能? 过程数据模块由哪些部分组成?
9. IETM 信息如何生成?

第7章 PHM 技术

随着各种大型复杂系统性能的不断提高以及复杂性的不断增加,系统的可靠性、故障诊断和预测以及维修保障等问题越来越受到人们的重视。系统的维修方式经历了三个阶段的转变,即反应性维修、预防性维修和预计性维修(又称视情维修)。由于视情维修具有后勤保障规模小,经济可承受性好,自动化、高效率以及可避免重大灾难性事故等显著优势而具有很好的前景。视情维修要求系统自身具有对其故障进行预测并对其健康状态进行管理的能力,可以实现"经济可承受性"目标,也由此产生了故障预测与健康管理(PHM,Prognostic and Health Management)概念。PHM 是指利用尽可能少的传感器采集系统的各种数据信息,借助各种智能推理算法(如物理模型、神经网络、数据融合、模糊逻辑、专家系统等)来评估系统自身的健康状态,在系统故障发生前对其故障进行预测,并结合各种可利用的资源信息提供一系列的维修保障措施以实现系统的视情维修。

7.1 概 述

故障预测和健康管理(PHM)可以理解为:

1) 故障预测,根据测试数据确定系统或设备潜在故障的过程,即预计性诊断设备或系统完成其功能的状态,包括确定部件的剩余寿命或正常工作的时间;

2) 状态管理,是根据诊断/预测信息、可用资源和使用需求对维修活动做出适当决策的能力。

将 PHM 设计到飞机中,不是为了消除故障,而是为了预计和掌握故障何时发生、或在未预料到的故障发生时激活一种简单的维修活动。具体而言,第一是为了借助它来有效地减少或消除对测试设备、工具和其他诊断设备的需求;第二是为了提供一种目前由维修人员(尤其是要求经诊断技能或专家训练的维修人员)来执行的功能;第三是为了便于将某些不重要区域的维修活动推迟到适当的时机进行,从而减少在作战时在前线部署备件的需要。

目前在国外尤其是美国,PHM 技术在航空航天、国防军事以及工业等领域已经逐步得到应用。视情维修的开放体系结构(OSA2CBM,Open System Architecture for Condition Based Maintenance)可用于指导构建机械、电子和结构等领域的各种具体类型的 PHM 系统。OSA2CBM 主要由七个部分构成,即①数据采集和传输;②数据处理;③状态监测;④健康评估;⑤故障预测;⑥自动推理决策;⑦接口。国外对该体系结构中各部分应用的一般技术(如传感器、数据传输、数据处理、接口等)

和方法(如系统框架模型、状态监测、健康评估、故障预测、自动推理决策算法等)进行了大量的研究,同时也进行了大量的工程实践。

7.1.1　PHM 的基本功用

1. 故障预测与故障诊断

故障是产品不能完成规定功能或性能退化不满足规定要求的状态。故障诊断是电子系统发生故障后,通过别的方式、手段来警戒用户。故障诊断是当前事后维修的一个重要依据,但是故障诊断也有本身的局限性,它不能自行解决,例如不能复现(CND)、找不到问题(NTF)、复测合格(RTOK)和虚警率(FA)高等,这些也是困扰机内测试(BIST)的主要问题。事后维修是以电子系统故障为依据,在电子系统出现故障后才进行维修以恢复系统的正常功能。这里提出故障预测和健康管理的概念。预测就是预计性诊断部件或系统完成其功能的状态,包括确定部件的剩余有用寿命或正常工作的时间长度。故障预测是电子系统在以当前的使用状态为起点,对将来可能出现的故障进行预测,向用户及时提出警告,以便能够及时采取措施避免重大恶性事故发生,对现行的系统管理和维修制度也有开创性的作用。PHM 技术使传统的事后诊断转向基于智能系统的故障预测,在准确的时间内对准确的部位进行正确的维修活动。PHM 方案是基于获取全寿命故障规律进行电子系统故障预测方法,能够告诉用户当前部件或系统的健康状态和剩余有用时间,以便在电子系统发生真正的故障之前就采取相应的措施,使传统的事后维修转向状态维修成为可能,从故障的被动反应到主动预防,再到事先预测和规划管理。

2. 减少事后维修和增加预知维修

事后维修是最原始的维修方式,可以减少一些不必要的维修费用,但当一个部件出现故障时,它可能损坏其他部件,毁坏整个系统,甚至危及人身安全。因此,事后维修仅适用于一些不重要的装备和设备,而且还应该满足以下条件:系统发生故障时损失很小,不会对其他装备的正常运行产生影响,不会对人身和环境造成影响,故障的定位和排除可以很快完成。但事后维修不适用于飞机、航天器、汽车、医疗设备等与人的生命紧密相关的电子系统。预知维修的基本思想是根据对电子系统当前和将来的状态与可靠的预测来安排维修活动,因此对系统当前状态的描述,以及对下一时段状态和故障的预测是实现预知维修的根本。预知维修的目的是减少维修费用,把灾难性故障的风险降到最小,使系统发挥最大的效能,并且减少备件的库存。它能使系统仅仅在需要的时候才进行维修工作,防止系统在执行过程中出现故障,从本质上消除昂贵的周期性的维修工作,最大可能地减少系统故障的发生。因此故障预测和健康管理技术使预知维修成为可能。

国际上很多知名的汽车、消费类电子、航天、民用飞机、医疗设备等企业已将他们主要的维修维护工作从基于事后维修转移到基于实际状态的预知维修。这些企业的目标是将整个维修任务减少 50%,同时改变现有维修方式的比例:使预知维修占整个维修工作的 45%（原来 15%）,计划维修不到 40%（原来 35%）,而事后维修不到 15%。

3. PHM 在电子系统中应用

PHM 系统正在从单纯的武器系统中的应用转向新的飞机、轮船、汽车、消费类电子和医疗设备等系统设计和使用中。如果能做到对电子系统的故障预测,就能实时监测电子系统的状态,避免重大恶性事故发生,做到对电子系统的健康管理。PHM 系统一般应具备故障检测、故障隔离、增强的诊断、性能检测、故障预测、健康管理、部件寿命追踪等能力,PHM 是一个复杂的工程,可以把它分为四个层次:数据收集、整理和分析,状态监测与故障预测,趋势分析、维修和保障决策。因此 PHM 必须有相应的软硬件支持。

7.1.2　PHM 对飞机综合保障的影响和作用

在未来飞机的研制中采用具有预测和健康管理以及自主式保障系统,将使新型飞机与现役飞机相比具有突出的自主保障能力,实现能参与故障诊断、任务重构、状态管理的预测和健康管理能力,从而实现未来飞机在机动作战能力、快速反应能力和高强度出动能力方面达到新的水平。

PHM 的应用触发了飞机空地信息的交互,通过空中数据的采集、处理及地面保障系统接收、判读、评估管理飞机系统的 PHM 信息,实施对飞机的健康管理,结合维修保障历史信息以及任务计划信息,预测维修、保障、训练需求,适时做出决策,确定包括备件、人员以及维修技术等保障资源,优化维修计划、任务计划、训练计划的制定。简化后勤保障规模,优化自主后勤保障基础结构的协调性和资源的调配与使用。PHM 的实现驱动了开放式自主保障系统的有效运行,从而改进了未来作战飞机总体的保障性,提高飞机自主保障体系的总体效能,同时减少了全寿命周期费用。

PHM 技术对装备的维修保障具有重要意义,主要表现在以下几个方面。

1) PHM 技术是推动装备维修制度改革、实行视情维修的必要手段。现行大部分装备的维修方式还一直沿用事后维修和定期强制维修,这就带来了一系列问题。事后维修、不坏不修,这种方式隐含着较大的安全隐患;定期强制维修、好坏都修,往往造成盲目修理或失修现象。而基于 PHM 的视情维修方式可以很好地解决这些问题。

2) 发展 PHM 技术是提高维修效率和战备完好率、降低维修保障费用的迫切需要。PHM 系统可依靠其强大的状态监控和故障预测能力,事先做出维修决策,减少维修次数,缩短维修时间,提高装备的维修保障效率和战备完好率。同时,通过减少备件、保障设备以及维修人力等保障资源需求,可降低维修保障费用,提高经济效益。

3) 应用 PHM 系统是降低风险和提高任务成功率的有力保障。通过对装备状态的健康评估,实时掌握其运行状况,及时处理存在的问题,可极大地降低执行任务过程中故障引起的风险,提高遂行任务的能力。

4) PHM 系统是实现统一调度资源和各部门协同保障的高效平台。在健康评估和故障预测的基础上，通过 PHM 系统中的决策支持系统可协同各个相关部门，优化资源配置，简化工作流程，解决传统维修保障模式"小而散"和保障效率低下的问题。

综合保障工程所涉及的技术领域非常广泛，根据近年来国内外开展综合保障的工程实践情况，除了传统的高可靠性设计技术、维修性新设计技术外，对提升综合保障能力最直接的主要技术有测试性设计技术、保障性设计技术。提高装备保障性的根本办法是在装备研制中强化保障性分析与设计和研制并采用自主式保障系统，自主式保障系统的核心是预测与健康管理（PHM）技术和采用先进的信息技术。

7.1.3　PHM 和"四性"的关系

1. PHM 和可靠性、维修性设计工作的关系和作用

可靠性设计分析是系统性能、BIT（机内检测）、余度管理、重构等设计的基础。根据对系统、产品进行 FMEA（故障模式及影响分析）、FMECA（故障模式影响及致命度分析）、FTA（故障树分析）、可靠性分配、预计等可靠性分析设计结果，分析确定系统内各部件故障模式、识别影响飞行安全和任务成功的关键信号和故障，建立产品的故障模式、故障原因、故障现象三者之间的关系模型，按照危害度、严酷度分析，为飞机系统的故障诊断方案设计的确定提供输入，从而确定需进行 PHM 设计的系统部件或功能项目，便于开展后续的各层次的 PHM 设计。从可靠性角度出发，采用 PHM 设计，可以尽早地、准确地检测、确定、隔离系统故障和预测评价系统健康状态，从而在系统详细设计中采取相应的重构、余度、自修复等措施，降低故障对任务的影响程度，提高任务可靠性。

通过维修性建模、分配和预计等维修性设计分析结果，为系统、部件/LRM 的 PHM 功能划分、PHM 机载与地面功能划分提供设计输入。采用 PHM 设计可以实现快速故障检测、缩短故障检测时间，在系统运行过程中完成故障检测与隔离、缩短停机诊断时间，减少维修保障时间。采用 PHM 还能够准确地进行故障识别和定位，从而减少对备件和维修人员的需求，缩短后勤延误时间和等待维修时间。同时还可针对即将出现的故障作好修复准备，提前预定备件，将传统的被动式维修保障转化为主动式维修保障。

2. PHM 和测试性的关系和作用

PHM 是在 BIT 技术基础上发展起来的，是将简单的不同类型的故障检测演化为综合的智能型健康状态管理，如果没有基本的 BIT，PHM 则失去了绝大部分的健康管理资源和数据来源，无法对各系统和飞机全机进行故障检测、诊断、预测以及启动自主维修等后勤保障工作。原则上，可以说 PHM 是 BIT 结果的分析器、推理机和管理者。从测试性的角度出发，采用 PHM 会改善和扩展飞机常规 BIT 的能力，通过对机内采集信息的分析来监测设备的运行状态、预测发展趋势，尽可能将故障消灭在萌芽阶段。将对故障的被动感知变为提前预测，减少虚警，消除故障不能复现、重测合格等问题，弥补常规 BIT 的超限报故、记录和部分告警以及不具备在线故障预测

等功能局限,从而提高 BIT 综合性能、故障综合诊断能力,实现机载实时状态管理、故障预测等功能。从工作逻辑和相互关系出发进行分析,可以得出在满足各 BIT 相应的启动条件下,PHM 可以根据各种综合信息启动各种类型的 BIT,触发诊断推理机,预测推理机的运行,给出最终的故障检测结果、预测结果、飞行员告警咨询结果、维修引导方案等,并根据故障结果的严重程度和紧急程度,决定飞行中是否传送维修引导数据至地面基地并提前开展维修准备工作。

PHM 是基于测试性 BIT 的进一步发展而形成的先进综合诊断技术,基本的BIT 设计,为 PHM 实现更高一级的融合诊断推理提供了健康管理资源和数据源。测试性设计分析(诊断要求、测试划分、测试性预计和嵌入和外部测试性分析等)结果,为测试性 BIT 要求的确定与分配提供设计输入,为系统的 PHM 硬件与软件设计提供设计输入。

3. PHM 和保障性设计的关系和作用

常规的保障性设计分析包括:以可靠性为中心的维修分析(RCMA)、修理级别分析(LORA)、使用与维修任务分析、使用需求分析、制定保障要求、确定保障方案等,通过开展这些工作,其结果就作为确定 PHM 诊断资源的配置、PHM 与保障系统接口关系的设计输入。

从保障性的角度出发,采用 PHM 设计会提升系统 BIT 的能力,根据实时故障诊断和预测结果进行维修预测,预先安排维修计划,就能缩短维修和供应保障过程,减少对各种地面测试设备和维修人员的要求,实现诊断、维修、后勤保障的综合化,改进系统的保障性。

综合上述分析,我们不难得出 PHM 设计和可靠性、维修性、测试性、保障性设计的关系图(如图 7.1 所示),"四性"与性能具有同等重要的作用,性能设计与"四性"设计应该同步进行。

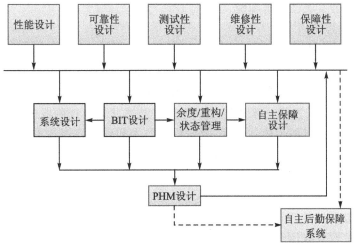

图 7.1　PHM 与"四性"的关系图

7.2　PHM 发展现状与趋势

7.2.1　PHM 技术的发展历程

PHM 技术的发展过程是人们认识和利用自然规律过程的一个典型反映，即从对故障和异常事件的被动反应到主动预防，再到事先预测和综合规划管理。根据 PHM 技术的发展和演变，可从以下五个阶段概括其发展过程。

1. 可靠性分析阶段

PHM 技术的起源可以追溯到 20 世纪 50 年代和 60 年代。第二次世界大战期间，许多复杂系统（如航空电子设备、通信系统以及武器系统）暴露出低下的可靠性水平，这种问题的日益突出加上随后着手实施的各类太空研究计划驱动了最初的可靠性理论的诞生。在此阶段，人们采用传统的数据采集技术获取系统的可靠性数据进行可靠性分析，在此基础上不断改进和完善系统的设计，以提高系统的性能，满足系统在极端的环境和使用条件下的可靠性要求。可靠性分析阶段是 PHM 技术起步的萌芽阶段。

2. 故障分析阶段

随着宇航系统复杂性的增加，由设计不充分、制造误差、维修差错和非计划事件等各种原因导致的故障机率也在增加，迫使人们在 20 世纪 70 年代研究新的方法来监视系统状态，预防异常属性，出现了机上关键故障响应方法。随后出现了诊断故障源和故障原因的技术，并最终带来了故障预测方法的诞生。故障预测技术可利用物理模型或智能模型综合采集到的各种数据信息，评估和预测系统及部件未来的状态，并对其剩余使用寿命进行估计。故障预测能力是 PHM 系统的显著特征，标志着 PHM 技术的发展已初露端倪。

3. 系统监控阶段

20 世纪 90 年代初期，"飞行器健康监控（Vehicle Health Monitoring，VHM）"一词在美国宇航局（National Aeronautics and Space Administration，NASA）研究机构内部盛行。它是指：适当地选择和使用传感器和软件来监测太空交通工具的"健康"。"健康"一词首次被用来描述机械系统的技术状态。该阶段的主要特征是：人们可以利用较为先进的传感器技术、数据传输技术和数据处理技术实时监控系统的工作状态，为保障系统的安全运行提供了可靠支持。这一阶段的发展为 PHM 技术迈向实用化奠定了基础。

4. 系统健康管理阶段

在提出健康监控理论后不久，人们发现：仅仅监控是不够的，真正的问题是根据所监控的参数采取什么措施。"管理"一词不久就代替了"监控"，把健康监控和维修决策统一到了一起，丰富了 PHM 技术。因此，到 20 世纪 90 年代中期，"系统健康管理"成为涉及该主题的最通用的词语。这一阶段也预示着 PHM 技术的快速发展并走向成熟。

5. 综合系统故障预测与健康管理阶段

20 世纪 90 年代中后期，NASA 引入了"综合系统健康管理(Integrated System Health Management，ISHM)"的概念。在 NASA 术语中使用"综合"的动机就在于解决将"系统级"与各个不同分系统分割开来的问题。以往各个分系统都是在其各自学科领域内处理各自的故障问题，没有从系统的角度加以全面、综合地考虑。通过强调从系统角度考虑问题，有助于将 ISHM 限定为一种新的系统问题，代替过去将注意力放在分系统上。至此，PHM 技术已发展成为一个完整的体系。20 世纪 90 年代末，随着美军重大项目——F-35 联合攻击机(Joint Strike Fighter，JSF)项目的启动，为 PHM 技术的进一步发展带来了契机。进入 21 世纪，在国内外学者的共同努力和政府的支持下，各领域的 PHM 系统相继问世，推动着 PHM 技术日益成熟并向实用化方向发展。

7.2.2　国外 PHM 的发展现状

PHM 概念、体系与内涵的研究开始于美国军方。上世纪末，美国在联合攻击战斗机(JSF)计划中提出了 PHM 系统技术。近几年来，PHM 技术受到越来越多的重视，美国国防部早在 2000 年就将其列入《军用关键技术》报告，目前的典型研究计划包括：JSF 预测与健康管理(PHM)系统、直升机 HUMS 系统、陆军的嵌入式诊断和预测(ED/EP)系统、先进诊断改进计划(ADIP)和海军综合状态评估系统(ICAS)等。

PHM 技术首先在直升机上得到了应用，并演变成健康和使用监控系(HUMS)。英国自 20 世纪 90 年代以来开展了大量研究工作，开发出直升机 HUMS。美国国防部正在验证新一代 JHUMS。经过 10 多年的发展，HUMS 系统已广泛应用于直升机及某些固定翼飞机。

美国宾尼法尼亚州立大学针对突发和渐变故障研究了增强 FMECA 技术，基于多源信息估计系统剩余寿命。荷兰的 PROMS 系统用实测健康状态参数表征系统的物理状态，并通过寿命模型和期望载荷计算剩余寿命。SMI 公司开发了智能化设备状态管理系统(ICEMS)，将用于智能控制设备运行保障、飞行器损伤控制、未来战斗系统保障支持中。马里兰大学 Pecht 教授开展了基于故障物理模型的故障预测研究，提出了电子产品"寿命消耗监控(LCM)"方法论。此外，NASA 一直致力于飞行器监控管理技术研究，采用混合智能模型自主故障适应控制方法对飞行器状态进行监控诊断。目前，未知异常状态的监测备受关注，从航天领域发展起来了的基于信标多任务异常分析的故障预测方法，成为实现 JSF PHM 系统的一项关键技术。美国圣地亚国家实验室与美国能源部、国防部、工业界和学术界合作建立了 PHM 创优中心(COE)，支持 PHM 开发和技术试验。

综上，国外对 PHM 关键技术的深入研究也才刚刚开始。军事需求及各种新技术的发展将促进 PHM 技术的不断发展和拓展应用。

7.2.3　国内 PHM 的发展现状

国内在状态监控与故障诊断方面可追溯到 20 世纪 80 年代初,分别从机械产品和电子产品两个领域展开,涌现出一系列的技术成果。总体上说,没有从 PHM 角度开展系统全面的研究工作。不过近几年来,PHM 技术受到了越来越多的重视。中国航空信息中心曾天翔研究员等对 PHM 技术进行了分析和梳理。北京航空航天大学、航空 634 所等对 PHM 进行了较多的跟踪研究。国防科技大学在航空动力系统地面试验实时状态监控、系统状态微弱信号检测等方面开展了较为深入的研究。在民用重大产品、设施、装备方面,开展故障预测与健康监控研究也引起了国家战略层面的重视。

目前,国内对 PHM 的研究尚处于概念分析和梳理,以及跟踪国外研究的阶段,实质性进展不多,一些诸如新型传感、故障建模、健康管理等技术尚缺乏深入研究。

7.2.4　PHM 的发展趋势

1. 新型传感原理与传感器网络方面

主要体现在 MEMS(微型机电系统)、纳米技术、无线通信、生物信息技术的应用。通过自动识别传感器网络的信息,可实现装备健康的全寿命跟踪。此外,基于生物信息技术的传感器阵列在状态信号获取方面应用也初见端倪。

2. 微弱特征提取与早期故障检测方面

主要体现在各种先进信号的处理方法及非线性理论的应用。诸如小波分析、高阶统计量、混沌理论、独立分量分析等在早期故障检测中的应用受到关注,故障机理及演化规律的研究也越来越受到重视。

3. 异常检测、自学习监控诊断算法方面

主要体现在神经网络、模糊逻辑、统计学习、信息融合等理论与方法的应用。目前集成学习理论、基于核函数识别、新异类检测等不完整信息决策方法受到较多关注。

4. 故障预测及部件剩余寿命估计方面

主要体现在基于多数据信息源结合数据驱动模型和动态响应模型的综合分析。确定部件的剩余寿命或正常发展的时间长度是一个最富于挑战性的问题,是 PHM 的重要组成部分,需要做深入的研究工作。

5. 监控管理与状态自治控制方面

主要体现在信息系统集成及自主控制策略的研究与应用。针对航天器及其推进系统故障决策行为的远程操作与控制,Remote Agent 智能自治技术得到关注。当前,混合系统诊断中的建模与辨识、诊断与隔离策略等关键技术值得深入探索。

7.3　PHM 系统

7.3.1　PHM 系统的框架

在航空航天、国防军事以及工业各领域中应用的不同类型的 PHM 系统,其体现的基本思想是类似的,区别主要表现在不同领域其具体应用的技术和方法的不同。视情维修的开放体系结构(Open System Architecture for Condition-Based Maintenance,OSA - CBM)综合了这些 PHM 系统共同的设计思想以及应用技术和方法,可用于指导实际构建应用于机械、电子和结构等领域的各种具体类型的 PHM 系统。OSA - CBM 是由波音公司牵头来自工业制造、军事、商业制造、传感器技术以及科研院等其他 10 多个组织机构制定的。目前,该体系结构已在包括美国海军舰船系统、飞机、民用车辆以及其他工业领域在内的诸多系统中得到初步应用验证。OSA - CBM 的体系结构如图 7.2 所示。

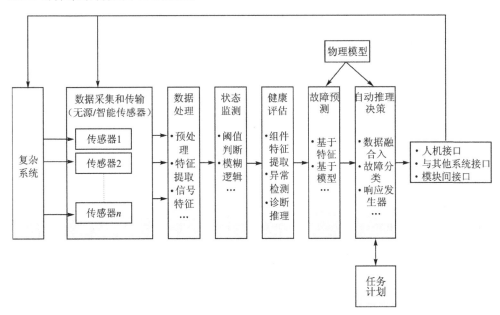

图 7.2　PHM 的体系结构

PHM 的体系结构(图 7.2)由七个部分构成,即:

1)数据采集和传输。该部分利用各种传感器采集系统的相关参数信息,将提供 PHM 系统的数据基础,并且还具有数据转换以及数据传输等功能。

2)数据处理。该部分接受来自传感器以及其他数据处理模块的信号和数据,并将数据处理成后继的状态监测、健康评估和故障预测等部分处理要求的格式。

3）状态监测。该部分接受来自传感器、数据处理以及其他状态监测模块的数据。其功能主要是将这此数据同预定的失效判据等进行比较来监测系统当前的状态并且可根据预定的各种参数指标极限值/阈值来提供故障报警能力。

4）健康评估。该部分接受来自不同状态监测模块以及其他健康评估模块的数据。主要评估被监测系统（也可以是分系统、部件等）的健康状态（如是否有参数退化现象等），可以产生故障诊断记录并确定故障发生的可能性。

5）故障预测。该部分可综合利用前述各部分的数据信息，可评估和预测被监测系统未来的健康状态，包括剩余寿命等。故障预测能力是 PHM 系统的显著特征之一。

6）自动推理决策。该部分接受来自状态监测、健康评估和故障预测部分的数据。其功能主要是产生更换、维修活动等建议措施。

7）接口。该部分主要包括人-机接口和机-机接口。人-机接口包括状态监测模块的警告信息显示以及健康评估、预测和决策支持模块的数据信息的表示等；机-机接口使得上述各模块之间以及 PHM 系统同其他系统之间的数据信息可以进行传递。

7.3.2　PHM 系统的工作流程

典型的 PHM 系统工作流程如图 7.3 所示。它包含了数据采集和处理、特征量提取、数据融合、状态检测、功能性能测试、故障诊断、故障预测、健康状态管理等环节。

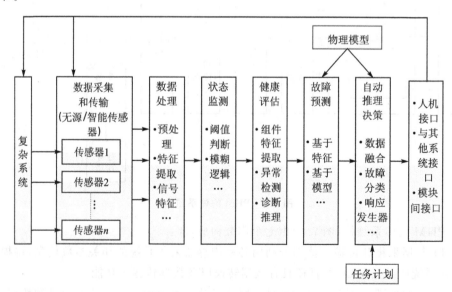

图 7.3　PHM 系统工作流程图

PHM 系统通过状态监测和功能性能测试获得大量的原始数据,经过数据融合等数据处理技术,得到可信的有用信息。经过适当的数据传输,从有用的信息中提取出特征状态。这些状态中包含设备的当前状态信息,经过分析,推出设备的良障等。如果状态信息不正确,说明设备故障需要进一步进行诊断和定位。无论状态信息是正常还是故障,这些信息均可作为故障预测、综合保障和健康状态管理的基础数据被保存起来,并据此不断地修正、完善故障预测和健康状态管理。

7.3.3　PHM 系统的关键技术

1. 数据采集和传感器应用技术

要对一个复杂系统对象进行 PHM,首先要确定可以直接表征其故障/健康状态的参数指标,或可间接推理判断系统故障/健康状态所需要的参数信息。这是 PHM 系统的数据基础,传感器技术的应用将直接影响 PHM 系统的效果。该部分技术应用主要考虑选择待监测的参数(如工作参数、环境参数和性能参数等),选用传感器的类型,传感器安放的位置,传感器的精度和带宽等。这部分一般侧重于对现有成熟技术的应用,在应用时主要考虑经济性和适用性。目前,市场上可供选用的传感器类型很多,普通的有温度传感器、振动传感器以及冲击传感器等。还有一些专用的传感器如光纤传感器、压电传感器、声学发射传感器、腐蚀传感器等。应用时可根据实际情况进行选用,一般都有相应的标准和大量的工程实践用于指导各种类型传感器的选择。

2. 数据传输技术

传感器采集到的各种数据信息需要通过一定的方式传输到 PHM 系统中的其他部分。目前主要有两种数据传输方式,即有线传输和无线传输。

有线数据传输是通过各种有线数据总线和各种网络如 Internet、Ethernet LAN (Local Area Network)等进行数据的传输。目前这方面的技术较为成熟,并且大多都有各种通信标准、网络协议如 TCP/IP、UDP/IP 等可以遵循。有线数据传输的一般过程是,首先通过各种线缆将传感器的数据采集并存储在部件级的监测系统中,然后通过特定的有线网络将部件级的监测数据传输到中央级存储和监测处理系统。

随着射频(Radio Frequency,RF)尤其是蓝牙(Bluetooth)以及蜂窝电话等技术的发展,已有部分研究开始考虑在 PHM 系统中通过无线传输的方式进行数据传输。无线数据传输系统由一系列的分布式布置的传感器组件构成,这些组件通过组件内部的无线调制解调器进行数据通信。传感器组件一般由微处理器、无线传输器、数据采集电路、执行器、电池组以及参数传感器等几部分构成。组件本身具有独立的数据采集和处理能力。

3. 数据预处理技术

由于不同的状态监测、健康评估和故障预测方法要求不同的数据类型,需要对采集的原始数据信息进行各种预处理,以使数据格式满足后继处理的要求,同时也将便于传输和存储。预处理包括数据的模数转换、去噪声、高通滤波、压缩、信号自相关等。数据处理方式和技术要根据不同的目的进行选择，如特征提取技术是为了进行故障识别和故障隔离；数据简化是为了剔除不必要冗余的原始数据，便于进一步处理；循环计数方法则是为了便于将连续的数据信息转化为离散的数据信息等。

4. PHM 系统建模技术

作为 PHM 系统研制过程中的关键技术，系统建模的适用性、有效性、可信度直接关系到 PHM 系统能否在实际中应用。PHM 系统建模是指通过对构成 PHM 系统的各个要素进行分析，建立一个完整的，能够获取、处理及分析数据，并且能够给出观测对象健康状态及剩余使用寿命的系统模型。具体建立方法是提取与观测对象健康状态相关的特征参数，得到特征参数与系统健康状态之间的关系模型，从而完成观测对象的健康状态预报和剩余寿命预测。PHM 系统建模方法主要有三大类：基于数据的方法、基于模型的方法和基于知识的方法。

（1）基于数据的 PHM 系统建模技术

基于数据的方法是直接根据对系统工作的监测数据进行推论。通常采用基于统计和学习的模式识别技术进行健康状态预报，采用传感器监测与系统或部件健康状况相关的信号。这种方法以系统的统计特征不变为前提，预报和诊断的准确性完全取决于获取的系统数据的质量。

数据分析是状态预报的关键环节。在 PHM 研究中，常将数据分为两类，即事件数据和状态数据。

事件数据直接与发生的故障或失效事件相关，如监测到发动机过热或没有润滑油时，不用进行过多的分析就可以得出发动机即将失效的结论。对事件数据的分析相对简单，但随着事件涉及因素的增加也会变得复杂。对事件数据的分析常采用主要部件分析法和独立部件分析法等多变量的统计分析技术。

状态数据是连续的数据，它反映系统或部件的性能随时间变化的情况，如发动机的振动数据可以预示发动机轴承的磨损状态，通过对振动数据的大量搜集和分析可以得到对其失效的预报。对状态数据的处理是从原始数据中提取有用信息的过程，这个过程称作特征提取。有很多数据处理和分析方法可以用于特征提取，包括时域分析法、频域分析法和时频分析法。具体选用何种方法要根据问题的性质选定。

（2）基于模型的 PHM 系统建模技术

基于模型的方法是假定系统的模型可以获得，通过不断地监测实际系统的状态和模型的残差（residual）来判断系统的健康状态。故障门限值可以采用统计方法确定，而生成残余的方法可以采用参数估计、观测器和奇偶相关（parity relation）等。基于模型的方法的优点是将系统的物理结构和监测数据有机地结合起来，同时将系统的特征向量和模型的参数密切关联。这种方法的主要缺点是复杂系统的建模比较困难，有时甚至不可能。

机械系统的诊断研究很多采用了基于模型的途径。在这种途径中，作为故障出现指示的残余生成的计算一般使用 Kalman 滤波、参数估计和奇偶相关法进行。然后再对这种残余进行评估，最终达到故障检测、隔离和识别的目的。这一过程如图 7.4 所示。

图 7.4　预报流程

有两种主要的预测类型：一种是剩余寿命（RUL）预测，另一种是预测无故障运行的间隔时间。RUL 是对信号的一种统计处理，一般给出它的分布或数学期望。要进行预测一般需要两方面的知识：故障传递和失效机理。故障传递过程常用一定状态变量的预测模型跟踪，而失效机理则有两种描述方法：第一种是假定故障仅取决于反映故障级别的状态变量；第二种是使用历史数据变量为失效机理建立一个模型。与故障诊断类似，预测算法也分为三类，即概率途径、人工智能途径和模型途径。HMM（隐马尔可夫模型）是 RUL 估计中的一个有效工具。使用自组织神经网络的人工智能技术也已成功地用于轴承的 RUL 预测中。

（3）基于知识的 PHM 系统建模技术

在实际工程应用过程中，很多情况下无法获取对象精确的数学模型（如运动学模型、动力学模型等），限制了基于模型的 PHM 系统建模技术的应用。而基于知识的方法仅需要领域专家的经验知识，不需要对象的数学模型，因此成为一种比较有前途的发展方向。目前，基于知识的 PHM 系统建模技术主要包括专家系统（图 7.5 所示）和模型逻辑等方法。

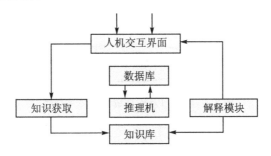

图 7.5　专家系统组成框图

5. 飞机 PHM 系统建模

飞机系统结构复杂，按功能可以划分为机电系统、航电系统、机体结构、发动机等，每个功能又可分为多个层次，如机电系统可以分为液压系统、操纵系统、环控系统、机轮刹车系统等，其中液压系统则包括液压泵、伺服阀、蓄压器、管路等。

依据飞机系统本身的分层结构特点，飞机 PHM 系统模型在设计和开发过程中也可以是分层的。图7.6反映了飞机PHM系统的分层体系模型,将PHM划分为飞机平台级、区域级和成员级,各个层次PHM之间提供独立的、标准的软/硬件接口形式。其中,区域级是指机电系统、结构系统、航电系统等,成员级则为液压系统、环控系统等。飞机平台级PHM主要用于获取整个飞机系统的健康状态及其变化趋势,并报告给相关的人员。同时还提供必要的接口,以便与机下PHM部分进行交互,也可在飞行过程中将系统状态监测结果实时传送至地面维修保障系统,为地面维修安排提供依据。区域级PHM主要用于获取不同成员的数据,利用模型库中的知识确认并隔离成员级故障及预测剩余寿命。成员级PHM是部件健康管理方法的实施者,能够获取被测部件的数据,并进行融合处理,实现部件的故障诊断及寿命预测。

　　分层结构的优点是某一节点出现故障不影响其他节点的正常工作,比集中式结构的可靠性更高。对于各个级别而言,可以采用基于数据、基于模型和基于知识的系统建模方法中的一种,也可以结合起来使用。综合推理机提供3种形式的推理机:异常检测推理机(AR)、故障诊断推理机(DR)及故障预测推理机(PR)。AR用于对异常行为进行分类,并输出异常诊断结果;DR用于实施故障隔离;PR用于实现寿命预测。

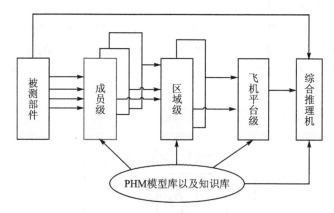

图7.6　飞机PHM系统分层体系模型

6. 接口技术

　　PHM系统是一个开放式的系统体系结构,其开放性体现在自身的"即插即用"能力,即一方面可不断更新或加入新的模块;另一方面则具有与其他系统进行信息交换和集成的能力,如与联合分布式信息系统(Joint Distributed Information System,JDIS)以及其他维修计划系统构成综合自主式保障系统(Autonomic Logistics System,ALS)。PHM系统中应用的接口技术主要在如下几个方面加以考虑:即①PHM系统各模块之间;②各模块同PHM系统之间;③部件级PHM同系统级PHM之间;④人-机接口;⑤PHM系统同其他决策支持、计划、库存、自动化以及维修系统的接口。

7.3.4 PHM 系统的故障预测方法

PHM 系统显著的特征就是具有故障预测的能力。故障预测是指综合利用各种数据信息如监测的参数、使用状况、当前的环境和工作条件、早先的试验数据、历史经验等,并借助各种推理技术如数学物理模型、人工智能等评估部件或系统的剩余使用寿命,预计其未来的健康状态。在 PHM 系统中广泛应用的故障预测方法主要有:

1. 基于特征进化的故障预测

该方法适用于那些具有性能退化类型故障的系统/分系统,如压缩机和涡轮的气路退化、油液状态的变化以及发动机的性能退化等。该方法要求有足够的传感器信息来评估系统/分系统的当前状态以及确定相应的不确定性水平。然后,通过将系统当前状态同已知的故障模式进行比较来预测。

2. 基于神经网络(ANN)的故障预测

此类方法利用 ANN 的非线性转化特征及其智能学习机制来建立监测到的故障现象与产品故障损伤状态之间的联系。利用已知的"异常特征—故障损伤"退化轨迹,或通过故障注入(seeded fault)建立与特征分析结果关联的退化轨迹,对 ANN 模型进行"训练/学习";然后,利用"训练/学习"后的 ANN 依据当前产品特征对产品的故障损伤状态进行判断。由于 ANN 具有自适应特征,因此可以利用非显式特征信息来进行"训练/ 学习"与故障损伤状态判断。

3. 基于系统模型的故障预测

此方法利用建立被观测对象动态响应模型(包括退化过程中的动态响应),针对当前系统的响应输出,进行参数辨识,对照正常状态下的参数统计特性,进行故障模式确认、故障诊断和故障预测(见图 7.7) 。

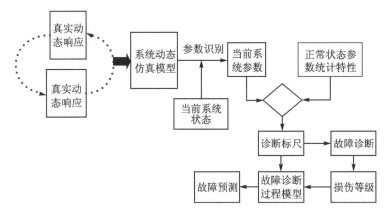

图 7.7 基于系统模型的故障预测

4. 基于使用环境的故障预测

由美国马里兰大学提出的电子产品"寿命消耗监控(LCM)"方法论采集的是环

境信息,是基于电子产品的失效物理模型。它通过环境应力和工作应力监测,进行累计损伤计算,进而推断产品的剩余寿命。它的基础是对产品对象失效模式、失效机理的透彻了解,并建立量化的失效物理模型。

5. 基于损伤标尺的故障预测

所谓损伤标尺(precursor),是针对一种或多种故障机理,以被监控产品相同的工艺过程制造出来的、预期寿命比被监控对象短的产品。基于对被监控对象特定失效机理的认识,损伤标尺可以做到定量设计。通过一系列不同健壮程度的损伤标尺,可以实现电子产品损伤过程的连续定量监控。

7.4　传感器技术及其在PHM中的应用

7.4.1　传感器的定义、组成、分类

1. 传感器的定义

传感器(transducer/sensor)是一种检测装置,能感受到被测量的信息,并能将感受到的信息,按一定规律变换成为电信号或其他所需形式的信息输出,以满足信息的传输、处理、存储、显示、记录和控制等要求。

传感器是一种以一定的精确度把被测量转换为与之有确定对应关系的、便于应用的某种物理量的测量装置,图7.8为传感器示意图。其包含以下几个方面的含义:

1)传感器是测量装置,能完成检测任务。

2)它的输入量是某一被测量,可能是物理量,也可能是化学量、生物量等。

3)输出量是某种物理量,这种量要便于传输、转换、处理、显示等等,这种量可以是气、光、电量,但主要是电量。

4)输入输出有对应关系,且应有一定的精确度。

图7.8　传感器

单靠人们自身的感觉器官,在研究自然现象和规律以及生产活动中它们的功能就远远不够了。为适应这种情况,就需要传感器。因此可以说,传感器是人类五官的延伸,又被称为电五官。

新技术革命的到来,世界开始进入信息时代。在利用信息的过程中,首先要解决的就是要获取准确可靠的信息,而传感器是获取自然和生产领域中信息的主要途径与手段。

在现代工业生产尤其是自动化生产过程中,要用各种传感器来监视和控制生产过程中的各个参数,使设备工作在正常状态或最佳状态,并使产品达到最好的质量。因此可以说,没有众多的优良的传感器,现代化生产也就失去了基础。

在基础学科研究中,传感器更具有突出的地位。现代科学技术的发展,进入了许

多新领域;例如在宏观上要观察上千光年的茫茫宇宙,微观上要观察小到费米的粒子世界,纵向上要观察长达数十万年的天体演化,短到秒的瞬间反应。此外,还出现了对深化物质认识、开拓新能源、新材料等具有重要作用的各种极端技术研究,如超高温、超低温、超高压、超高真空、超强磁场、超弱磁场等等。显然,要获取大量人类感官无法直接获取的信息,没有相适应的传感器是不可能的。许多基础科学研究的障碍,首先就在于对象信息的获取存在困难,而一些新机理和高灵敏度的检测传感器的出现,往往会导致该领域内的突破。一些传感器的发展,往往是一些边缘学科开发的先驱。

传感器早已渗透到诸如工业生产、宇宙开发、海洋探测、环境保护、资源调查、医学诊断、生物工程、甚至文物保护等极其之泛的领域。可以毫不夸张地说,从茫茫的太空,到浩瀚的海洋,以至各种复杂的工程系统,几乎每一个现代化项目,都离不开各种各样的传感器。

由此可见,传感器技术在发展经济、推动社会进步方面的重要作用是十分明显的。世界各国都十分重视这一领域的发展。相信不久的将来,传感器技术将会出现一个飞跃,达到与其重要地位相称的新水平。

2. 传感器的组成

传感器一般由敏感元件、转换元件、变换电路和辅助电源四部分组成,如图 7.9 所示。

图 7.9　传感器的组成

敏感元件直接感受被测量,并输出与被测量有确定关系的物理量信号;转换元件将敏感元件输出的物理量信号转换为电信号;变换电路负责对转换元件输出的电信号进行放大调制;转换元件和变换电路一般还需要辅助电源供电。

常将传感器的功能与人类五大感觉器官相比拟:

光敏传感器——视觉;声敏传感器——听觉;气敏传感器——嗅觉;化学传感器——味觉;流体传感器——触觉。

3. 传感器的分类

如表 7.1 所列,我们通常对传感器按以下几种方法进行分类:

1) 根据构成的基本效应,可以分为物理型、化学型和生物型。

2) 根据原理构成,可以分为结构型和物性型。

3) 根据能量关系,可以分为能量转换型和能量控制型。

4) 根据作用原理,可以分为应变式、电容式、压电式、热电式等。

5) 根据输入量,可以分为位移、压力、温度、气体等。

6）根据输出量，可以分为模拟式、数字式。

表 7.1 传感器分类表

分类法	型　式	说　明
构成基本效应	物理型、化学型、生物型	分别以转化中的物理效应、化学效应等命名
原理构成	结构型	以其转换元件结构参数特性变化实现信号转换
	物性型	以其转换元件物理特性变化实现信号转换
能量关系	能量转换型	传感器输出量直接由被测量能量转换而得
	能量控制型	传感器输出量能量由外源供给，但受被测输入量控制
作用原理	应变式、电容式、压电式、热电式等	以传感器对信号转换的作用原理命名
输入量	位移、压力、温度、气体等	以被测量命名（即按用途分类法）
输出量	模拟式	输出量为模拟信号
	数字式	输出量为数字信号

7.4.2　传感器技术的研究现状及发展趋势

1. 传感器技术的发展历程

传感器技术是在 20 世纪的中期才刚刚问世的。在那时，与计算机技术和数字控制技术相比，传感技术的发展都落后于它们，不少先进的成果仍停留在实验研究阶段，并没有投入到实际生产与广泛应用中，转化率比较低。在国外，传感器技术主要是在各国不断发展与提高的工业化浪潮下诞生的，并在早期多用于国家级项目的科研研发以及各国军事技术、航空航天领域的试验研究。然而，随着各国机械工业、电子、计算机、自动化等相关信息化产业的迅猛发展，以日本和欧美等西方国家为代表的传感器研发及其相关技术产业的发展已在国际市场中逐步占有了重要的份额。

我国从 20 世纪 60 年代开始传感技术的研究与开发，经过从"六五"到"九五"的国家攻关，在传感器研究开发、设计、制造、可靠性改进等方面获得长足的进步，初步形成了传感器研究、开发、生产和应用的体系，并在数控机床攻关中取得了一批可喜的、为世界瞩目的发明专利与工况监控系统或仪器的成果。但从总体上讲，它还不能适应我国经济与科技的迅速发展，我国不少传感器、信号处理和识别系统仍然依赖进口。同时，我国传感技术产品的市场竞争力优势尚未形成，产品的改进与革新速度慢，生产与应用系统的创新与改进少。

2. 传感器技术的研究现状

21 世纪是迈向信息化社会的崭新阶段。其中，光电信息学与生物学的迅猛发展已成为这一时期科学技术发展的重要标志，并最有机会寻求更大的突破与飞跃。传感器技术作为一种与现代科学密切相关的新兴学科，在人类迈向新世纪、步入信息化社会的关键阶段，想要寻求空前迅速的发展，很大程度上取决于传感器在这两个前沿领域中的深入研究与广泛应用。

在国外,光电传感器技术已广泛地运用到各国军事技术、航空航天、检测技术以及车辆工程等诸多领域。例如,军事上,国外激光制导技术迅猛发展,使导弹发射的精度和射中目标的准确性大幅度提高;美国在航空航天领域,研制出了新型高精度高耐性红外测温传感器,使其在恶劣的环境中仍能高精度测量出运行中的飞行器各部分温度;国外的城市交通管理也大多运用电子红外光电传感器进行路段事故检测和故障排解的指挥;同时,国外现有汽车中常装载有新型光电传感器,如激光防撞雷达、红外夜视装置、测量发动机燃料特性、压力变化并用于导航的光纤陀螺等。

在国内,传感器行业发展迅速,传感器市场近些年一直持续增长,势头良好,主要应用于工业制造、汽车产品、电子通信和专用设备,其中工业制造和汽车产品达到市场份额的三分之一。传感器给我国的迅速发展带来了无限商机,西门子、霍尼韦尔、凯乐、横河等传感器大企业纷纷进入我国市场,这为我国工业设备制造商和汽车制造业等传感器最终消费者带来了很大便利,但也对国内传感器行业施加了很大压力。国内传感器产品存在的主要问题是:品种少,质量较差;制造工艺技术相对落后;生产企业没有掌握先进的核心制造技术;高性能传感器的科研成果转化率较低。

3. 现代传感器技术的发展趋势和应用前景

对比传感器技术的发展历史与研究现状可以看出,随着科学技术的迅猛发展以及相关条件的日趋成熟,传感器技术逐渐受到了更多人士的高度重视。当今传感器技术的研究与发展,特别是基于光电通信和生物学原理的新型传感器技术的发展,已成为推动国家乃至世界信息化产业进步的重要标志与动力。

由于传感器具有频率响应、阶跃响应等动态特性以及诸如漂移、重复性、精确度、灵敏度、分辨率、线性度等静态特性,所以外界因素的改变与动荡必然会造成传感器自身特性的不稳定,从而给其实际应用造成较大影响。这就要求我们针对传感器的工作原理和结构,在不同场合对传感器规定相应的基本要求,以最大限度优化其性能参数与指标,如高灵敏度、抗干扰的稳定性、线性、容易调节、高精度、无迟滞性、工作寿命长、可重复性、抗老化、高响应速率、抗环境影响、互换性、低成本、宽测量范围、小尺寸、重量轻和高强度等。

同时,根据对国内外传感器技术的研究现状分析以及对传感器各性能参数的理想化要求,现代传感器技术的发展趋势可以从四个方面分析与概括:一是新材料的开发与应用;二是实现传感器集成化、多功能化及智能化;三是实现传感技术硬件系统与元器件的微小型化;四是通过传感器与其他学科的交叉整合,实现无线网络化。

(1) 新材料的开发、应用

材料是传感器技术的重要基础和前提,是传感器技术升级的重要支撑,因而传感器技术的发展必然要求加大新材料的研制力度。事实上由于材料科学的不断发展,传感器材料的不断得到更新,品种不断得到丰富,目前除传统的半导体材料、陶瓷材料、光导材料、超导材料以外,新型的纳米材料的诞生有利于传感器向微型方向发展,随着科学技术的不断进步将有更多的新型材料诞生。

半导体材料在敏感技术中占有较大的技术优势,半导体传感器不仅灵敏度高、响应速度快、体积小、质量轻,且便于实现集成化,在今后的一个时期,仍占有主要地位。

以一定化学成分组成、经过成型及烧结的功能陶瓷材料,其最大的特点是耐热性,在敏感技术发展中具有很大的潜力。

此外,采用功能金属、功能有机聚合物、非晶态材料、固体材料、薄膜材料等,都可进一步提高传感器的产品质量及降低生产成本。

（2）传感器的集成化、多功能化及智能化

传感器的集成化分为传感器本身的集成化和传感器与后续电路的集成化。前者是在同一芯片上,或将众多同一类型的单个传感器件集成为一维线型、二维阵列（面）型传感器,使传感器的检测参数由点到面到体多维图像化,甚至能加上时序,变单参数检测为多参数检测;后者是将传感器与调理、补偿等电路集成一体化,使传感器由单一的信号变换功能,扩展为兼有放大、运算、干扰补偿等多功能——实现了横向和纵向的多功能。如日本丰田研究所开发出同时检测 Na^+、K^+ 和 H^+ 等多种离子的传感器。这种传感器的芯片尺寸为 2.5 mm×0.5 mm,仅用一滴液体,如一滴血液,即可同时快速检测出其中 Na^+、K^+ 和 H^+ 的浓度,对临床医院非常方便实用。目前集成化传感器主要使用硅材料,它可以制作电路,又可制作磁敏、力敏、温敏、光敏和离子敏器件。在制作敏感元件时要采用单硅的各向同性和各向异性腐蚀、等离子刻蚀、离子注入等工艺,利用微机械加工技术在单晶硅上加工出各种弹性元件。当今,发达国家正在把传感器与电路集成在一起进行研究。

智能化传感器是 20 世纪 80 年代末出现的另外一种涉及多种学科的新型传感器系统。此类传感器系统一经问世即受到科研界的普遍重视,尤其在探测器应用领域,如分布式实时探测、网络探测和多信号探测方面一直颇受欢迎,产生的影响较大。智能化传感器是指那些装有微处理器的,不但能够执行信息处理和信息存储,而且还能够进行逻辑思考和结论判断的传感器系统。这一类传感器就相当于是微型机与传感器的综合体一样,其主要组成部分包括主传感器、辅助传感器及微型机的硬件设备。与传统的传感器相比,智能化传感器具有以下优点:

1）智能化传感器不但能够对信息进行处理、分析和调节,能够对所测的数值及其误差进行补偿,而且还能够进行逻辑思考和结论判断,能够借助于一览表对非线性信号进行线性化处理,借助于软件滤波器滤波数字信号。

2）智能化传感器具有自诊断和自校准功能,可以用来检测工作环境。

3）智能化传感器能够完成多传感器多参数混合测量,从而进一步拓宽了其探测与应用领域,而微处理器的介入使得智能化传感器能够更加方便地对多种信号进行实时处理。

4）智能化传感器既能够很方便地实时处理所探测到的大量数据,也可以根据需要将它们存储起来。

5）智能化传感器备有一个数字式通信接口,通过此接口可以直接与其所属计算机进行通信联络和交换信息。

智能化传感器无疑将会进一步扩展到化学、电磁、光学和核物理等研究领域。可以预见,新兴的智能化传感器将会在关系到全人类各国民生的各个领域发挥越来越大作用。

（3）传感器微小型化

为了能够与信息时代信息量激增、要求捕获和处理信息的能力日益增强的技术发展趋势保持一致,对于传感器性能指标的要求越来越严格;与此同时,传感器系统的操作友好性也被提上了议事日程,因此还要求传感器必须配有标准的输出模式;而传统的大体积弱功能传感器往往很难满足上述要求,所以它们已逐步被各种不同类型的高性能微型传感器所取代;后者主要由硅材料构成,具有体积小、质量轻、反应快、灵敏度高以及成本低等优点。

就当前技术发展现状来看,微型传感器已经对大量不同应用领域,如航空、远距离探测、医疗及工业自动化等领域的信号探测系统产生了深远影响;目前开发并进入实用阶段的微型传感器已可以用来测量各种物理量、化学量和生物量,如位移、速度、加速度、压力、应力、应变、声、光、电、磁、热、pH 值、离子浓度及生物分子浓度等。

（4）传感器的无线网络化

无线网络对我们来说并不陌生,比如手机、无线上网、电视机等。传感器对我们来说也不陌生,比如温度传感器。但是,把二者结合起来,提出无线传感器网络这个概念,却是近几年的事情。这个网络的主要组成部分就是一个个传感器节点。这些节点可以感受温度的高低、湿度的变化、压力的增减、噪声的升降。更让人感兴趣的是,每一个节点都是一个可以进行快速运算的微型计算机,它们将传感器收集到的信息转化成为数字信号,进行编码,然后通过节点与节点之间自行建立的无线网络发送给具有更大处理能力的服务器。

7.4.3　基于 PHM 系统的传感器类型的选择

我们对一个复杂系统进行 PHM 设计,需要确定表征其系统故障状态与健康状态的相关参数指标和信息,而传感器作为获取信息的最重要的手段。对于 PHM 系统来说,传感器种类的选择、数目的选择以及安装分布也就具有非常重要的地位。

选择传感器时,一般如图 7.10 流程进行。

PHM 系统可以根据系统所处的实际情况来选择合适的传感器类型,主要遵循以下五项基本原则。

1）传感器需要具有高可靠度。基于 PHM 的复杂系统,所经历的环境有时比较极端,因此在系统整个寿命周期内,对传感器的可靠性要求极高,所选传感器更要适应环境,更适宜长期工作,以防止传感器出现故障,导致数据丢失。

2）PHM 系统中传感器能够完全反映系统主要待测部件的信息。基于 PHM 的

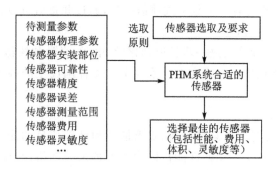

图 7.10　传感器选择流程图

复杂系统存在着多种类部件,所选传感器种类要能反映系统的主要工作状况,从而能够准确反映系统的整体信息。

3）传感器的数据传输方式的合理选择。传感器数据传输方式主要有无线数据传输和有线数据传输两种方式。有线数据传输主要通过各种可见的线缆将传感器收集到的数据连接存储到监测系统中,然后通过有线网络再将监测数据传输到相关处理系统中,如图 7.11 所示。无线数据传输主要是由无线传感器、数据采集电路、微处理器、执行器、电池构成传感器组件,并通过无线调制解调器进行数据的通信。目前,PHM 系统主要通过射频尤其是蓝牙等无线技术来传输数据,如图 7.12 所示。

4）传感器供电装置选择需要满足系统需求。供电装置,一般有电池式和非电池式两种形式。由于系统长期工作,不能间断,因此,传感器供电装置的选择就要满足系统需要。

5）传感器的物理特性。所选的传感器从质量、体积等物理特性上,尽可能地选择小质量、小体积的传感器。对于一些复杂系统,其自身的空间相当有限,为避免对系统产生影响,要尽量减小传感器的物理尺寸。物理尺寸过大会导致安装不便,质量过大的传感器在遇到冲击时,会对系统产生不良影响。

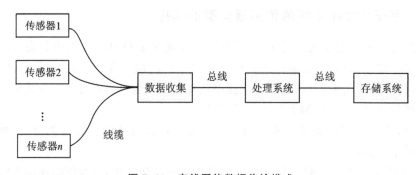

图 7.11　有线网络数据传输模式

基于 PHM 的复杂系统,有时会处于人力不可达的环境或者较为恶劣的环境(如系统一般运行在高温、强腐蚀、高压、强振动等),一旦系统发生故障,将会影响系统的

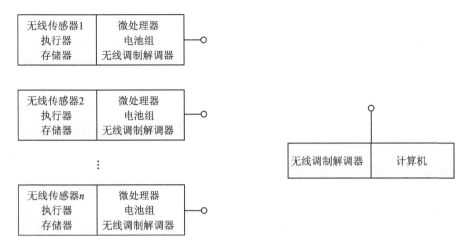

图 7.12　无线数据传输模式

正常运行,有时甚至会造成巨大的经济损失或带来严重的灾难,在此情况下,使用无线数据传输就会收到意想不到的结果。系统也会减少由数据传输线腐蚀带来的故障,同时也会大大降低传输费用。目前,基于 PHM 的系统通过布置传感器来监测系统的健康状态。对于简单系统来说,通过现场总数据线采集、传输数据,这种系统需要布置各种电缆以及各种导线进行连接。对于复杂系统来说,若使用现场总线的优先数据传输方式,则存在繁杂的电缆以及导线,而且在系统维修期间将会带来巨大的困难,会使得各种数据的误差增大。因此,传感器通过无线传输数据,使系统更稳定可靠。

7.4.4　基于 PHM 系统的传感器优化布局

随着科学技术的进一步发展,由于系统的复杂性、PHM 系统中传感器运行环境的不稳定性以及单个传感器获取的信息不完整性,单一的传感器使用不能有效准确地反映系统的状态。根据信息理论的原理,将多个单一传感器的单维信息融合成多维的信息,这就有效地充分利用多个传感器资源,从而更准确、完整地表达出 PHM 系统的信息。

合理选择传感器是 PHM 系统构建的必要条件,选择传感器需要根据系统的环境,实际情况等进行选择,同时要注意合理统筹,使传感器系统达到最佳效果。优良的传感器系统可以获取有效、高精度和易处理的系统运行状态数据。否则,可能会造成大量无效数据、丢失关键数据、降低数据精度等问题,使得 PHM 的健康管理建立在一个错误的数据基础上,进而,也就不可能达到预期的健康管理目标。

由于系统的结构庞大复杂,因此不可能在每处都配置传感器,且传感器本身购置需要一定的成本,且与之配套的数据处理设备的成本比较高,所以尽可能少地配置传感器。

确定传感器的需求量存在很多影响因素,可以针对不同层次(系统,子系统等复杂系统层次)和不同类型的传感器,通过建立多目标规划进行传感器的优化布局问题研究,确定优化的目标函数以及优化配置准则。该方面的研究至少应该包括系统层次与传感器类型两大因素来进行,以最大检测覆盖面、最高检测精度、最低成本、最大系统可用度等为可能目标函数,并以系统的结构(如串、并、K/N 系统等)、检测概率、虚警率、漏报率等为可能约束条件进行问题的优化研究。同时,为了有效评价多传感器的可靠性,运用马尔可夫过程建模,从而获取系统有效性以及可靠性的一些重要指标,传感器优化模型如图 7.13 所示。

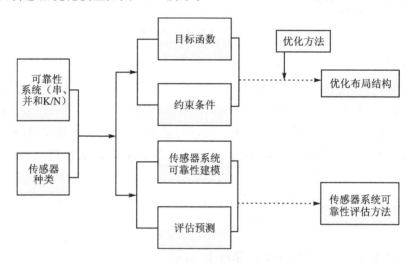

图 7.13　传感器优化模型

传感器优化布局就是在满足各种监测指标的前提下,尽可能地少量选择传感器,同时要求成本达到最小,并且满足系统可靠性的要求。同时,对于复杂系统来说,优化布局需要满足以下四个基本原则:一是系统具有复杂性。系统一般由多个互联的液压、电力、机械电子等子系统构成,各子系统也具有复杂结构和功能组成,通常以非线性的层次分布式结构分布,且系统所处状态也是随机不断发生变化的。二是实时性。复杂系统通常要求对信息进行快速有效的处理,并对外界变化做出快速反应。三是系统寿命周期长。系统通常长期使用,尽可能通过维修来保障系统的功能,延缓系统的报废时间。四是开放性。系统与外界环境之间能够准确进行数据信息交换,而且外界环境在一定程度上影响系统的运行。

7.5　PHM 技术开发与工程应用

7.5.1　PHM 技术的标准体系

从 19 世纪 70 年代中期开始,IEEE(电器和电子工程师学会)、ISO(国际标准化组织)、MIMOSA(机器信息管理开放系统联盟)、ARINC(航空无线电设备公司)等国际标准组织发布了一系列 PHM 相关标准。

1. CM&D 标准

机器状态监测与诊断(CM&D)标准,CM&D 标准的体系架构如图 7.14 所示。

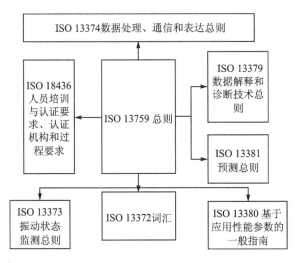

图 7.14　CM&D 标准体系架构

下面对 CM&D 中最重要的几个标准的适用性和使用进行分析。

(1) ISO 17359

适用性分析:可作为制定故障诊断、预测设计工作要求的依据。

使用分析:需要结合型号工作的具体要求,对标准中规定的程序进行必要裁剪。

(2) ISO 13379

适用性分析:标准中的 FMSA 可作为 FMEA 规范制定的依据,标准中的等级划分原则可用于指导诊断设计规范的制定,标准中的诊断方法可用于指导设备和系统的故障诊断设计规范的制定。

使用分析:需要结合型号研制的具体需求转化后使用。

(3) ISO 13381 – 1

适用性分析:由于只给出了预测的基本过程,描述了预测的基本方法,没有针对性,没有给出具体预测算法,因此本标准只能作为制定故障预测设计通用/顶层规范的参考。

使用分析:参考使用。

(4) ISO 13374

适用性分析:为 PHM 系统整体功能模块的划分和软件模块的设计提供了指导。

使用分析:需结合 OSA - EAI 和 OSA - CBM 使用。

(5) ISO 13373

适用性分析:可作为机械类故障设计规范制定的依据。

使用分析:ISO 13373 - 1、ISO 13373 - 2 的内容详实具体,能够结合具体诊断对象直接使用。

2. OSA - CBM 标准

MIMOSA 的 OSA - CBM 标准是 CM&D 标准中 ISO - 13374《机器的状态监测和诊断》的实现,是使用统一建模语言(UML)定义的。从用于进行信息通信的技术接口系统中,将视情维修系统中交换的信息分离出来。该标准采用了相同的六个功能块,定义如图 7.15 所示。

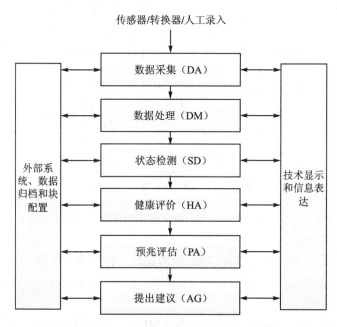

图 7.15　ISO 13374 数据处理和信息流

前三个模块主要是通过数据采集、数据处理和状态监测得到设备的状态数据。后三个模块为健康评价、预兆评估和提出建议,是基于装备的状态数据,利用各种诊断和预测等算法,对装备当前的健康状况进行评定,预计可能的故障并为操作和维修人员提供决策建议。

适用性分析:本标准适用于型号 PHM 系统设计。本标准通过将系统内部的信息交换标准化,可以推动供应商生产具备可互用性的硬件和软件构件,从而借助开放的系统架构来推动不同来源构件的集成和互用,降低整个系统的成本。

使用分析:本标准的接口规范可直接使用,信息规范适当转换后与开放系统架构(OSA - EAI)标准结合使用。

3. OSA - EAI 标准

面向企业应用集成的 OSA - EAI 标准由 MIMOSA 制定。MIMOSA 发展了信息集成规范,有助于为管理复杂系统提出开放的综合解决方案。"信息网络"利用开放的 OSA - EAI 为私有数据库构建桥梁,以便理解和利用工程、维修、操作和可靠性等信息。OSA - EAI 结构如图 7.16 所示。

图 7.16　MIMOSA OSA - EAI 结构

适用性分析:在开放、分布式、多系统的环境下,为所有的维修信息提供一个一致的架构;能够在多个分布式维修系统间提供维修相关信息的交换;为机载 PHM 与地面 PHM 间提供数据交换格式,同时为地面 PHM 与保障支持系统之间的数据交换提供交换支持。

使用分析:OSA - EAI 是建立在 5 层 ISO 13374 - 2 开放式信息架构需求标准之上,是一套接近应用实现的标准,在完成建立通用关系信息模式(CRIS)与 CRIS 数据库的基础上,提供 Tee - Doe 和 Tec. CDE XML 等接口应用建设,最终实现多保障系统间的数据交流。

4. ARINC 604 指南

ARINC 604 主要描述 BITE 通用原理、基本指南,以及有关 BITE 设计和使用的详细规范。

该文档描述了中心错误显示系统(CFDS),并讨论了 BITE 对维修的作用和在所有航电设备中对 BITE 的规格要求,另外还提供了 CFDS 的组成设备的规格指南。

本指南适用于机身和设备的承制方在设备的早期阶段的设计;另外适用于军方规范维修规程和从受规章限制的代理模块中对这些规程进行适当的调整。军方可在全部需求中参照该指南详述的内容,而不是只针对某些有限的需求目标。

5. IEEE 1232 标准

IEEE 1232 - 1 标准是人工智能应用于系统测试与诊断领域的国际标准,又称AI - ESTATE。

AI - ESTATE 标准为支持系统诊断而定义形式化规范。该规范支持诊断信息的交换和处理,以及诊断过程的控制。该诊断过程包括可测性分析、可诊断性评估、诊断推理、维护支持和诊断生成等。

6. IEEE 1522 标准

IEEE 1522 标准由 IEEE 电子系统测试和诊断领域标准统筹委员会诊断和维修控制(D&MC)小组委员会编制,提供了测试性和诊断性指标和特性的标准的、明确的、在数学上精确的定义。该定义可用于在产品设计阶段评价或预计系统的测试性。该标准中关于特性和指标的定义是基于 IEEE Std 1232—2002(AI - Es - TATE)中定义的测试和诊断相关规范信息模型。

该标准中的指标定义方法适用于满足以下条件的情况:

1) PHM 中建立的系统测试性模型是基于 IEEE 1232(AI - ESTATE)所定义的信息模型;

2) 在设计阶段,需要设计人员对系统测试性指标进行预计;

3) 满足单故障的假设。

不适用于以下情况:

1) 系统测试性模型的格式未参考 IEEE 1232 定义的信息模型;

2) 实验室或外场条件下进行评价测试性,对测试性指标定义的要求;

3) 计算虚警的相关指标;

4) 多故障发生的情况。

该标准的相关内容提供了一种指标的分析和校验方法,以评估测试性建模分析软件的指标计算结果。

目前,国外已有 PHM 标准包括结构框架、状态监测、诊断和预测、交换信息的开放系统构架、数据交换接口、机内测试设备和维修信息采集和分析等方面。

国内对于航空装备 PHM 的研究起步较晚,在现役机型中还没有得到成功的应用。长久以来,对飞机飞行期间发生的故障停留在"测试""隔离"等概念上,没有上升到对整机健康状态的管理。随着航空武器装备的发展,对使用中的可靠性、维修性、保障性要求越来越高,PHM 也成为近来各研究单位重点研究的热点问题。

为了支撑 PHM 技术在航空装备上能高效、安全、稳定、可靠地应用,统一各单位对 PHM 技术的认识,必须建立相应的 PHM 标准体系。提出的 PHM 标准体系的构建原则和体系框架,作为 PHM 标准实用性和适用性的具体体现,可指导进行 PHM 标准的方案设计和应用。

7.5.2　PHM 技术的开发与工程规划

由于 PHM 是一个全新的概念,我国在 PHM 相关的理论、技术开发和工程应用还处于初级阶段,或是处于启蒙状态。基于此背景,我国的 PHM 技术开发与工程应用等研究应分为三个阶段开展。

第一阶段:根据我国的技术基础状况,统一建立 PHM 研发的基本思路,目标是完成飞机的 PHM 系统概念、软硬件体系结构、工作机理和运行机制的研究。目的是建立并明确飞机及后勤保障的需求概念,解决和完善与 PHM 相关的理论、技术和工程应用的技术基础体系。其中,最关键的前提是飞机设计必须满足 PHM 对健康信息的需求。

第二阶段:构建满足飞机 PHM 技术需求的仿真平台,包括纯数字的、半物理的和全物理的 PHM 仿真平台。建立 PHM 仿真平台的目标是完成飞机 PHM 体系框架的演示验证工作。

第三阶段:完善飞机 PHM 系统的工程化设计技术和方法,并适当选择飞机样机进行机上验证。目标是完成飞机 PHM 体系结构的工程验证工作,通过暴露问题和解决问题,为飞机型号全面实现 PHM 技术应用奠定坚实的技术基础。

上述各阶段的技术开发和工程应用必须建立在坚实且充分的理论、技术和需求基础研究之上的。也就是说,PHM 技术的开发与工程应用研究至少应该由相关院校、飞行设计所和用户组成专门的团队完成。相关院校主要负责完成 PHM 相关理论的研究,给出适用于各种不同健康模型的建立和故障与预测推理的算法;飞机设计所主要负责完成技术开发与应用研究,结合现有的设计、试验和外场使用的信息,初步建立飞机的健康基础模型;用户主要完成装备寿命周期的飞机使用与保障工作需求集,为院校和飞机设计所提供必要的、合适的和完善的健康模型研究、设计与改进完善工作提供依据。

PHM 体系结构的研究、技术开发与工程应用是一个自上而下的、反复迭代的、不断完善的系统工程,是以第三代飞机综合后勤保障系统为基础的设计,与其相关的飞机后勤保障系统的开发、保障运行体制和用户需求对 PHM 体系结构都会产生直接的影响。为了适应下一代飞机工程设计的技术需求,缩小与国外先进技术的差距,我们应当认真研究国外有关飞机自主后勤保障的概念及其发展方向、PHM 的理论及其技术研究成果和工程应用经验,通过与国内相关的院校、飞机设计所等单位的广泛深入的合作,深入开展 PHM 的理论、技术开发和工程应用等基础工作的研究,最终达到突破 PHM 的关键技术,建立适合我国飞机的 PHM 体系结构和工程应用的目标。

思 考 题

1. PHM 具有哪些功能？
2. 简述 PHM 在航空保障中的作用。
3. 简述 PHM 与航空器"四性"的关系。
4. PHM 系统由哪些部分组成？系统如何工作？
5. 简述传感器技术在 PHM 中的作用。
6. PHM 系统故障预测方法主要有哪些？
7. 为便于飞机系统开展 PHM，如何选择与优化配置传感器？
8. PHM 各技术标准有什么区别？

第8章 新型航空辅助维修技术

维修保障系统属于综合保障系统的一个分系统。维修保障系统是由实施装备维修的所有维修保障要素经过综合和优化的总体,是装备维修所需的物质资源、人力资源、信息资源以及管理手段等要素组成的系统。

国外综合保障技术发展速度极快,一些国家已建立起综合维修信息系统(IMIS),基本实现综合保障远程维修。如 F-22 战斗机,综合维修信息系统综合了维修技术规程、维修工作表和飞机履历等要素。该系统由三部分组成:便携式维修辅助(PMA)、野战中队维修保障方舱(MSC)和基地车间保障所需的维修工作站(MWS)。其中,PMA 是可带到外场工作的加固型笔记本电脑,是维修人员与飞机及其系统的主要维修接口。PMA 能显示交互式电子化技术手册,能预定维修所需的部件,还能记录维修活动。而 MSC 和 MWS 是基于计算机的成套设备,是综合维修信息系统的中心。如林肯号航母作战群,利用远程保障系统,舰上的技术人员与岸上的专家进行即时交流,可以快速交流诊断图像、技术会议情况、后勤及技术问题的解决方案,及时排除故障。还有,美军近 10 年来发展起来的一种新型现场维修工具——可穿戴计算机,提供维修用技术手册、数据、图表、程序、故障诊断步骤和判据,而且能借通信网络实现外场维修和维修中心之间的交互式远程维修和会诊。国外远程维修主要是借助于便携式计算机系统、交互式电子技术手册和网络通信。

8.1 PMA

8.1.1 PMA 概述

近年来,国内民用飞机制造业取得了丰硕的成果。越来越多的国内民用飞机已经进入工程发展阶段,并且逐渐投放市场;但是,作为民用飞机制造的重要组成部分,国内民用飞机维修技术落后,严重制约了国内民用飞机制造的发展。使用航空产品的客户需要航空制造商减少产品的使用和保障费用。现在,在大部分航空维修中,维修技术人员主要采用维修技术资料,根据产品排故的故障树、维修技术手册和一些测试设备进行飞机维护。维修人员不仅要花费大量时间查阅各种纸制技术手册,还要寻找航材、配件和工具,而且维修检测的数据分散,难以储存和查找,人为差错时有发生,飞机技术人员查找信息所占用的时间达到 $40\%\sim50\%$,大大增加了检查、维修所需要的时间。另外,由于飞机机内测试设备(BIT)受规模和测试时间的限制,一般只进行独立的自检性测试,存在严重的虚警问题。不必要的外场可更换单元(LRU)拆卸增加了后勤保障系统的负担,降低了民航飞机的经济性。

便携式维修辅助(PMA)计算系统的出现从根本上改变了传统的维修方式,将查询、分析等工作交给计算机解决,装载在 PMA 中的交互式电子技术手册 IETM 能够提供部分电子化的维修资料和故障诊断专家系统。大大缩短了维修时间,同时,也适当减轻了维修人员的劳动强度。

1. PMA 定义与功能

便携式维修辅助(PMA,Portable Maintenance Aids)可以定义为在维修现场使用的可移动计算设备,它通常用于技术数据显示、诊断故障隔离、维修指导、装备管理、维修记录、健康监测、预测和使用数据上传或下载。PMA 的具体含义是:在维修中采用的现代化自动处理设备,通常包括便携式电子显示设备、便携式维修设备、技术数据读取机/浏览器等,有时候也包括其他一些硬件及其辅助软件,甚至包括计算机等。PMA 实质上是一种允许技术保障工程师现场分析与解决装备问题的交互式维护工具,是一种用于维修点的移动式计算设备,其大小与尺寸不等,从小型的手持设备到重达十几公斤的大型设备都可作为 PMA。PMA 一般比较小,重量最大的一般也不会超过 15 kg,可以随时携带在维修人员的身边。

PMA 可以为维修人员在外场提供实时的维修技术支持,包括技术资料的交互式检索、查询和更新,以及零部件的详细数据。其次,维修一线人员可以在维修现场实时地将维修数据输入 PMA,供多位维修管理人员进行维修活动和飞机状态的监控,同时也为一线维修技术人员提供实时的维修计划、维修任务,管理飞机的质量信息,实现对飞机及分析系统的实时监控。另外,通过与飞机的直接连接,PMA 为维修技术人员进行故障判断提供了方便,特别是对于那些未内嵌故障诊断与预测设备的飞机系统。

PMA 的工作过程是这样的:维修人员走到飞机跟前,将 PMA 插到飞机上的一个数据口(位于轮舱和驾驶舱里),由它来接收指令。维修人员首先用 PMA 来激励某个系统,进行一次 BIT 检查,核实故障。如果维修说明要求打开武器舱的舱门,维修人员就可以通过 PMA 将舱门打开,而不需要进入驾驶舱。

PMA 具有电子文档的交互式查询、故障部件的隔离、维修监控、备件的管理、维修信息的分析、故障预测以及数据的上传与下载等功能。PMA 的主要功能如下:

技术文档的交互式查询:PMA 可以为维修工作人员在工作岗位上提供实时的维修技术资料支持,提供技术资料的交互式查询、检索以及更新,以及部件的详细数据,缩短维修时间。

维修监控:维修一线人员可以在维修现场实时地将维修数据输入 PMA,供多位维修管理人员进行维修活动和飞机状态的监控,同时也为一线维修技术人员(起飞线、停机坪)提供实时的维修计划、维修任务,管理飞机的质量信息,实现对飞机及分析系统的实时监控。

远程技术支持:通过无线网络技术,PMA 可以为维修一线人员提供详细的技术数据和远程技术支持,做到数据的快速传递和高效共享,指导现场维修工作,大大提高维修效率,降低维修人员的劳动强度和技术要求,缩短了维修技术人员的培训时间。

故障诊断:通过与飞机系统的直接连接,PMA 为维修技术人员进行故障判断提供方便,特别是对于那些未内嵌故障诊断与预测设备的飞机系统。

除此之外,一个好的 PMA 设备应具有无线技术支持,通过无线网络技术,PMA 可以为一线人员提供详细的技术数据和远程技术支持,做到数据的快速传递和高效共享,远程即可指导现场维修工作,大大提高维修效率,降低维修人员的劳动强度和技术要求,缩短了维修技术人员的培训时间。

由此可见,PMA 既是维修技术人员接受维修技术资料、维修指令的装置,也是向维修管理人员提供故障信息,备件需求的信息源。PMA 在维修信息系统中既是面向维修技术人员的客户端装置,也是维修管理人员发出维修指令,进行备件采购,故障诊断及预测,掌握装备现状的直接工具。

2. PMA 的优势及缺点分析

在维修工作中使用 PMA,主要具有以下优点:

1) 使维修人员能够在工作的同时获得电子技术信息、维修文档和零件可用数据;

2) 使维修人员能够从工作站实时获得维修数据,为多个用户提供维修工作和设备状态的信息;

3) 能够在工作时通过自动信息技术(AIT)和远程维修获得详细技术数据和远程工程保障;

4) 允许与飞机系统进行直接通信,从而便于查找故障(特别是不具备嵌入式诊断和预测功能的复杂系统)。

基于以上的巨大优势,PMA 在大量设备的维修中发挥了重要作用,使装备的设计更加合理,维修更加方便。

虽然 PMA 有以上诸多优点,但 PMA 还有很多不足之处。在维修中使用的 PMA 还面临以下几个挑战:

1) 阳光下可读性差;

2) 电池寿命短;

3) 在一些较严酷环境条件(如高温、高湿、腐蚀、振动、电磁干扰、灰尘杂质等)下使用会造成其性能大大降级;

4) 集成性较差;

5) 缺乏信息共享,没有大范围信息交流。

这几个缺点成为限制 PMA 发展和应用的障碍,因此,研制 PMA 设备应当重点考虑这几个因素。

8.1.2 PMA 的发展现状及趋势

1. PMA 的发展背景

PMA 兴起的原因很多,但主要是由于在不同应用领域中技术的日益成熟才促使 PMA 在民用和军用装备维修中广泛应用。这些相关的技术包括:武器装备数据的数字化处理、维修功能的集成化设计、数据的无线传输、技术数据的显示功能、对故障的隔离和维修指导、零部件的查询与订购、对装备状态监控、对故障的预测以及装备数据的上传与下载技术等。

PMA 之所以能够在装备维修这一领域中得到大力推广,主要的推动力是来自武器系统和相关技术数据的快速数字化进程。根据美国军方的研究显示,装备维护人员在维护过程中有 40% 至 50% 的时间是花费在对信息的查询上的。装备越复杂,就要耗费越多的时间去研究。使维护人员能够着重于维护工作本身的关键,是减轻他们在研究与调查上的负担。对于正在处理的故障,能够越快地获得相应的信息,则越能够提高整个维修过程的效率。

2. 国外 PMA 发展现状

便携式维修辅助技术最早由美国空军在 20 世纪 90 年代初开始研究,并从 90 年代中期开始使用具体装置。由于武器系统数字化的快速增长,PMA 在美国国防部的应用发展得非常快。在空军 F16、F117、B2、C17、E-8、F22 等许多型号飞机中都已应用了便携式辅助维修设备,在复杂设备的诊断中发挥了重要作用。随着装备的数字化、信息化程度的不断提高,美国国防部大力推广 PMA,经常用于技术数据显示、故障诊断和隔离、修复指导、物资管理、维修文件的编制、状态监控和预测、操作数据的上载和下载。PMA 可以运行 IETM(交互式电子手册),在 PMA 上显示一套详细的维修规程,告诉维修人员如何检查和更换某个部件。这些说明是交互式的,根据在维修工作过程中可能遇到的情况,向维修人员提供不同的信息。将 IETM 显示在 PMA 上,这样就不需要在外场翻阅厚本的技术资料,更改时间也省去了烦琐的换页过程。通过 PMA 还可以传送故障零部件使用情况和消耗品等其他数据。美国海军以前没有足够的维修保障手段,维修策略是在舰船现场级维修中尽量减少任务和降低难度。目前在辅助维修装置的支持下,美国海军的维修策略是增加舰船现场级维修任务,同时为舰员提供尽可能多的帮助,增强现场级维修的自主性。

3. 国内 PMA 发展现状

我国对便携式维修辅助技术的研究和使用起步较晚,很多工作也才刚刚开始,也开展了许多卓有成效的基础研究工作。但是,这项技术已经在中国各个行业得到了快速的发展和应用,也得到了军/民航电维修领域的高度重视。然而,由于飞机的数字化程度不高,测试技术及综合诊断的相关知识不够完善,软件工具开发和实用经验方面与先进国家还有差距。我们应该吸收和借鉴国外的先进经验和技术,提高我们在这一领域的研发水平,开发出实用的基于 PMA 技术的检修设备,这对于我国的航空维修领域甚至国防建设都具有重要的战略意义。国外推出的各种先进的便携式辅助维修装置大多集数据采集与复杂的诊断功能于一体,且仪器轻巧,具有丰富的功能按键和触摸屏进行检测状态和结果的输入输出,操作界面与 PC 界面相似,维修人员容易上手,能进行实时的 FFT 计算,大容量的数据存储,计算功能强大。而国内现推出的大多数便携式诊断仪器都还采用单片机、C 语言和点阵液晶显示屏技术,在这种架构上要做复杂的故障诊断分析、大量的数据存储和漂亮的人机界面难度很大,也不大可能。从国内外便携式诊断设备比较来看,国内的 PMA 功能简单,界面单一。由于硬件架构的差别,国内的便携式辅助设备很难做一些功能复杂的检测,且没有操作系统,显示界面做得也不好。国外的 PMA 设备价格都要在十几万元以上,而且大都是英文界面。因此做一款功能类似的中文界面的 PMA,对军民航电故障检测领域无疑是一个福音,且对便携式维修辅助设备概念的推广来讲,意义也非同一般。近些年随着计算机技术和集成电子技术的迅猛发展,从现代军/民航电故障检测和维修领域来看,实现维修技术资料的无纸化,提高维修人员的工作效率,节约维修时间,通过本地局域网络实现维修现场与控制部门间关于故障诊断信息的交流变得越来越重要。目前,我国主要使用的便携式维修辅助设备大多为国外生产,其价格昂贵,难以大规模装备使用。虽然国内已有不少公司,如旋极科技正在研究 PMA 设备,但是可选择的机型不多,且通用性不高。在当今竞争激烈的国际形势下,我国要想在飞机故障维修领域走在世界前列,必须设计出功能丰富,价格合理,具有自主知识产权的便携式维修辅助装备。

4. PMA 面临的问题及发展趋势

目前发展的 PMA 型号很多。例如美军,每一军种航空装备的 PMA 均不同,而民航领域更是不同的公司采用不同的产品,这主要是因为 PMA 虽然已取得了长足的发展,但由于不同的部门对 PMA 具有不同的理解,而且针对不同的环境,对 PMA 的要求也不同。美国国防部仍未制定出 PMA 统一的规范和标准,这对 PMA 的发展具有不利的影响。

目前,无论是在民用还是在军用领域 PMA 均取得了长足的发展,PMA 目前已经应用到民用飞机 737 - 3/4/5/ 6/7/8/9、747 - 400、757、767、777、MD - 11、Fokker F50/60/70/100,功能包括与 Airn@V 类似的功能并且能够从飞机中下载数据。在军机上,PMA 便携式维修辅助装置;不仅仅是一个应用软件,而且是一个电子系统。但是据调查发现,PMA 在民用领域发展的步伐较军用航空领域要快,尤其是在民用航空工业以及大型运输企业,这主要表现在民用航空装备技术资料电子化的程度比军事航空装备要高,技术资料的电子化已成为发展大型复杂装备的标准要求,而且现在发展的现代化大型设备均配备有内嵌式故障诊断设备,通过 PMA 对故障信息的下载,极大地方便了维修人员对故障的判断,同时通过卫星将 PMA 与维修工作站连接起来,进行故障数据的上传与维修指令的下载。民用航空 PMA 广泛使用 USB 接口,方便了与设备的连接,而且由于电子产品的高速更新换代,民用 PMA 可以大量使用体积更小、速度更快的芯片,使得 PMA 重量减轻,而功能更强大。

便携式计算机在过去 10 年中取得了较大的发展,但是 PMA 如何实现以及实现什么功能,由于不同使用者的要求各异以及装备的复杂性,至今还未有一致的意见,也没能制定出统一的规范和标准,造成了人力和物力的浪费。尽管维修人员普遍认为 PMA 可以大大方便维修工作,但同时也要解决好以下问题,首先 PMA 要与其他系统有效结合,而且要采用合适的硬件和软件结构,同时要加强对 PMA 的统一管理工作。但在实际工作中,PMA 的发展却面临着许多的困难。主要表现在以下方面:

(1) 硬件技术落后导致功能下降

大部分商用 PMA 产品尽管功能比较强大,由于本身硬件条件或技术条件的限制,不能完全满足某些要求。例如,维修人员几乎都希望 PMA 的电池的使用时间比现在 4～6 小时更长,而且应具有热插拔功能以防数据的丢失;同时,PMA 应具有与机上电源相连接,直接使用机上电源的功能;此外,目前 PMA 的显示屏主要是液晶显示,在光的直接照射下可读性就会变得很差。但目前的商用 PMA 仍达不到上述要求。由于机场维修环境比较恶劣,各种污染源(如各种油料,特殊添加剂等等)较多,还有潮湿、风沙因素的影响等,这就要求 PM A 具有较强的坚固性。

由于机场维修大部分时在户外工作,环境比较恶劣,这就要求 PMA 具有较强的坚固性,但商用 PMA 对环境要求是很苛刻的。例如如何保证 PMA 在严寒或是高温条件下(−40～60 ℃)不失效,是摆在硬件厂商面前的棘手问题,还有潮湿、风沙、灰尘等因素影响,这就要求发展专用的加固型 PMA,但专用加固型 PMA 价格昂贵,不利于 PMA 的推广和普及。

(2) 传统习惯的抵制

传统上,维修现场使用的一般就是一些简单的工具和文字资料,许多维修人员已经习惯查阅书本形式的技术资料,而显示技术资料是 PMA 最基本的功能,但是许多 PMA 的显示屏幕太小,不能有效地显示图表。现在发展的电子文档格式多采用 PDF 格式,可以调整图表的尺寸,而且也可以既显示部件的细节结构,又显示整个系统,但调查发现,许多维修人员认为,在很小的液晶屏幕上移动图像来寻找所要求的技术资料和合适的维修步骤是非常麻烦的,还不如继续"翻书找"。而且交互式电子手册 IETM 也缺少对一些突发和不常见故障的解决方法。实际情况中,许多 PMA 部署到维修现场后,由于缺乏充分的培训和明确的行政规定而导致维修人员不愿意或不会使用,而成为一种昂贵的摆设。

(3) 缺乏有效的管理

PMA 发挥其功能的程度主要依赖于他们所处的维修信息系统。但现在维修信息系统并不能有效地将所有相关的后勤支援要素结合起来。以美国军方为例,由于缺乏统一的标准,导致不同的维修信息系统之间缺少有效的连接,使得维修信息的更新、上传与下载变得困难。此外,利用 PMA 虽然可以实现航空备件的订货和调查,但实际上由于行政部门的划分和经费的控制,维修技术人员并不能决定部件的采购过程,大多数还是需要上一级部门或专门的管理部门进行采购。除此之外,现在PMA 上已开始使用一些新技术,例如通过一个红外端口可以识别条形码,以加快判断故障速度。同时,一些 PMA 也具有通过网络传输图片和视频文件的功能,以方便远程故障诊断。然而,由于带宽和保密要求,特别是传输数据的保密性在现有网络基础上难以得到保证,这些功能的实现都需要完善的管理制度和监督。

(4) 经费问题和产品的技术更新

由于专门为军用标准设计的 PMA 产量的限制和较高的质量要求,价格相对民用产品就会高很多,在大多数情况下,购买和维护商用 PMA 的费用相对军用 PMA要低。例如,美国陆军每年需要的 PMA 大约为 2 000 台,比商家一天的 COTS 产品生产量还要少,这就导致了与功能相近的民用 PMA 相比,军用 PMA 所需经费就多得多。电子产品的更新换代速度很快,但同样是由于经费的原因,尽管一些 PMA 在商业市场上已非常落后,但为了节省费用,许多已经落后的军用 PMA 仍在大量使用。

从 PMA 辅助维修功能来看,无论针对维修技术人员,还是针对质量控制部门,PMA 均可发挥极其重要的作用。PMA 不仅可以大大减轻维修工作人员的劳动强度,而且可以作为维修管理人员的有力工具。但现在发展的 PMA 仍存在许多的问题,为解决这些问题,PMA 今后需要做到以下两个方面的工作。

1) 必须建立统一的规范和标准,这些标准包括 PMA 应具有的功能以及如何实现这些功能,以及对 PMA 的硬件规定,使之符合航空领域的特殊要求。功能方面,PMA 应实现技术资料的交互式查询、故障的隔离和维修监控、备件的订货和使用调查、维修信息的分析和处理、故障预测、技术资料的上传与下载。而硬件标准主要有坚固性、界面的友好性以及接口的标准。只有制定统一的标准,才能有效地发挥PMA 的功能。

2) 必须建立和健全对 PMA 的管理制度,包括 PMA 与维修信息系统的结合程度、网络的安全性、PMA 的更新换代、对 PMA 的投资效益分析。只有做好了管理工作,才可以将 PMA 与维修信息系统有机地结合起来,充分发挥 PMA 的功能。

8.1.3　PMA 系统的组成及功能

1. PMA 系统的硬件组成

便携式维修辅助所依赖的硬件设备就是便携式维修辅助计算机。便携式维修辅助计算机是用于维修现场的可移动计算机设备,是一台供维修人员带到外场去的经过特殊加固的计算机,是维修系统与飞机的各个子系统的主要接口。

其大致可分为主体部分、接口部分、交互部分、能源(电源)部分等。主体部分作为 PMA 最主要的部件,包含了主要硬件,承担数据储存、处理、查询、分析等最重要的作用;接口部分则为 PMA 与飞机的对接提供了一个途径,并承担数据传输的任务;交互部分是 PMA 与操作人员进行信息交换的通道,包括视觉、听觉等方面;能源

部分则为 PMA 提供电力等能源支持,是整个系统的供能部分。图 8.1 所示为某种
PMA 系统的硬件组成图。

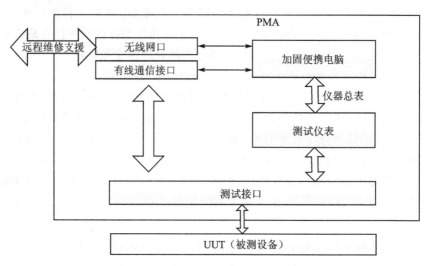

图 8.1　某种 PMA 系统的硬件组成图

2. PMA 系统的软件组成

PMA 系统模块分为维修数据层、维修应用层和人机交互层。其中,维修数据层
主要完成故障数据采集(包括视音频采集,飞机零部件的射频识别)和电子技术资料
的组织存储等功能。维修应用层提供装备辅助维修的应用模块和程序,主要包括远
程视音频协作维修、备件仓储信息查询和预订,交互式电子技术资料浏览阅读和维修
任务、维修记录的下载和查看。人机交互层可以向用户提供方便手动作业(信息接口
交互界面)与非手动作业(穿戴式交互界面)交互手段,如软件界面、触摸屏等。图 8.2
所示为 PMA 系统模块。

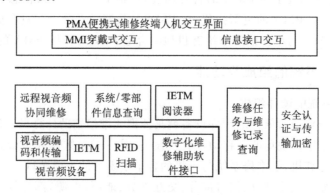

图 8.2　PMA 系统模块

3. PMA 软件功能实现

（1）远程技术支持专家系统

借助无线网络系统，PMA 能够给维修人员提供详细的技术数据及远程技术支持，给现场维修工作提供科学的指导，加快维修效率，降低维修工作人员的技术要求和劳动强度。远程技术支持专家系统能够通过语音、短消息及视频图像的方式在远程专家系统及维修人员之间进行交互沟通。

（2）电子技术文档的交互式查询系统

由于之前手动资料查询的局限性，数字化是航空维修系统的大势所趋，PMA 能够提供及时的可靠的维修技术资料支持和资料的交互式查询、检索和更新方式，从而更好地提供部件的详细情况，缩短维修所需时间。在维修现场能够通过红外条码扫描仪或语音图像输入输出设备将维修部件的情况经过无线局域网向维修信息中心发送，并通过 IETM 信息数据库将维修数据发送并显示在 PMA 系统上。

（3）维修监控系统

维修人员可以将现场维修情况以图像或文字的形式将维修信息实时地输入到 PMA 中去，使维修信息中心维修管理人员能够对维修活动及航空设备状态实施有效的监控。

（4）备件工具查询申领系统

在维修过程中对更换维修器件有需要时，我们可以在备件工具查询申领系统中输入维修需要的工具和器件，再通过无线局域网向维修信息中心发送，方便快捷，维修信息中心再把这些信息发送到备件工具管理系统库，待取得备件工具后经过后勤管理部门施行物品的运送，从而快速实现备件工具查询申领需求。

（5）维修人员信息管理系统

此系统包括用户密码修改，维修计划任务和维修人员个人基本信息，维修日志查询等。我们把这些基本信息进行合理编辑并以文本格式存储于本地存储单元内或在用户登录的同时将数据发送到 PMA 上实施临时保存，极大地方便了维修技术人员对维修情况及管理人员进行了解和更好地科学性管理。

（6）常见技术故障诊断系统

所谓的故障诊断系统和航空设备直接连接，PMA 能够帮助维修技术人员作故障诊断。诊断过程包括原始数据获取，特征提取，信号分析及故障推理诊断同时给出诊断报告等。故障诊断系统能够将工作中常发生的技术故障症状及维修处理过程储存在维修信息中心的技术故障数据库中。伴随着我国飞机行业的快速高效发展，研制出具有无线联网功能的便携式维修辅助设备，将对整体提升航空维修业的发展水平作出巨大贡献，为飞机运营的安全性提供可靠保障，使飞机维修的效率大幅度提高，维修成本降到最低。

（7）维修技术文档实时记录分析系统

针对在维修过程中出现的技术人员的一些操作盲点或者新的技术难题又或者是

针对新上岗的工作人员对维修过程经验不足,这就对维修技术文档进行实时记录分析及管理提出了新的要求。维修技术文档实时记录分析系统对维修部门针对维修技术难点等各方面的积累起到了积极的作用。

8.1.4　PMA 在航空辅助维修中的应用

现在 PMA 在国外的民用和军用飞机领域的发展十分迅速,成功的案例有 F-22 综合维修信息系统的 PMA 和波音公司的 PMA-LE 等。下面以 F-22 为例。F-22 是一种具有综合维修保障系统和设备的完全数字化的武器系统。F-22 的 PMA 是由霍尼韦尔公司和 IBM 共同研制的 DataTrak 型装置。它在飞机及其部件与后勤保障系统之间提供了直接的通信连接。目前,该装置专门用于验证和确认 IETM 程序和航线工作软件包的工程保障。该 PMA 最终的功能将包括显示 V 级 IETM 的技术数据,并提供故障隔离和修理指导、零部件查询和订购、维修文档的编制和分析、状态监控和预测,以及"作战飞行计划"(OFP)上载和飞行数据下载。2001 年 10 月 F-22 被交付给 NeIis 空军基地的第一个 F-22 中队使用,PMA 将在 2002 年 8 月交付该中队日常使用。当前的计划要求为每一飞行联队提供 104 套 PMA 和 9 台服务器。即使在最新型飞机的设计中,坚固性和用户友好性等军用 PMA 的要求继续成为主要关注点。DataTrak 除具有适应各种环境的坚固性外,还具有较长的电池寿命(即 7 h -带 2 个热交换电池包装)和日光下的可读屏幕,此外它还能与飞机的电源相连。飞机上有 5 个 PMA 数据总线连接点,即在两个机翼下方各有一个,前轮舱、尾翼和驾驶舱各有一个,具有很好的连接可达性。不过,似乎需要对热问题加以改进,因为 PMA 的屏幕在日光下 20 min 后,达到 67°F 就会黑屏。维修人员还发现 PMA 的嵌入式键盘使用困难,他们更喜欢外部连接一个全尺寸键盘。每套费用超过 30 000 美元的 DataTrak 提供很强的灵活性。利用 PMA 与飞机的接口,维修人员能够演练和控制 BIT 访问,下载和显示诊断数据,启动辅助动力装置,打开武器舱门,以及测试和操作飞行控制面。另外,PMA 还能获取发动机测试数据,显示发动机状态,以方便完好状态监控。PMA 还可用来通过飞机上的另一个数据口,将"作战飞行计划"软件加载到飞机上。事实上,当第一架 F-22 飞机在最后组装时,飞机上的第一种软件就是通过 PMA 装载的。

8.2　WMAC

过去几年,计算机领域中的笔记本电脑和掌上电脑 PDA(Personal Digital Assistants)得到了很快的发展。但是在一些飞机维修环境,比如窄小的电子设备舱、雷达舱或武器舱中,使用笔记本电脑进行维修保障仍然不方便。而 PDA 的内存和数据储存容量有限,不能满足复杂系统的维修信息需求。

可穿戴式维修辅助计算机(WMAC,Wearable Maintenance Aid Computer)是目

前正在发展的一种新型航空辅助维修设备,主要应用在台式计算机和便携式计算机使用不方便的环境中,或者维修人员的注意力和手不能离开维修作业的时候。它可以设计成维修技术人员需要的高自动化的维修保障集成管理的数字设备,可以提供数字维修技术手册、数据、图表、程序、故障诊断方法和设备实时申请等功能,同时能够借助无线局域网实现维修现场与整个维修管理系统的交互式通信,因此可改善维修质量,提高维修效率,使维修人员融入整个维修保障大系统中。目前,WMAC 技术跟随着 IT 技术进步正在迅速发展。MicroOptical 公司推出了 480 全彩 VGA 头盔显示系统可以阅读网页、视频剪辑和文本资料。因此,可根据我国航空装备的特点,在适当的维修工作中采用 WMAC 以改善维修工作环境,提高维修效率。研发 WMAC 系统,需要实现的技术核心包括:无线局域网;大存储容量;语音识别能力;视听输入/输出设备;信息、数据输入设备;便携式计算机;高效蓄能电源等方面。

8.2.1　WMAC 的功能

1. 数据信息采集的功能

可穿戴辅助维修系统应具备采集机载设备传感器的各项数据信息。利用电子技术手册的交互式查询(ETM)为维修人员在岗位上提供实时的数字化维修技术资料支持,维修人员对于维修过程中出现的器件故障所需的航材、工具等需通过 WMAC 利用无线网络查询后台服务中心数据库,及时查询申请所需器材。

2. 无线语音通信输入输出的功能

由于可穿戴辅助维修终端具有移动性,则需具备无线语音通信功能方便维修人员间的语音交流。在维修中"解放双手"是第一要务,在此基础上维修人员才能利用双手进行维修工作。所以要求可穿戴辅助维修系统必须具备语音输入输出的功能。维修人员通过语音方式把需要执行的命令利用无线网络传递给后台处理中心,后台处理中心将执行完的结果通过语音信息反馈给维修人员,这样就可便于维修人员的操作使用。

3. 维修图像采集功能

维修技术人员可在现场将设备的故障图像采集下来,利用 WMAC 能够使终端摄像头采集到的图像数据信息传回到后台服务中心,供多位维修管理人员进行故障分析和信息存储,具备经验共享功能。整个飞机是一个庞大的系统,涉及众多学科,在维修中每一次故障的处理都应该记录到可穿戴辅助维修系统中,实现技术经验的学习。

4. 远程维修技术支持功能

WMAC 利用无线网络与后台信息中心进行数据交互,为维修技术人员提供详细的技术手册和远程专家技术支持,进而完成快速高效的维修任务。

5. 故障诊断功能

通过配置的故障诊断专家系统,WMAC 与航空设备连接获取数据,经过诊断系统的分析提取特征数据,与故障库中的数据进行比对,进而给出故障诊断报告,为维修技术人员进行故障判断提供方便。

6. 头戴显示器 HMD 的功能

考虑到维修现场的特殊性,工作人员需要进入飞机机体内部进行检测维修,此时头戴显示器的使用就可以帮助维修人员解放,双手随时随地地查看技术手册和对执行命令的反馈。

8.2.2　WMAC 关键技术

1. 可穿戴式计算机软件技术

可穿戴式计算机的软件方案基本上和其硬件方案相对应,主要有:

桌面操作平台:利用 Windows、Dos、Unix 等操作平台,优点是可利用现成的应用软件和开发工具,从而减少开发时间、费用和难度。但目前专家们普遍认为 Linux 是较适合 WearComp 的系统。

专用操作平台:开发专用操作平台无疑是很适合可穿戴式计算机的,但缺乏现成的应用软件和开发工具,增加了开发难度。Windows—CE 这种适合于掌上机的操作系统是可以借鉴和采用的,但它的功能有限。目前不少人尝试利用 Linux 开发 WearComp 专用操作系统。

基于 Web 的操作平台:这种平台可充分利用 Web 服务器的资源与支撑,可支持"功能动态重组"概念,根据实际需求高效地进行软件系统的动态调整与重组,以最大限度地降低对穿戴机本身硬软资源的要求。这种方案需要高速宽带网络的支持,并应充分利用智能 Agent 概念与技术根据网络飞速发展的趋势,这将不成问题。因此,这是很有发展潜力的一种方案。

2. 无线通信技术

当前,主流的短距离的无线通信技术主要包括五种:蓝牙、IrDA 红外、UWB 超宽带、ZigBee 和 Wi-Fi。综合考虑系统对传输速率和传输距离、技术的成熟性、应用的广泛性等各方面的要求,结合比较五种短距离无线通信技术的性能指标,最终选择在无线局域网中应用 Wi-Fi 技术。参与设计和制定 WLAN 标准的国际组织主要有三个:ITU-R、IEEE、Wi-Fi 联盟。ITU-R 管理 RF 频段的分配。RF 频段和卫星轨道被认为是固定无线网络、移动无线网络和全球定位系统等设备所需的有限自然资源。IEEE 开发和维护适用于局域网和城域网的标准,即 IEEE 802LAN/MAN 系列标准,它规定如何调制射频来传送信息。Wi-Fi 联盟确保各个生产商和供应商生产的设备之间可互操作。作为传统有线网络的延伸,WLAN 摆脱了线缆的束缚,可以灵活自由地在短时间内架设网络,随时随地的接入到主网络。正是由于 WLAN 具有不受环境的局限、灵活且移动、组网周期短等优点,因此非常适合机场数据传输网络的建设。经过多方面比较,决定采用 WLAN 802.11n 标准。

3. 音频技术

可穿戴辅助维修设备的功能之一就是利用语音控制设备的运行。作为人机交互方式的语音控制,实现了维修人员释放双手的目的。由于可穿戴终端辅助维修设备在各地的维修现场,会在寒冷、高温、干燥的环境下使用,加之在现场电磁环境复杂,终端设备极易受电磁和静电的干扰,因此极易造成终端设备语音通话失灵或中断的问题。为了解决音频电路受电磁干扰无法正常工作的问题,设计了抗静电干扰的音频电路。随着噪声的加大,人的声音逐渐被湮没在- 20 dB 的噪声环境下,人声已被完全煙没,通过双麦克风对消设计,发出的语音指令仍能够正常执行。

4. 头盔输出设备

随着头戴显示器光学技术的发展,头戴显示器已经广泛地应用于医疗、航空、工业维修等领域。通过头戴显示器将图像设备传输过来的图像放大地显示给使用者,便于使用者观看,实现了图像传输的随时随地性,特别是在工业维修中,极大地提供了维修的效率。头戴显示器 HMD 是一种近眼显示装置,至少包含一个微型图像源及相应光学系统的头戴显示装置,利用微型图像源把视频电信号转换成光信号显示出来,经过光学技术的处理后,显示给人们一个放大的图像。HMD 可以利用头盔、眼睛等支撑装置佩戴于人体头部,具有质量轻、体积小、功耗低等优点,在可穿戴计算领域广泛应用。

5. 低功耗技术

随着电子器件的向超微型化迅速发展,可穿戴式计算机愈趋微型化、轻型化,然而电池所占比重却愈趋增大。能源成了可穿戴式计算机微型化、轻型化的主要障碍。可穿戴式计算机的“ constancy ”特性决定了它比 Notepad Palm 要消耗更多的电能,因此高效能源对可穿戴式计算机显得尤为重要。目前可穿戴式计算机所用电源主要是电池,但在短时间内,电池在体积、重量和容量方面不会有很大的改进。目前对于可穿戴式计算机的能源问题需要从两个方向进行研究。

1) 寻找新的供能方式:对于穿戴式计算机来讲,除了高效微型电池之外,最有希望的能源应属体能发电了。利用行走发电是最实际的方案,研究结果表明,以轻快的步伐走路可产生 5 ～8 W 电能。目前体能发电的存储还是一个难题。

2) 合理利用能源:对可穿戴式计算机显得尤为重要,主要有硬件方案和软件方案两种途径。硬件方案:选用节能的处理器及其他器件,尽量减少对硬件配置的要求;软件方案:建立适应用户操作习惯、合理节能的运行模型,实现用电方式的最佳管理。

8.2.3　便携式维修终端 PMT 的技术核心

“便携式维修终端”(PMT,Portable Maintenance Terminal)是可穿戴式维修计算机的主要实现形式。它主要有以下功能:无需双手参与的多种控制方式、无线通信和计算、提供不同的工作模式、无线组网和 Internet 互连、集成语音/数据操作、不同类型的处理器、提供不同的显示技术、虚拟现实应用和摄像功能。PMT 可提供维修技术人员需要的维修信息,进行现场维修通信,使维修技术人员融入整个维修保障大系统当中。同时,便携式维修终端 PMT 使维修人员在获取维系信息的同时,进行维修活动成为可能。目前,PMT 技术随着 IT 技术进行,正迅猛地发展到许多航空设备的维修当中。例如,MicroOptical 公司推出的 480 全彩 VGA 头盔显示系统可以阅读网页、视频剪辑和文本资料,并采用 Windows 界面。对于许多维修工作来说,目前的显示技术和显示精度能够满足维修需要。

PMT 实现的技术核心包括:无线局域网络(WLAN,Wireless Local Area Network);大存储容量;语音识别能力;视听输入/输出设备;信息、数据输入设备;便携式计算机;高效蓄能电源等方面。

1. 数据存储能力

数据存储是计算机技术发展的核心技术之一。PMT 需要在无线局域网频宽设定和数据存储容量之间进行权衡优化。未来,随着 3D 图像在 PMT 中的广泛使用和数据存储容量的提高,对高数据通信能力的需求仍将受到无线局域网带宽的制约。

对于 PMT 的数据存储,硬盘存储器并不是唯一的存储设备,半导体内存(flash RAM)将代替硬盘存储器,使数据传输、显示速度会更加便捷,并可以降低电源消耗。

2. 语音识别能力

当维修技术人员的注意力和双手在进行维修操作时,PMT 的语音识别功能是维修人员通信和交流信息的核心。PMT 语音识别能力主要包括两个方面的内容:语音指令和语音口述。语音指令是使系统能够识别维修人员的一系列维修指令,进行维修信息服务,例如获取零部件图纸、接入信息支持系统等。语音口述使维修人员能够通过口述记录维修过程所需记录文档和进行通信。语音命令和语音口述都需要语音识别系统的支持。

在高噪声或危险型维修环境中,在人员之间的口语交流不便时,便携式终端 PMT 的高效语音命令识别功能是十分必要的,特别是在需要维修人员进行手势信号交流,手和注意力却不能离开工作环境的时候,PMT 可以降低这些维修情况下的危险性,并进行正常的人员之间的信息交流。近年,语音识别技术得到了很大的突破,但是在飞机维修的高噪环境中,目前的语音识别能力仍需进一步改善。

3. 音频输入/输出设备

高噪环境是 PMT 使用的一个主要环境。使用音频的 PMT 语音指令系统和语音通信技术需要使用消噪麦克风。高噪环境也需要使用集成耳机的护耳装置。计算机记录语音并在耳机同步输出的能力可以提供 PMA 有效的音频输入/输出系统。

4. PMT 数据显示系统

PMT 数据显示系统主要有头盔显示、手腕显示和贴身面板显示。这些系统主要由 640×480 色彩显示。PMT 显示系统同时需要兼容眼睛保护能力。

5. 数据输入设备

目前,视频技术已经融入 PMT 中,这种技术可捕获和转换数字图像,使维修技术人员记录他的维修过程,以提供维修训练需要。同样,可以输入时间、动态录像、进行文档维护,或提供高质量的文档进行远程质量控制。视频技术也能够进行多媒体协同,例如视频会议、设备承制商远程后勤保障支持活动/产品支援活动等,从而可降低维修保障费用和减少维修时间。

其他的数据输入设备需要包括键盘和特制设备。这与一些特殊的应用领域,可以采用声音鼠标和一些可穿戴设备进行维修导航。

6. 便携式计算机

当前,便携式计算机内存已经从 128 MB 扩展到 512 MB、1 GB。处理器速度已经上升到 1 GB 以上。工业部门正在进行更小型功能强大的高精度彩显硬件的研发。IT 技术的快速进步,低资源占用图像显示技术、实时声音输出技术和智能人机交互技术的发展,使得实现体积更小、功能更强大的 PMT 成为可能。这些技术具有很大在飞机使用和维修中应用的潜力。

7. 蓄能电源

小型可持续充电电池技术已经得到很大的发展,而且电能输出量可以通过计算机软件进行管理。通过电源管理系统与外围设备使用的协调,电池的使用时间可以得到很大的延长。

8.3　联合全资产可视化技术

目前美国军方的数字化的维修保障还利用了"联合全资产可视化(JTAV,Joint Total Asset Visibility)技术,该技术利用信息技术,及时、准确地向用户提供人员、装备和补给品的所在位置、运输状况、运输特征,并以此为依据优化后勤补给业务,改善后勤总体工作效率的能力。1992 年 4 月,海湾战争的迷雾问题,促进对于资源可视化的概念的提出与发展。1996 年 5 月,美军参谋长联席会议颁布了《2010 年联合设想》(Joint Vision 2010),提出"聚焦"保障的概念,也就是可视化的原型。"聚焦后勤"是将信息、后勤及运输融为一体,实现灵活、高效、精确的后勤保障。用有限的资源快速完成对战争热点的优势保障,以最少的保障资源获取最大的保障效益。到 1998 年美国国防部正式提出了联合全资产可视性(Joint Total Asset Visibility,简称 JTAV)建设规划。随之的研究主要应用在军事保障上。

8.3.1　联合全资产可视化的任务和目标

"联合全资产可视化"的任务包括以下四个方面:

1) 根据作战保障系统中对装备保障和后勤支援的需求和数据环境,完成运输系统结构设计;

2) 设计、开发和管理"联合全资产可视化"装备保障与后勤人员数据环境,并把联合全资产可视化能力并入"作战保障系统"需求之中;

3) 协调使用"联合全资产可视化"和"作战保障系统",验证经济效益和提出的战略等级的响应能力;

4) 制定和实施一整套使"联合全资产可视化"和"作战保障系统"能力现代化和科学化的策略。

"联合全资产可视化"的长远目标是支持"聚焦后勤"的实现,以便制定更准确的作战保障计划,改进保障的应急能力和灵活性,提高战备等级,减少保障费用。其近期目标是:

1) 通过标准的数据库机制使任何存储点的数据通用;

2) 最大限度地利用商业现行物流系统的能力和技术;

3) 在装备的研制、生产、试验、使用以及退役过程中,同采办、维修保障、维修管理人员合作,实现对武器系统和装备的全寿命管理;

4) 使装备保障和维修机构的资产处于最优化;

5) 提高港口和仓库的物流效率,减少库存量和物资积压;

6) 达到实时、适量、高效、精确的补给保障;

7) 通过这种及时、灵活和高费效比的保障能力,提供对海、陆、空、天联合部队和战区部队平时、战时供应器材的正常运作。

8.3.2　自动识别技术

"联合全资产可视化"成功的实现,取决于其中的自动化信息系统获取和传输数据的能力。其中自动识别技术是"联合全资产可视化"的关键技术。自动识别技术是获取、汇总和传送数据的一整套工具,必须与装备保障和器材供应自动化信息系统结为一体。自动识别技术的长处在于其能迅速获取详尽的信息并与自动化信息系统连接,不需人工干预或只需最低限度的人工干预。自动识别技术运用多种读、写存储标签,用于存贮资产识别信息。这些标签包括条形码、识别卡、射频识别标签等,它们用于对单件物品、合装货件、装备、空运托盘、集装箱添加标识。自动识别技术还包括制配上述标签、阅读其标签信息、将这些信息自动存入信息系统的自动识别装置和软件。

自动识别装置包括如下几种:

1) 线性条形码:能提供单件物品、单批货运物品的识别信息和文件控制信息;

2) 二维(2D)符号条形码:能提供单批货运物品的全面数据及合装货件和空运托盘的综合数据;

3) 光学存储卡:能记载合装货件、空运托盘、集装箱、牵引车、挂车、铁路货车所载物资的全部数据内容,可用于数据量大的场合;

4) 射频标签:用于弹药集装箱,由集装箱集运点和仓库装货的海运集装箱、空运托盘、港口及战区中转货运作业,以及石油产品的收发。各军兵种还可在大型装备和部队装备上使用射频卡。

自动识别技术装置通过管理信息系统接口访问和更新读写点的在储、在运、在修、在处理装备和物资的识别信息,有效地提高下列业务工作的效能:

1) 储存仓库:自动识别装置便于以下作业:货物接收、购货订单或合同现货的核查、货物装箱和上架、盘点、发货。自动识别装置提供的支持便于把信息加载到管理信息系统,保证已存入管理信息系统中的各种物品数量的准确性。

2) 维修设施:自动识别装置负责追踪修理产品的维修过程,在产品进入维修和在修处理的每个环节,由自动识别装置获取其在每个环节的时间、位置和状态数据。它还能获取修理中的材料消耗信息,并保存全面的修理历史数据,供装备维修保障管理部门以后访问查询使用。

3) 发货、收货机构及港口:自动识别装置完成下列业务:确认货物接收、编制货运文件、将单件物品包装成大件、将大件拆成单件物品、更新货运状态信息。

4) 装备维修保障和供应管理部门:自动识别装置协助查找物资器材装备、集装箱位置,查明所装货物名称、数量。自动识别装置应支持物品在维修设施、储存仓库、发送机构之间的运转,其是在运资产数据的来源。因此,自动识别装置中,可靠的通信是极为重要的。

自动识别装置用激光或射频对标签的数据进行读取,并自动输入信息系统,更新资产数据库的记录。自动识别标签和装置的性能如表 8.1 所列。线性条形码能提供单件物品、单批货运物品的识别信息和文件控制信息;二维(2D)符号条形码能提供单批货运物品的全面数据及合装货件和空运托盘的综合数据;光学存储卡能记载合装货件、空运托盘、集装箱、牵引车、挂车、铁路货车所载物资的全部数据内容,可用于数据量大的场合;射频标签用于弹药集装箱,由集装箱集运点和仓库装货的海运集装箱、空运托盘、港口及战区中转货运作业,以及石油产品的收发。

表 8.1　自动识别装置性能

标签名称		数据容量/B	编码方式	存取方式	作用距离
条形码	一维	25	打印机	手持式	近距离
	二维	1 850	打印机	手持式	近距离
识别卡	激光	2.8 M	激光	固定式	触摸
	灵巧	8 M	电	手持式	触摸
射频标签	被动式	16	射频	固定/手持式	20 英尺(视线范围)
	主动式	256	射频	固定/手持式	300 英尺(全方位)

另外,还有一些在研的先进的自动识别技术,目前已达到实验室模型应用水平,预计 2010 年前即将投入使用。例如:接触记忆技术、微标记技术、智能标签技术等。

接触记忆技术是建立在接触记忆钮的基础之上。记忆钮是一种微型快速读写储存装置,适用于各种恶劣作战环境,容量为 128～32 000 字节,寿命可达 100 年或100 万次循环读写。接触记忆钮不能远距离阅读,工作时使用便携式记忆钮读出器与微机相连接,用于保存航空部件的维修记录、电子部件的校正数据等。

微标记技术是由小型被动式脉冲收发机和铝框架固定的射频识别询问机组成。为支持自动化信息系统提供集装件集装和分拆数据。

智能标签技术采用超薄型无电池射频识别读写脉冲收发机,它很容易复合在两层纸片或塑料片之间,适用于快速准确地识别物品。当前此种标签储存能力限于256 bit。智能标签是射频识别系统的一部分,需用阅读器和天线完成与自动化信息系统的连接。

8.3.3 射频识别技术

射频识别技术(RFID - Radio Frequency Identifier)技术是使用辐射电磁场识别器传输和读取数据的技术。射频识别技术为联合全资产可视化系统的开发提供了一种新工具,它能在较短距离范围内自动识别、区分器材并确定其所有的位置。目前,RFID技术在需求的推动下进步很快,现在已经制定了RFID行业标准。射频识别由应答射频卡(电子标签)或询问器(读写器)组成,采用无线电波应答传播的工作原理,射频识别系统组成如图8.3所示。RFID技术能使被识别数据自动读取而进入信息管理系统,不需要人为干涉,从而保证了获取数据的及时性、可靠性和准确性。

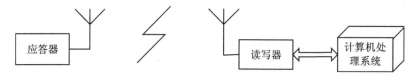

图 8.3 射频识别系统组成示意图

射频识别系统利用无线射频技术实现无线传输,由于其使用的是高频载波,具有较宽的带宽,因此可实现较高的数据传输速率。另外,由于频率高、载波波长短,所用天线尺寸很小,使发信机可以做得小巧、隐蔽、可靠。

射频识别系统包括主动型和被动型,被动型不能用于在运资产可视化。主动型射频识别系统中,读取器对电子标签发射信号使电子标签被激活,反馈回与具体集装箱或电子托盘相应的ID代码,用于对识别件进行身份识别。电子标签作用前,需要经过初始化操作,然后写入ID代码和相关的保障货物类别、品名、规格、数量、发送单位、接收用户等信息。电子标签结构如图8.4所示。

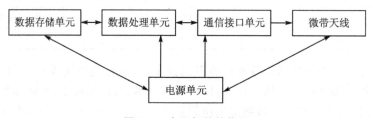

图 8.4 电子标签结构图

电子标签和读取器之间的信息传输,应符合选定的通信协议。在正式传输信息之前,双方应互发送握手信号以确保发送与接收数据的安全性和准确性。首先由读取器发出一握手信号,电子标签接收信号后,进行身份验证,属于指定口令,则将信号发回读取器。紧接着由读取器再发一个读数据指令,电子标签再进行判断,属规定读取指令时,表明是本系统读取其已收到应答握手信号,然后打开通信接口单元输入接口,将发送数据存入通信接口缓存器,当缓存器存满一个数据帧(256 字节)时,通信单元输出接口打开,由微带天线发射电子标签货物信息和运输路径信息给读取器。电子标签软件流程如图 8.5 所示。

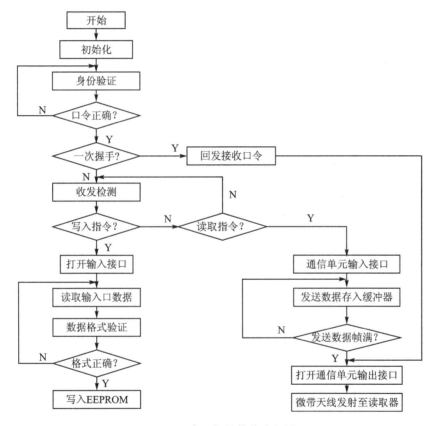

图 8.5　电子标签软件流程图

思考题

1. PMA 有哪些主要功能?现在面临哪些方面的挑战?
2. WMAC 的作用是什么?
3. 便携式维修终端 PMT 包括哪些技术核心?
4. 联合资产可视化技术 JTAV 在数字化维修中的工作任务主要有哪些?
5. 绘制电子标签结构图与软件流程图。

第9章 保障性要求

保障性要求确定为保障性分析的四大主要内容之一。保障性分析的首要任务就是在飞机的研制早期，及时、合理地制定出一套相互协调的保障性要求，它是进行与保障性有关的设计、验证与评价等一系列综合保障工作的前提条件，是保障方案确定与优化和保障资源需求确定的重要输入。在飞机的立项论证过程中，当明确了任务需求后，就应提出保障性要求。

9.1 保障性要求的主要内容及分类

9.1.1 保障性要求的主要内容

保障性要求是有关飞机保障性和保障问题要求的总称，它包括保障性的综合要求、有关保障性的设计要求、主要保障资源方面的要求以及改进飞机所需的保障性要求。

9.1.2 保障性要求的分类

保障性要求要用一系列反映不同需求、不同层次、不同侧面的与"保障"有关的要求来描述，因此保障性要求也就有几种不同的分类方式。

1. 第一种分类法：保障性定性要求与保障性定量要求

保障性要求可以是定量的，也可以是定性的。这些定量和定性的要求在不同的管理阶段有不同的量值和不同水平的要求，这些不同要求可归纳为两大类，即期望达到的水平和必需达到的水平。

（1）保障性定性要求

定性要求主要指标准化等的原则性要求和有关保障考虑。一般包括针对飞机系统、飞机保障性设计、保障系统及其保障资源等几个方面的非量化要求。

飞机系统的定性要求主要是指标准化等的原则性要求；

飞机保障性设计有关方面的定性要求主要是指可靠性、维修性、运输性的定性要求和需要纳入设计的有关保障考虑，如发动机的设计要便于安装和拆卸。还包括保障飞机充填加挂等实用工作所需的非量化的设计要求，如要求尽量选用通用的燃油和润滑油。

保障系统及其保障资源的定性要求主要是指在规划保障时要考虑、遵循的各种原则和约束条件，如对维修方案的各种考虑、对维修级别及各级维修任务的划分等。

对于保障资源的定性要求,取决于飞机的使用与维修需求、经费、进度等,如应尽量减少保障设备的品种和数量,尽量采用通用的标准化的保障设备,尽量采用现有的保障设备和综合测试设备。

保障性定性要求的一般内容如下[2]:

1) 满足使用方案维修保障方案及费用等的约束;

2) 减少保障工作量;

3) 提高标准化、通用化与互换性程度;

4) 使飞机及其保障系统具有良好的运输性,便于包装、装卸、储存和运输;

5) 具有良好的环境防护能力;

6) 具有良好的设计接口;

7) 提高自保障能力,减少对保障系统的依赖;

8) 重视保障资源的继承性、通用性,尽量减少其品种和规格要求;

9) 保障资源应满足充足、配套、简便、适用、安全、快捷、经济、耐用等要求。

保障性定性要求模板示例见参考文献[2]。

(2) 保障性定量要求

保障性定量要求是可度量、可验证的,是用保障性定量参数及其量值来规定的。由于保障性是一种要在使用中才得以检验的一种特性,即从任务需求出发提出保障性指标要求的使用值,而进行保障性评估时又必须回到使用值上去验证。因此,这些参数的指标应使用参数的量值表示,并根据合同和设计的需求换为承制方可控的合同参数量值。

2. 第二种分类法:保障性综合要求、与保障有关的设计要求、保障资源要求

(1) 保障性综合要求

保障性综合要求是根据飞机的保障性目标要求而提出的要求,它从总体上反映飞机的保障性水平。保障性目标通常可以用运行完好性目标值来衡量,运行完好性目标值是对飞机在预计的使用情况下,完成并保持一系列规定任务的能力进行评估的指标。飞机运行完好性参数主要有可用度 $A_0 \left(A_0 = \dfrac{工作时间}{工作时间 + 不能工作时间} \right)$、执行任务率 MC(一个系统至少能够执行一项规定任务的时间与其总拥有时间的百分比)、修复率等。

(2) 与保障性有关的设计要求

与保障性有关的设计要求主要包括可靠性、维修性、测试性、运输性、耐久性(寿命)、储存要求、受油速率等方面的保障性要求。

与保障性有关的设计参数主要有:平均故障间隔里程(时间)、平均致命性故障间隔里程(时间)、平均维修活动间隔时间、故障检测率、故障隔离率、虚警率、可靠度、故障率、平均修复时间等。

(3) 保障资源要求

保障资源要求是确定保障资源品种与数量的重要输入信息。保障资源要求包括：

  1）人员数量、专业与技术等级要求；

  2）保障设备和工具的类型、数量与主要技术指标和利用率；（例如保障设备利用率、保障设备满足率）

  3）备件保证概率；（例如备件利用率、备件满足率）

  4）订货和装运时间；

  5）补给时间和补给率；

  6）模拟与训练器材的类型与技术指标；

  7）设施类型与利用率等方面的保障性要求。

3. 第三种分类方法：保障性使用要求与合同要求

使用要求从用户需求和使用的角度来度量的和描述飞机的保障性水平，来源于任务需求。描述保障性使用要求的定量参数称为保障性使用参数，包括能执行任务率（MC）、出动架次率（SGR）、平均维修间隔（MTBM）等。描述合同要求的定量参数被称为保障合同参数，如平均故障间隔时间（MTBF）、平均修复时间（MTTR）等。

使用值是使用参数度量时的量值，它包括飞机设计、质量、环境、使用、维修、延误等的综合影响；合同值是合同参数度量时的量值，只包括设计、制造的影响。根据使用要求期望达到的保障性水平称为保障性目标值，满足使用要求必须达到的保障性的水平称为保障性门限值，目标值与门限值都是使用值。一般门限值为合同中的规定值的 $60\% \sim 70\%$。

合同值包括规定值和最低可接受值（必须达到的最低要求）。规定值是设计的依据，一般产品按 1.25 倍"规定值"进行设计。

在研制任务书和合同中所期望达到的保障性水平称为规定值，为满足任务要求必须达到的合同指标称为最低可接受值，目标值与门限值通过转化成为规定值和最低可接受值。

9.2　确定保障性要求的过程

保障性要求涉及许多实际条件与可能性，并与费用和进度有着密切关系。因此，需要反复分析和多方面的权衡，自论证阶段开始一直延续到方案结束阶段才能得到符合实际的具体保障性要求，即保障性要求的确定经历一个从初定到确定、从使用要求到合同要求、从综合特征要求到单一特征要求的细化、分解、转化并权衡的过程。

9.2.1　初始保障性要求的提出

初始的保障性要求由订购方提出，较为综合、宏观、概括，主要包括系统的运行完好性、初始的保障方案以及考虑保障资源时应遵循的一些原则和约束等。初始的保障性要求主要考虑的因素有：新飞机的任务使命和功能特点、部署数量和服役期限、使用强度和机动性要求、现有类似飞机的保障性水平和存在的不足、现有保障的可利用条件及约束条件、寿命剖面及任务剖面等。

9.2.2　调整并细化初始保障性要求

协调并建立飞机系统的运行完好性、可靠性、维修性和保障资源要求之间的最佳关系；通过保障性分析（即进一步的使用研究与对比分析，确定保障性及其相关的设计因素等工作项目）和可靠性、维修性分配、预计等工作，并经权衡确定；对初始方案及其约束条件的调整。

9.2.3　保障性要求的确定

保障性要求的确定分为保障性定量要求的确定与保障性定性要求的确定。

1. 保障性定量要求的确定过程

确定保障要求定量的过程：保障性参数的选择（常用的保障性参数见文献［2］第71页表3－2）→确定保障性指标（即确定保障性参数的指标量值）→验证方法的确定（通常有演示验证和统计试验验证两种）。

2. 保障性定性要求的确定过程

确定保障性定性要求的过程：制定保障性要求确定模板→根据具体的作战或使用任务要求在定性要求模板中选用具体的要求条款或者予以细化，承制方以此制定设计准则，并在设计中加以贯彻→用定性设计核对表来检验定性要求的落实情况。

3. 确定保障性要求时需要做的工作

确定保障性要求必须做以下四个方面的工作：

1）要进行"使用研究"工作，即进行现场调研，了解飞机各维修级别的维修能力与维修时间限制、飞机的使用方案等，勾画出飞机可能面临的保障工作与任务。通过此项分析工作，不仅为装备的保障性分析工作提供了明确的依据，也直接为提出针对性强、直接面对新研飞机的保障性要求提供了具体的依据。

2）要进行"飞机软件、硬件和保障系统的标准化"工作，即提出保障性要求的时候，必须将标准化作为保障性要求的重要内容。

3）要进行"比较分析"工作，即必须针对新研装备建立比较系统或基准比较系统，进行比较分析，从可行性、寿命周期费用和运行完好性、设计缺陷改进等三个方面进行比较分析工作。

4）要进行"改进保障性的技术途径"工作，即在提出保障性要求时，要考虑指标的先进性要求，同时也要考虑是否有行之有效的方法来保证先进性指标的落实。

9.2.4　确定保障性要求目标值的主要工作

确定保障性要求的目标值是一个由粗到细的过程，它从使用任务分析开始，与相似的基准比较系统有关参数指标和要求对比，结合飞机设计方案及其结构层次和寿命周期费用,作多方面的权衡分析,并作适当的试验验证才能制定出可行的保障性要求。下面将对这些方面的主要工作分别作进一步讨论。

1. 进行任务范围分析确定保障性约束

分析现役飞机系统在保障性(如故障率、维修时间、故障检测和隔离能力等)方面的缺陷,以及现行保障体制与现役飞机的保障系统所提供的保障资源是否充分,并将对这两个方面缺陷的改进要求作为提出新研机型的保障性约束(含保障资源约束)。保障性约束是确定保障要求的基础,有些约束本身也可作为要求。

2. 确定保障性初定目标

由于确定保障性初定目标的需要与各种飞机备选方案结合,所以保障性初定目标的确定时间允许推迟到方案阶段的初期完成。确定保障性初定目标,一般应进行新研飞机的使用研究、基于现有飞机及其分系统和部件的比较分析、确定初始保障性目标值和有关保障性设计因素等工作。

使用研究即对新研机型何时、何地及如何使用作一个全面的分析,明确使用要求和保障体制,并根据使用要求确定出与新研机型预定用途有关的保障性因素如初始任务剖面、任务额度与持续时间、基地设置方案、预定使用寿命与其他设备或系统的相互关系和自然环境(包括危险和有害物)维修与储存和运输环境,以及使用和保障人员数量和要求等。

比较分析是新研装备与基准比较系统进行分析从而获得所需保障性要求的重要手段。分析可以获得以下几个方面的信息:

1) 可能的高故障率部位(分系统、零部件);
2) 造成停机时间的主导因素;
3) 提高有关保障性的设计特性;
4) 使保障性降低的潜在设计问题;
5) 对安全性或人的因素有潜在影响的设计方案;
6) 保障资源的初步要求;
7) 达到战备或运行完好性、使用与保障费用要求的备选设计方案、使用方案与保障方案;
8) 各种保障性参数的量值范围;
9) 人力、人员和培训的约束条件。

除了上述使用研究与比较分析外,还应研究采用什么技术途径(如新材料、新工艺和新技术等)来改进和提高新研机型的保障性水平,以及由此可能带来的风险。为使新研机型能最大限度地利用现役飞机系统的硬件、软件和现有的和已规划的保障资源,以便减少备件的种类与数量,减少保障设备的设计工作量,抑制保障设备的增长,降低飞机的设计风险。在进行使用研究和选定比较系统时要重视对新研机型及保障资源的标准化分析,确定新研机型标准化的设计约束。

保障性初定目标值根据任务需求分析以及基准比较系统使用参数值,并考虑预计的技术进步因素而得到。按飞机的组成,将整机的有关保障性的初定目标值(如40)分配给飞机各分系统(或部件)如机体、发动机、火控系统等(对飞机系统),以初步确定分系统(或部件)级的相应的有关保障性设计参数的初定目标值。同时,根据备选保障方案对现有比较系统的保障特性的分析和评价,再考虑技术上的改进,估计出技术上可实现的保障特性与保障资源参数的初定目标值,如故障率、修复时间、需更换的零部件、备件和保障设备与人力要求等。

3. 确定正式保障性目标值与门限值

正式保障性目标值与门限值的确定工作必须在方案阶段的末期完成。通过备选方案的评价与权衡分析确定正式保障性目标值与门限值。保障性目标值与门限值以及相应的有关保障性设计参数的目标值与门限值是属于保障性的使用指标要求。为制定设计准则作为具体设计的基本依据,通过适当的转换模型,将这些保障性的使用指标要求转换为合同要求,即目标值转为规定值,门限值转为最低可接受值。转换模型是根据飞机长期使用和设计工作的统计数据和经验而拟定的。如飞机的平均故障间隔飞行时间 T_{MFHBF}(使用指标)利用环境因子(K_E)和运行比(K_Z)通过下列模型而转换为平均故障间隔时间 T_{BF}(合同指标):

$$T_{BF} = K_E \cdot K_Z \cdot T_{MFHBF}$$

9.3　确定保障性要求的方法

9.3.1　根据作战或持续适航需求确定

军民飞机是为完成预期的作战或持续适航需求而研制的,因而所需确定的保障性指标要求必须满足预期的作战或飞行任务需求,这就提出了如何根据飞机的作战或持续适航确定其保障性指标的问题。有些保障性要求是直接与作战或持续适航需求有关的。对于这些要求,应根据对飞机所进行的作战或持续适航需求分析的结果,导出其指标要求。

9.3.2　根据类比法确定

许多保障性要求与作战或持续适航需求之间的联系尚不够明确,或根据需求确定的某指标受到设计、制造技术、研制进度、费用等因素的制约很难达到。这时,可以根据相似飞机及分系统的有关数据,通过类比并结合先进性和可行性等因素确定这类保障性的指标要求。从理论上讲,所有保障性要求都可以用这种方法确定,而且通过其他方法确定的保障性要求最终也应通过该方法合理确定。

9.3.3　根据权衡分析确定

由于保障性参数与可靠性、维修参数之间存在着非常密切的联系,所以在确定飞机及分系统的保障性参数指标时,必须要考虑他们之间的协调性。一方面,在通过其他方法初步确定了保障性定量要求之后,应进行各相关指标的协调性考虑;另一方面,也可以根据参数之间的关系,通过权衡分析与协调来导出有关的保障要求。下面结合可靠性、维修性、保障性 RMS 参数之间的关系协调确定可靠性、维修性指标的过程来介绍这种方法的基本思想。

固有可用度 A_i 与可靠性、维修性的基本参数(平均故障间隔时间 MTBF 和平均修复时间 MTTR)之间存在如下关系:

$$A_i = \frac{\text{MTBF}}{\text{MTBF} + \text{MTTR}}$$

若 A_i 确定,要求满足 MTBF(用 r 表示)和 MTTR(用 m 表示)最低。若 A_i 对 r、m 的偏导都连续,则存在

$$\Delta A_i = \frac{\partial A_i}{\partial r} \Delta r + \frac{\partial A_i}{\partial m} \Delta m$$

问题的关键是在给定 A_i 的条件下,找到使 ΔA_i 最小的 r、m。这实质是一个线性规划问题,即:

$$\min f(\Delta A_i) = \frac{\partial A_i}{\partial r} \Delta r + \frac{\partial A_i}{\partial m} \Delta m$$

约束条件: $\begin{cases} A_i = \dfrac{\text{MTBF}}{\text{MTBF} + \text{MTTR}} \\ \text{MTBF} \geqslant \text{MTBF}_0 \\ \text{MTTR} \leqslant \text{MTTR}_0 \end{cases}$

在该计算过程中,只要 Δr、Δm、Δs 取得的值足够小,能满足工程研制精度的需要,那么用这种方法所求得的解的误差就会在允许的范畴之内。因此,采用该方法求解不仅符合工作需要,而且是可行的。应用实例见参考文献[2]第 88 页。

思考题

1. 保障性要求包括哪些内容?
2. 保障性要求的分类方法有哪些?
3. 确定保障性要求的过程是什么?
4. 使用值与合同值的关系是什么?
5. 确定保障性要求目标值需要做哪些工作?
6. 确定保障性要求有哪些方法? 基本思路是什么? 各有何应用特点?
7. 保障性定量/定性要求的确定过程是什么?

第 10 章　保障方案

飞机保障的规划主要包括保障方案的规划和保障资源的规划。确定保障方案是航空综合保障工程和保障性分析中最为重要和最为关键的工作之一。在确定保障性要求后,将保障性要求纳入飞机的设计时,如何按照所确定的保障性要求优化飞机的保障方案和影响飞机的设计,使研制出的飞机与其保障系统能得到最佳的匹配,使飞机的研制能在费用、进度、性能与保障性之间达到最佳平衡,是保障性分析的另一重要任务。保障方案的确定与优化工作是落实保障性要求的最佳手段。

10.1　保障方案的内涵和组成

10.1.1　保障方案的内涵

保障方案是保障系统完整的系统级说明,它从总体上描述保障系统,包括保障系统的主要特征:维修级别、修理策略、维修机构的职责与分工、维修保障方式、保障环境、运输方案等。保障方案的确定与优化是一个动态的过程。

10.1.2　保障方案的组成

保障方案可分为使用保障方案和维修保障方案。维修保障方案规定了维修保障的工作内容。维修保障方案包括预防性维修保障(又称计划维修保障)和修复性维修保障方案(又称非计划维修保障)。

1. 预防性维修保障方案

预防性维修保障方案包括四方面内容:需进行预防性维修的产品、预防性维修工作类型及其简要说明、预防性维修工作的间隔期和维修级别。

预防性维修保障方案主要通过故障模式影响分析(FMEA)和以可靠性为中心的维修分析(RCMA)来确定。FMEA 确定出故障模式和故障原因,进而通过维修逻辑决断分析,确定出使用而有效的预防性维修工作类型,最后进行预防性维修间隔期的探索,并给出维修级别的建议。

2. 修复性维修保障方案

修复性维修保障方案主要包括:进行修复性维修的产品、修理还是报废的决策、如果需要修理在何级别维修。

修复性维修保障方案主要通过 FMEA 和修理级别分析 LORA 来确定。FMEA 确定出故障模式和原因,通过修理级别分析来决定对产品是修理还是报废,进而给出应该在哪个级别上进行修理的决策。

维修保障方案的确定需要用到多种保障性分析技术,它以故障为输入信息。

10.2　保障方案的确定与优化

10.2.1　保障方案的确定程序

保障方案的确定实质上是在规划保障工作的过程中及时影响飞机设计,保证飞机的保障工作简单、工作量少、保障费用低,从而使飞机达到较高的运行完好性水平,也为建立经济有效的保障系统奠定良好的基础。

1. 使用保障方案的确定

使用保障方案的确定程序依次为:功能分析(明确飞机的使用功能)→飞机的任务剖面和任务阶段确定→飞机的使用保障工作类型确定。

1) 功能分析:将飞机的有关功能逐项加以分析,找出在使用过程中为保持和恢复飞机及其分系统所具备的功能应有的使用与维修功能,并将使用与维修功能分解为一项项具体工作任务或活动,以从功能角度建立飞机系统各方面的使用保障要求。

功能分析步骤:确定飞机系统或分系统的功能;确定实现各项功能的方法:人工的、自动的或两者结合;确定完成每项功能所需的使用保障工作。

2) 确定飞机及分系统的任务剖面与任务阶段

任务剖面是对某特定任务从开始到完成这段时间内发生的事件和所处环境的描述。任务剖面由一定的任务阶段构成。任务剖面各任务阶段与使用保障工作的存在对应关系。

3) 确定使用保障工作类型

飞机及其分系统不同,使用保障工作类型也不尽相同。

2. 预防性维修保障方案的确定

预防性维修又称计划维修。预防性维修保障方案包括的主要内容有:需进行预防性维修的产品、预防性维修工作类型、预防性维修间隔期和预防性维修级别。

其目的:以最少的资源消耗保持和恢复装备的安全性和可靠性的固有水平,并在必要时提供改进设计所需的信息。

确定预防性维修保障方案的一般步骤:

确定需要进行预防性维修的产品→进行故障模式影响分析,确定各个重要功能产品的全部功能故障、故障模式和故障因素→确定预防性维修工作类型,即针对每一功能故障的预防性维修对策→确定预防性维修工作的间隔期→提出预防性维修工作维修级别的建议。

1) 确定预防性维修的产品。故障率服从指数分布的产品是不需要进行预防性维修的。早期故障、偶然故障不能靠维修预防。只有会产生严重后果的故障才需预防。还要考虑经济性问题。预防性维修产品的条件及性质见参考文献[2]第 102 和 103 页。

2）预防性维修工作类型通常有 7 种：保养、操作人员监控、使用检查、功能检测、定时拆修、定时报废以及它们的综合工作。确定预防性维修工作类型的过程采用"逻辑决断图"形式表示，见参考文献[2]的最后一页，即插页。

3. 修复性维修保障方案的确定

修复性维修又称非计划维修，它主要解决装备出现偶然故障需要如何修复的问题。当装备出现故障时，需先对故障件进行合理决策，确定其是报废更新还是修理恢复。若修理恢复，再确定在哪一修理级别上进行。因此修理级别分析（Level Of Repair Analysis，LORA）是解决此问题的主要技术方法。

10.2.2　保障方案的确定与优化分析过程

保障方案的确定与优化是一个动态分析过程，如图 10.1 所示。在论证阶段，用户应提出初始保障方案，作为确定保障方案的依据和约束；在方案阶段，可根据飞机不同设计方案或其他因素确定出飞机的备选保障方案，并确定各备选方案的备选保障计划；在工程研制阶段，通过对备选保障计划综合权衡分析，得出优化的保障方案，根据优化的保障计划确定出保障资源需求。

确定保障方案的首要工作是进行功能分析，在功能分析的基础上，通过进行故障模式影响及危害性分析和以可靠性为中心的维修分析等工作，可确定出维修保障方案；通过飞机使用功能分析，可确定出飞机的使用保障方案。保障方案的详细确定过程如图 10.2 所示。

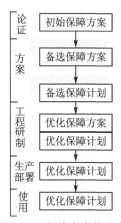

图 10.1　保障方案的确定与优化分析过程

10.2.3　确定飞机使用与维修功能要求的主要分析内容

确认飞机在预期的环境中使用所应具备的功能是进一步确定为保障飞机正常运行所需的使用与维修工作任务的基础，其主要分析工作包括：

1）确定飞机每一备选方案在预期的环境中使用、维修与必须具备的功能。

根据新研机型的寿命剖面与任务剖面，利用功能分析列出每一备选设计方案在预期的使用环境中使用、维修与保障功能的清单；

2）确定由于采用新的设计技术或使用方案而使新研机型所具有的独特功能要求，以及那些对于影响保障性、费用与任务执行完好性的主导因素的功能要求，上述要求在规划新研机型保障时应特别加以注意，以便尽早地研究保障这些功能的备选方案；

3）确定满足新研机型功能要求的风险；

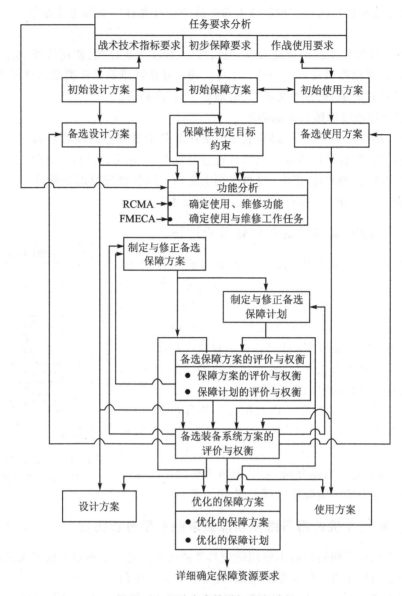

图 10.2　保障方案的详细确定过程

4）根据已确定的功能要求，确定新飞机的使用与维修工作任务。

使用与维修工作分析的工作流程如图 10.3 所示。首先选择保障方案中的一项使用与维修保障工作；然后将该项使用与维修保障工作按工作顺序分解为各个子工作与工序，并标明各个子工作和工序的顺序要求；最后对每一个子工作和工序进行备品备件需求、技术资料需求、人员数量与技术等级需求和保障功能设备需求等保障资源需求的分析。上述工作完成后，再进行另一项使用与维修保障工作的分析，直至结束。

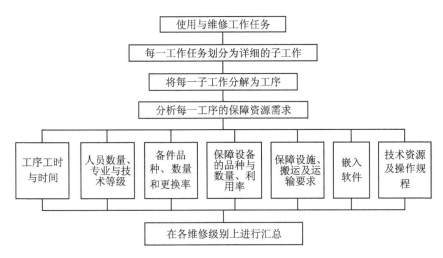

图 10.3　使用与维修工作分析流程

10.2.4　功能分析

功能分析是确定使用保障方案的最重要和最基础的工作。功能分析是在飞机的设计和研制过程中采用逻辑的与系统的分析方法,确定达到飞机要求所必需的功能要求,并将这些功能层层分解为飞机下一层次的功能。将飞机的有关功能逐项加以分析,找出在使用过程中为保持和恢复所具备的功能应有的使用与维修功能。

功能分析的主要目的是为了从功能的角度建立飞机系统的各方面的要求。在寿命周期的早期阶段就能够很清楚地确定飞机内部与外部的联系问题。使工程技术人员能从逻辑和系统的观点出发进行各项设计,能够迅速地建立正确的设计逻辑顺序和各项设计中的相互关系而不致于造成矛盾和混乱。功能分析的实质是建立飞机功能与使用保障工作的关系,飞机在使用的过程中只要用到该项功能,就应及时进行相应的使用保障工作,这样才能保证飞机功能的充分发挥。飞机使用功能和使用保障工作的对应关系如图 10.4 所示。使用保障方案的本质是要回答执行什么样的任务时应进行什么样的使用保障工作。为了便于规划使用保障方案或使用保障工作,需要确定装备有什么样的任务剖面。任务剖面是"对某特定任务从开始到完成这段时间内发生的事件和所处环境的描述"。在确定任务剖面后,还要进行任务剖面包括哪些任务阶段的分析,从而建立起任务剖面各任务阶段与使用保障工作的关系。

1. 功能分析的步骤

1)确定飞机系统或分系统的功能;

2)确定实现各项功能的方法:人工的、自动的或两者相结合;

3)确定完成每项功能所需的使用保障工作。

2. 功能分析的工具

功能分析的工具是功能流程图。功能流程图是以图形的方式描述飞机必须完成

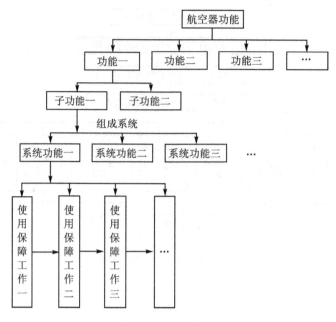

图 10.4　使用功能与保障工作的对应关系示意图

的各项功能顺序关系的一种方法。例如,确定一架运输机的功能要求的流程图如图 10.5 所示,图的上半部是航空装备功能流程图,图中描述按航空装备寿命剖面的主要活动展开的主要功能,流程图表示功能间的逻辑顺序关系以及输入与输出。用功能流程图进行功能分析时,要保证:全面地考虑飞机寿命剖面的各项活动、各个环节,即包括设计、研制、生产、试验、部署、运输、储存、使用及维修等;要涉及飞机系统的全部要素,即飞机、保障设计、设施、人员、资料、软件等。

(1) 使用功能流程图

使用功能流程图是飞机功能流程图中按使用功能展开的部分。图 10.5 中将顶层功能系列中的航空装备使用方框展开为第二层功能流程(即第一层使用功能)。由此可以形成装备的各种工作方式和使用率的说明。图 10.5 中典型的使用功能可以包括:(a)飞机飞行准备;(b)飞机从 A 地飞至 B 地;(c)飞机作下一次循环飞行等。将第二层功能流程"飞机从 A 地至 B 地的飞行过程"方框展开成第三层功能流程(即第二层使用功能)。这一层的子功能包括通信能力的需求、导航需求等。

功能流程可以在某些点上按层次向更大的范围展开,回答每一个需要实施的是怎样的具体功能,完成功能需要什么资源(如装备的设备、部件与软件,以及保障设备、保障设施、人员、技术资料等,一直分解到确定具体资源要求的层次)。最后,通过功能分析进行飞机具体部件的标识,得出符合需要的、按功能装配与组装的方案。

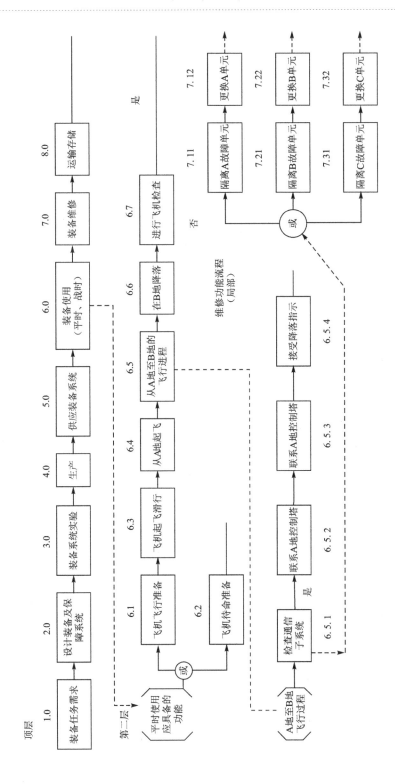

图10.5　确定运输飞机功能要求的流程

（2）维修功能流程图

维修功能流程图是装备功能流程图中按维修功能展开的部分。使用功能一经确定、接着就可以展开飞机的维修功能。由图10.5可以看到与每个方框相联系的所期望的要求。对于某一功能的检测将显示出"是"或"否"的判断。若显示的判断为"是"，则继续进行下一个使用功能。若显示的判断为"否"（表示飞机有故障的迹象），则给出了制定一个详细维修功能流程图的起点。图10.5的方框6.5.1显示了从使用功能流程到维修功能流程形成的转换过程。然后展成维修功能流程。如图方框7.11、7.12、7.21、7.22等，如果详细展示维修功能流程，同样可以分为第一层维修功能流程，第二层维修功能流程等。

10.3　　确定备选保障方案

进行该项分析的目的是制定飞机可行的各种备选保障方案，用于评价与权衡分析及确定最佳的保障方案，以便能完成功能分析所确定的装备的所有使用、维修与保障功能和各项工作。

10.3.1　备选保障方案的分析工作

确定备选方案要进行以下分析工作：

1）制定与修正保障方案；

2）确定与修正保障计划；

3）确定保障方案与保障计划的风险。

10.3.2　备选保障方案的评价与权衡分析

备选方案的评价与权衡分析是保障性分析最复杂的一项分析工作。该分析的主要目的是优化保障方案，同时参与装备备选方案的权衡分析来影响飞机设计，以便在费用、进度、性能和保障性之间达到最佳平衡。由于要求保障系统与飞机的设计特性必须相互匹配，因此，在优化保障方案的同时，也就优化了飞机与保障有关部分的设计。

备选方案的评价与权衡分析的一般程序：制定定性与定量的评价准则；建立用于评价的解析关系式或模型；进行备选方案的评价与权衡分析；对涉及较高风险的变量或对新研机型的保障性、费用等有关键性影响的变量进行敏感度分析；记录评价和权衡分析的结果；当有更详细的和精确的信息时，修正评价和权衡分析的结果。

备选方案的评价与权衡通常可分单因素和综合因素评价与权衡。

1. 单项因素的评价与权衡分析

➤ 人员数量和技术等分析：对每一个备选方案的人员数量和技术等级进行分析，以确定在所需的人员总数、专业职务分类、技术等级及所需经验方面是最佳的备选保障方案。

> 训练权衡分析：分析装备的每一个备选方案，确定为每一个备选方案提供合格的使用与维修人员所要求的最佳训练方法。对训练进行评价与权衡分析时，特别要考虑到新技术专业人员的训练，由现有技术专业职务转换到新的技术专业职务的训练，以及采用各种训练模拟器的问题。

> 维修级别分析：通过维修级别分析，确定当飞机的部件发生故障时是修理或是报废；如果修理，应在哪一级维修级别上进行修理最为合理，维修级别分析的结果一方面影响飞机的设计；另一方面，要影响到各维修级别的人员与技术等级、保障设备、保障设施、技术资料、备件等保障资源的配备，以及备维修级别的维修工作任务分配。

> 诊断权衡分析：评价飞机的每一个备选方案的故障诊断方法，以决定采用的最佳诊断测试方案。方案可能是机内测试、外部测试、入厂测试、自动测试，或者是它们的组合。诊断测试方案既可能影响到装备的设计，如机内测试设备及传感器与检测点布置等，又可能影响到保障系统的设计，如各维修级别所需配备的测试设备、测试人员以及零备件供应等，并且对费用和进度有很大影响。

> 能源权衡分析：对每一个备选方案所规划的能源或油料进行分析与权衡。确定用油量省，油料的品种少而且油料通用性好的备选方案。当燃油费用成为保障性主导因素时，应对油料的使用进行敏感度分析。

> 生存性权衡分析：对各备选方案进行生存性分析。分析结果一方面要影响飞机的生存性设计（如关键分系统的余度设计，分散与隔离某些功能部件以防止损伤的二次效应，对易损部件要便于接近、拆卸与迅速更换，零部件的标准化等）；另一方面提出的保障方案与保障资源的特殊要求。

> 运输性权衡分析：对装备的备选方案进行运输件权衡分析是为了确定飞机的最佳运输性设计与运输方案，以便满足飞机系统的包装储运要求。该项权衡分析，既影响飞机的设计，如尺寸、重量、分解几段运输及搬运、捆绑与吊装点，以及运输的状态参数等，也影响保障方案中的运输方式，如装运设备等。

> 保障设施权衡分析：评价飞机的每个备选方案的保障设施要求，以便确定具体的保障设施方案与设施建设规划。

2. 综合因素的评价与权衡分析

上述单项因素的评价与权衡分析，只是就影响保障性的某个因素与飞机的备选方案进行权衡。由于影响保障性的诸多因素相互之间是关联的，有的甚至相互制约，所以有时对单项因素可能是最佳的，而综合考虑并非是最佳，甚至是不可行的。因此，要进行综合项目的评价与权衡分析才能达到优化方案的目的。一般要进行下列综合因素的评价与权衡分析：敏感度分析；新研机型与现役飞机的比较评价；备选方案的权衡分析；使用方案、设计方案与保障方案之间的权衡分析。

思考题

1. 保障方案由几部分组成？
2. 预防性维修要求包括哪些内容？
3. 预防性维修保障方案确定的步骤有哪些？
4. 阐述保障方案的确定与优化程序。
5. 绘制使用与维修工作分析流程图。
6. 功能分析步骤有哪些？绘制功能分析流程图。

第11章 保障资源和保障系统

保障资源是对飞机实施有效保障的物质基础。航空综合保障工程的最终目的是要提供飞机所需的保障资源并建立保障系统。

11.1 确定保障资源需求

保障资源包括物质资源(如保障设备、保障设施、备件等)、人力资源(如人员与专业技术水平)和信息资源(如技术手册与计算机软件等)。信息资源将物质资源和人力资源与飞机系统之间有机结合起来。

11.1.1 确定保障资源的一般过程

保障资源涉及备件、保障设备、保障设施、技术资料、培训装置、计算机资源、搬运与装卸设备以及人员与人力及其培训等,由于保障资源的范围宽、种类多而且各有特点,所以确定保障资源的时机也不尽相同,但确定保障资源需求的主要根据是使用与维修工作任务分析。"使用与维修工作分析"就是要求对保障方案中确定的保障工作,按照工作时序分析一次使用与维修工作所需的保障资源。使用与维修工作分析就是通过所形成的保障方案中的每一项使用与维修保障工作进行详细的分析,将其分解为各个子工作或工序,确定出每个子工作或工序所对应的保障资源的需求,作为确定保障资源品种与数量的重要输入信息。使用与维修分析工作内容包括以下三个方面:

1) 确定使用与维修工作分析的工作内容,包括修复性维修工作的内容、工作频率、维修间隔、维修工作的级别;预防性维修工作的内容、工作频率、维修间隔、维修工作的级别;使用保障工作的内容等。

2) 将使用与维修保障工作进行分解,即将每一项使用与维修工作分解为子工作和工序,并确定各子工作和工序的相互顺序关系。

3) 确定一些使用与维修工作对保障资源的需求,包括每一子工作和工序所需的人员的数量、专业和技术等级;是否需要备品备件和所需备品备件的品种和数量;是否需要保障设备,以及对保障设备的功能有哪些要求和所需的数量;是否需要技术资料,以及技术资料的内容要求等。

确定保障资源的共同规律如下:论证阶段提出保障资源约束;在方案阶段初步确定保障资源要求;工程研制阶段详细地确定全部保障资源要求;工程研制阶段或初始部署时评估新研机型对现役飞机保障资源的影响;在生产阶段确定停产后的保障资

源的供应问题。

11.1.2 确定人员数量、专业与技术等级需求

人员是使用与保障飞机的主体。飞机投入使用后,总需要有一定数量的、具有一定专业技术等级的人员从事飞机的使用与维修工作。因此,确定人员需求非常重要,承制方在设计阶段就应该着手考虑人力和人员的需求问题,其关键是确定使用与维修人员数量、专业与技术等级。确定各专业、各技术等级人员数量的工作,必须以使用与维修工作分析对人员的基本需求为依据,其分析流程如图 11.1 所示。

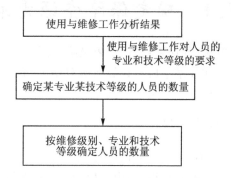

图 11.1 确定人员数量、专业与技术等级的一般过程

1. 使用与维修人员数量需求的确定

飞机使用人员的数量要求是比较明显的,很容易确定。维修人员与飞机没有明确的对应关系,而与维修工作内容的多少、执行任务的频度以及技术专业分工有关,此项工作分两步进行。

首先了解必须完成什么样的工作以及必须实施这种工作的预测频度。将以下工作结果作为原始资料:

1) 故障模式、影响因素和危害性分析(FMECA):此项工作预测出飞机所要发生的各种故障;

2) 维修任务分析:此项工作给出修复性维修所需实施的任务以及完成每项任务预计的时间和预计的频率;

3) 以可靠性为中心的维修分析(RCMA):此项工作用来选择预防性(计划)维修任务。

设计人员根据以上这些原始资料,进行相应的保障性分析,确定要实施的全部维修任务以及频度。

其次预测完成每项任务所需的年工作小时数。这一过程的决定因素是维修任务的频度和完成每项任务所需的时数。计算每项维修任务所需的年度工时预测数的公式为

$$MH/MT = TF \times TT \times Q$$

其中：MH/MT——每项维修任务工时数；

　　TF——任务频度；

　　TT——任务时间；

　　Q——所保障的飞机/系统数目。

设计人员通过对每项维修任务重复这种计算并将结果汇总,得出总的预测工作小时数,从而得到所需的人员总数量。有分析得到的数量还要与使用方现有体制相比较,做出适当的调整。

2. 专业类别分析

利用人员数量确定产生的一些资料,找出由谁将要做什么样的工作,使维修任务与相应的技术专业匹配。最后根据维修等级分析和其他分析结果(这些分析结果将提供哪一维修级别将完成哪些维修工作),并结合现有的维修技术专业,确定出专业划分以及每一种技术专业的年工时数。

3. 技术水平分析

此项工作以维修分析的结果以及由 RCMA 确定的预防维修任务作为原始资料,确定什么样的人进行此项工作,即确定人员的技术水平。

由于我国开展可靠性、维修性以及综合保障设计时间较晚,目前缺少完整的维修与保障分析数据,通常根据经验采取分析类比的方法来确定人员需求。具体做法是将新机型与类似机型进行分析与对比,比较其性能、可靠性及维修性水平和使用情况等等,再根据具体情况进行适当的调整,提出对新机型的专业划分、技术水平及人员数量的建议,确定新机型的人员要求。

11.1.3　确定保障设备的需求

保障设备包括使用与维修所需的各种设备、检测仪器、工具以及他们自身的使用保障条件。保障设备对飞机的使用维修非常重要。没有成套的保障设备支持,飞机不可能持续正常使用,保障设备的研制是与飞机设计同步的。在航空综合保障工程中,确定保障设备的需求,主要是确定设备的品种和确定保障设备的数量。

1. 保障设备的类型和要求

保障设备的类型和要求保障设备根据不同分类标准有不同的分类方法,主要分类方法如下：

1) 按保障设备是否通用可分为通用保障设备与专用保障设备；

2) 按保障设备维护的对象和分为飞机机体保障设备和机载系统与设备保障设备；

3) 按保障设备的功能可分为:支持、顶起、吊挂设备;牵引、拖曳设备;运输、贮存设备;调整、校准设备等；

为实现飞机航线地面服务、维护检查和飞机定检与大修所配备的地面支援设备种类繁多,飞机维护所用到的保障设备主要包括：

1）航线地面服务设备。如旅客登机梯、行李车等各类服务车辆。

2）飞机航线、停机坪、机库维修检查设备。如滑油、液压油充填及排泄设备；千斤顶；飞机可靠性地面监控设备；航线检修通用工具、标准工具及专用工具等。

3）飞机大修设备。如飞机调平、托起、顶升、牵引、吊装设备；结构无损检测设备；系统功能测试设备等。

保障设备的选择与设计要求如下：

1）地面设备应有良好的安全性、可靠性，其构型、使用、维护等方面应尽可能简单，并有防腐、防沙等措施。

2）地面设备的种类和型别应尽可能综合统一，使其适当地多功能化，以减少其品种的规格和数量。

3）地面设备应力求机械化、机动化，以提高工作效率，改善劳动条件。

4）应尽可能减少地面支援设备的外廓尺寸和重量，使其适应航空、铁路、公路、人力等各种条件下的运输及搬运条件。

5）地面设备应标有统一的识别标志和符号。

6）地面测试设备与机上设备接口应简单可靠。

7）电子测试设备应配备有自检设备，无自检装置的应提供简单的校准方法。

8）测试设备上应设置标有用途、性能和使用注意事项的标牌。

2. 保障设备的确定过程

保障设备需求的确定过程开始于方案阶段，并且随着装备设计的成熟而逐步详细和具体。在保障方案确定后，根据每一维修级别应完成的维修工作可以确定保障设备的具体要求，并据此以评定各维修级别的维修能力是否配套。当分析每项维修工作时，要提供保障该项工作的保障设备的类型和数量方面的数据。利用这些数据可确定在每一维修级别上所需保障设备的总需求量。基层级所需保障设备应少于中继级，否则需要重新分配维修任务。在做费用权衡时，如价格十分昂贵的保障设备需要配备时，应慎重研究，必要时可考虑修改保障方案，直至修改飞机设计。

保障设备在综合保障工程中涉及很多方面，具有很多接口。一方面它的需求主要取决于使用与维修工作任务，并与飞机设计协调和匹配；另一方面它又与备件供应、技术资料、人员训练以及软件保障（测试软件）有密切关系。因此对保障设备需求的任何更改必须提供给综合保障工程的其他专业，以修正有关的保障要求。

3. 确定保障设备品种的原则

保障设备品种的确定，首先要满足使用与维修保障功能需求。在此基础上，应遵循以下原则：

1）优先选用通用保障设备；

2）优先选用现役飞机的保障设备；

3）如果现役飞机的保障设备满足不了工作任务的需求，应考虑通过对其进行改进来提高其使用性能，并使改进费用在可承受的范围内。

4. 确定保障设备数量的方法

利用率法:估算或统计某一保障设备的使用时间,与全年可用时间进行比较,按照一定的利用率要求,确定保障设备的数量。

相似关系法(类比法或经验法):首先选择新研机型的相似机型或基准比较系统,根据相似飞机中保障设备的配备情况,确定新飞机所需的保障设备数量。

排队论法:当对保障设备的服务需求是一个随机过程时,确定保障设备的数量可利用排队论法。产品出现故障后需要维修时,到达维修机构的时间是一个随机过程,即排队论法可用于确定修复性维修需要的保障设备数量,不能用于确定预防性维修需要的保障设备数量。

11.1.4　确定备品备件的需求

备品备件是关键的保障资源,是构成飞机使用与维修保障费用的主要因素,科学合理地确定出备品备件的品种与数量不仅能大量节约保障费用,也是新飞机形成保障能力的重要工作内容。备件是备品、修理用零部件及消耗品等备用物资的统称。备品是指大的更换件,通常是可修复的,如发动机、变速箱。修理用零部件是指不可修复的较小的零(元)件。消耗品是指油料、润滑剂等。备件可分为预防性维修备件和修复性维修备件,它们的品种与数量的确定方法是不同的。

1. 确定预防性维修备品备件需求

(1) 预防性维修备品备件品种确定

预防性维修备品备件品种确定过程包含于保障资源确定的一般过程中,是通过一系列的保障性分析工作来加以确定的,即经历"确定重要功能产品→进行以可靠性为中心的维修分析→进行使用与维修工作分析"过程。

(2) 预防性维修备品备件数量确定

预防性维修备品备件数量的确定需要按照其维修工作类型分别进行计算。例如,对于定时报废的零部件,其备品备件数量的计算可按照不可修件的计算模型进行;对于定时拆卸的备品备件应区分可修与不可修属性,再分别进行计算。

1) 不可修零部件的备品备件数量计算模型:

$$S = \theta FMNT$$

式中:S——备件数量;θ——加权系数,一般可按 1.0~1.5 考虑;F——零件的年维修频度,次/年;M——零件单机件数;N——飞机数量;T——飞机使用保证期或备件保证时间,一般以年为计量单位。

2) 可修零部件备品备件的计算模型:

$$S = \theta FMNT \frac{\mathrm{TAT}}{365}$$

式中:TAT——维修周转时间(天)。

若考虑零部件的修复概率 r,则按下式计算备件数量:

$$S_r = S + S(1-r)$$

式中：S_r——考虑了 r 后的备件数量；

r——零部件修复率。

实例见参考文献[2]第 186 至 188 页。

2. 确定修复性维修备品备件需求

由于并不是存在故障率的产品都需要储备相应的备件，因此，在确定修复性维修备品备件需求时，也应首先确定品种，而后确定数量。

（1）修复性维修备品备件品种的确定

目前，确定修复性维修备品备件品种的方法较多，有经验法、相似系统法和综合模糊评判法等，其中综合模糊评判法应用较为广泛。

影响备品备件品种确定的因素较多，如备件耗损性、备件重要程度和关键性等，这些因素有的是不易量化的，他们与备件的关系是一种模糊关系，因此，应采用综合模糊评判法来确定备件的品种。综合模糊评判步骤：评语集的确定→明确评价因素集→各评价因素集的权重确定→确定模糊矩阵。具体步骤及实例见参考文献[2]第 188 至 194 页。

（2）修复性维修备品备件数量的确定

应用综合模糊评判法确定出修复性维修备件品种后，备件数量确定可按照不可修与可修两种属性分别进行计算。

不可修零部件的备品备件数量计算模型：

$$\lambda = NMHT / \mathrm{MTBUR}$$

式中：λ——不可修零部件消耗量的数学期望；N——飞机数量；M——零件单机件数；H——飞机年工作时间，$h/$年；T——时间跨度，年；MTBUR——平均不定期更换时间，h。将 λ 代入下式中，即可求出备件数量：

$$p \leqslant \sum_{n=0}^{n=s} \frac{\lambda^n \mathrm{e}^{-\lambda}}{n!}$$

式中：S——备件数量；p——备件保障概率。

可修零部件的备品备件数量计算模型：

$$S_n = S \times \frac{\mathrm{MTTR} + \mathrm{TAT}}{365}$$

式中：S——备件数量；MTTR——平均修理时间，天；TAT——维修周转时间，天。

若考虑备件修复率 r，则可修零部件的备品备件数量：

$$S_r = S + S(1-r)$$

大量统计表明，修复性维修备件消耗服从泊松分布规律。上述可修零部件的备品备件数量和不可修零部件的备品备件数量的计算模型，是根据泊松分布原理导出的。

11.1.5　其他保障资源的确定

1．技术资料

无论是民用产品还是军用产品,离开技术资料的指导,不仅不能正确使用该产品,而且也给使用与维修保障带来极大的麻烦。这里,技术资料是指将飞机要求转化为保障所需的工程图样、技术规范、技术手册、技术报告、计算机软件文档等。它来自于各种工程与技术信息和记录,并且用来保障使用或维修一种特定产品。技术资料的目的是为飞机使用与维修人员正确使用与维修飞机规定明确的程序、方法、规范和要求,并与备件供应、保障设备、人员训练、设施、包装装卸储运和运输、计算机资源保障以及工程设计等相互协调统一,以便飞机发挥最佳效能。

技术资料的形式和内容虽有不同,但编写的基本要求却大致相同,主要包括两方面的内容:一是技术资料种类与编写内容的规范化要求,二是技术资料的编写要充分考虑到使用对象的接受水平和阅读能力,应简单明了、通俗易懂。

2．培训与培训保障

在飞机研制过程中同步考虑培训和培训保障问题,才能在飞机设计上做到尽量降低人员技能要求,保证使用与维修保障人员及时具有使用与维修保障的能力。人员必须经过培训才能担负实用与维修工作。应利用使用与维修工作任务分析结果,规定各级使用与维修专业人员必须具备的知识与能力,作为确定各培训课程要求的基准,通过合理的课程设置,授予他们应有的知识与技能,主要工作包括培训大纲的确定与培训计划的制定。

3．计算机资源保障

计算机资源保障包括对内嵌式计算机保障资源的要求和计算机软件的保障工作。内嵌式计算机保障资源是指使用与保障飞机内嵌入的计算机所需的设施、硬件、软件及人力。软件的开发及保障问题为内嵌式计算机资源保障的核心问题,计算机软件的保障工作主要包括确定软件设计要求(涉及软件的设计准则、可靠性、可维护性、安全性和人机工程)和确定软件的保障要求(涉及保障环境、保障操作、训练计划和供应等)。

4．保障设施

保障设施是指保障飞机所需要的永久性和半永久性的构筑物及其设备。为保障新机型有配套的保障设施,必须对设施提前规划,同时应优先考虑利用现有设施的可行性。对于初步拟定的新设施的要求,应经过充分验证,再确定正式的要求,以便作为执行的根据。验证可在原有的设施下或模拟条件下进行,也可通过详细数据的分析予以验证,最后提出有关设施要求详细验证资料。

5．包装、装卸、储运和运输

航空综合保障工程不仅要求在飞机研制过程中同步规划包装、装卸、储运和运输等保障工作,而且还要考虑将包装、装卸、储运和运输作为飞机的设计约束条件。

11.2　建立保障系统

航空保障系统是航空产品使用与维修所需各类保障资源的有机组合,是为达到既定目标(如使用可用度)使所需资源相互关联相互协调而组成的一个系统。

11.2.1　建立保障系统应注意的问题

保障系统包括产品保障所需人力、物力、信息等各种资源以及这些资源的管理,因为只有通过合理的管理,才能将分散的各种资源组成具有一定使用与维修功能的系统。通常,保障系统要具备使用保障、维修保障、备件供应和人员保障等功能。各类功能都要依靠一套管理机构才能组织实施。

保障系统的建立应注意考虑以下问题:

1)应尽量利用原有的保障管理体制。一般地说,当产品性能和结构改变不大或没有特殊的保障资源需求时,用户单位原有管理体制应该是可用的。在新老产品并存的用户单位中,局部体制改变将引起很多不便。

2)注意新技术对管理体制的影响。新技术在产品中的应用,往往会增加一些新的保障资源要求,有时会对维修管理体制产生影响。

3)保障体制应与产品使用单位的有关体制相互适应。产品保障规划中涉及产品使用部门有关体制问题时,必须明确它们之间的关系,以便做到相互协调的运行,在建立新研产品的保障系统时尤其注意其关系。例如新研航空装备需要使用一种新油料,虽然这种新油料已经研制成功并投产,但还要涉及装备使用部门现行油料供应体制和国家油料生产能力与供应分配系统的协调问题,如果缺少这方面的考虑,将可能导致保障系统虽已建立,但由于这项新油料短缺或供应渠道不畅而影响装备的正常使用。

4)人员保障与培训机构应相互协调。人员培训需要一整套培训机构保证。新产品所需各类保障人员的训练不仅需要及早准备教员、教材和教具,还要考虑现有的培训体制能否满足其要求。后续培训有初级、中级和高级之分以及技术与指挥之分,这是对现产品规划实施的,它对新研产品使用维修能否适应,也要研究解决。

5)保障管理体制的建立要有一套人员机构和相应的管理职能与制度作保证,使用与维修制度是建立保障系统的最重要课题。

11.2.2　使用与维修制度

产品使用与维修制度是指产品使用与维修总体上的一整套准则和规程。它规定使用与维修的全部主要工作内容,以及这些工作进行的时机、执行的机构和必要的条件。使用与维修制度是产品使用部门最基本的制度,与其有关的供应保障、技术资料、人员要求都要与之协调配套。严格执行使用与维修制度才能保证达到规定的任务目标。使用与维修制度是一整套保障最基本的管理制度。

当产品研制进展到工程研制阶段,有了较完整的资料(如预防性维修的工作类型和较明确的维修等级等)时,就可以开始进行使用与维修制度的初始制定工作。这项工作还要通过产品的使用试验,部署后保障性评估与试验,以及后续的正常使用实践中的修改完善,才能最后确定下来。虽然这项制度在以后长期的使用中应该不断修改与更新,但从综合保障工程的观点来说,制定出完善的使用与维修制度是它的重要成果。

11.2.3　组织机构及接口关系

1. 军用飞机综合保障组织机构

"组织"就是把管理要素按照目标的要求结合成一个整体。在飞机型号研制中,为使综合保障工程有序高效地进行,必须在订购方/买方和承制方中建立起相适应的综合保障组织机构。按型号管理功能划分,综合保障组织机构可分为三类:综合保障工程归口管理机构、订购方的型号综合保障管理机构和承制方的型号综合保障管理机构。订购方、承制方型号管理组织示例如图 11.2 所示。

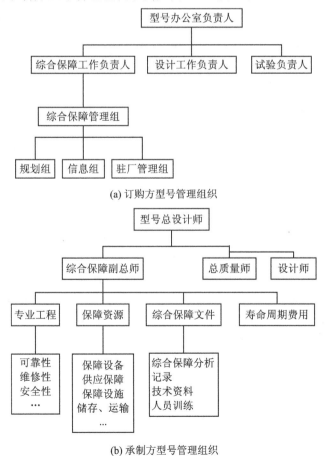

(a) 订购方型号管理组织

(b) 承制方型号管理组织

图 11.2　型号管理组织示例

军用飞机综合保障各有关组织的接口关系如图11.3所示。订购方的信息是保障性分析的重要输入,承制方在保障性分析中的输出有时还需要订购方统一,以保证符合实际保障要求。这些信息的交换与传递需要有明确的规定,可以按合同要求或有关规定以会议或文件等形式交互。

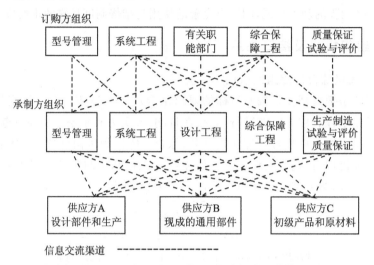

图 11.3　订购方、承制方与供应方的接口关系

2. 民用飞机产品支援组织机构

民用飞机的产品支援组织受民用飞机项目的产品支援部部长领导,下设项目计划管理、维护工程、备件支援、技术及外场服务、用户支援服务、技术出版物等部门,详见图11.4。

11.2.4　保障系统的完善

保障系统的建立是在产品保障资源比较明确后才开始进行的。保障资源是建立保障系统的基础,而保障系统是保障资源赖以发挥作用和成功完成任务能力的条件。可根据对保障方案和保障资源的评价结论,结合产品使用单位现行制度如维修级别、供应体制等初步建立保障系统,并通过使用试验和部署后考核以验证保障系统对产品的保障能力和保障资源的满足程度。同时,所建立的保障系统也会对产品及保障资源起到反馈作用。保障系统的建立也是一个逐渐完善的过程,在产品的使用过程中,要通过不断熟悉和掌握新产品的使用特点,逐步适应新建保障系统下的使用与维修工作,积累产品的使用与维修经验和数据,调整与完善使用与维修制度,才能充分发挥产品和保障系统的效能,达到飞机系统成功执行任务能力的目标要求。

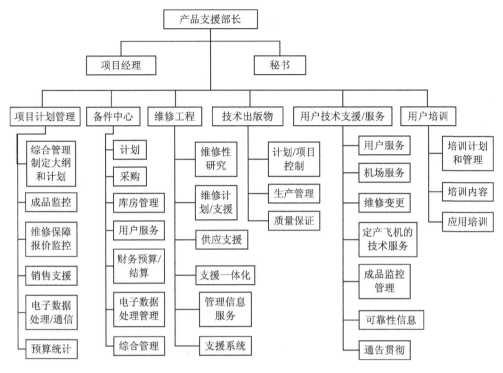

图 11.4　产品支援组织机构

11.3　维修保障系统

　　维修保障系统是综合保障系统中的一部分。维修保障系统主要由维修器材、维修人员、维修设备、技术出版物、工程技术支援及协同服务网络构成。维修器材是指用于维修活动的一切器件和材料,如备件、工具等。维修人员是维修保障活动的组织者和实施者,维修人员的培训及资质要求是确保保障活动进行的先决条件。维修设备与技术出版物是对维修人员维修能力的一种拓展和延伸,没有相应的保障设备及完备的技术出版物支持,飞机不可能持续正常使用。工程技术支援是对维修保障能力的加强,通过飞机制造商等相关单位的支援,可提高保障设备的效率,而协同服务网络是实现这种支援的基础条件。

　　维修保障系统的主要内容如图 11.5 所示。

11.3.1　军民机维修保障系统的共性

　　产品支援和综合后勤保障,前者是针对民机,后者是针对军机提出,是一个问题不同的提法,产品支援是民用飞机的术语,是用户购买飞机,以盈利为目的,并取得用户对飞机制造公司的信誉。它是保证飞机正常营运的一个极其重要的环节。同时,

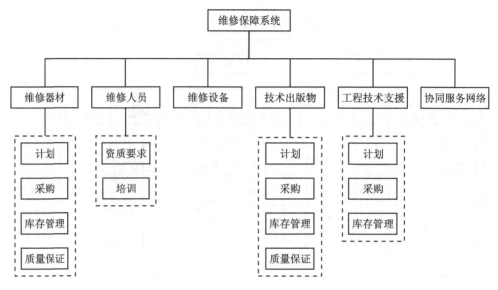

图 11.5　维修保障系统主要内容

此项工作开展是否顺利直接影响市场,它是市场开发的一个重要组成部分。

产品支援主要工作内容为备件服务、外场服务、飞机修理和大修、技术出版物、用户支援、供应商管理等几个工作要素。

综合后勤保障是军机用的术语,其目的向订购方提供一整套后勤保障项目,在完成飞机主体工程的同时应相应完成,以满足系统的使用与维护需要,因此它的工作好坏直接影响到飞机战备完好率和寿命周期费用,它的工作内容与民机的产品支援大致相仿。

1. 组织管理

综合后勤保障工作涉及范围广,要使得工作全面展开,而且各个单位之间能相互协调,因此要有一个强有力的保证机构。与军机类似,民用飞机的产品支援组织受民用飞机项目的产品支援部部长领导,下设项目计划管理、维护工程、备件支援、技术及外场服务、用户支援服务、技术出版物等部门。

2. 工作程序

军机综合后勤保障大纲应在型号立项期间进行考虑,随着型号工作的逐步展开和细化而逐步发展并细化。民机产品支援工作也是从型号立项时开始,贯穿于飞机整个系统寿命服务周期的始终。

3. 维修工程

维修工程是产品综合保障的基本要素之一,通过维修工程,确保保障系统各要素间的相互协调。军机维修规划工程实质上是进行装备保障性分析的过程,即执行GJB 1371 中规定的 200 系列工作项目和 300 系列工作项目。安全性和经济性是民用飞机维修的基本要求,保证飞机持续适航是民用飞机维修追求的目标之一。实施民机维修工程是确保飞机飞行安全和航线营运经济效益的重要手段,又是保证飞机持续适航的重要保证。

军机维修级别采用三级维修体制,即基层级、中继级和基地级。军机的三级维修都是在空军体系内进行作业,只有在自身不能修理的情况下,才向承制方请求协助。维修过程中的各类信息在使用方和承制方之间不能共享。军机的维修还包括战伤修复。与此类似,民机维修等级也分为航线维修、车间维修和基地维修。

4. 技术资料

军用飞机技术资料根据维修级别和用途的特殊性分为三类,即一类技术资料、二类技术资料和三类技术资料,共有 28 项。军机用户技术资料的编写是按照中国航空工业总公司军机局和《军用飞机用户技术资料编制规定》执行。民机技术出版物根据销售合同提供给用户,根据适航要求提供给适航管理局,根据设计、生产、试飞需要分发给各有关部门。

5. 备件支援

军方实现的是三级维修体制,每一级维修部门,均需储存适量的备件,以更换其所承修产品的故障部分,因此任何一级维修点都有自己的备件库。另外,为了保证备件的持续供应,使用部门还设立了相对独立的备件供应机构(航材部门),主要包括外场航材库和军区航材库,负责备件的采购和发放。

同军机的备件支援相对应,民机备件支援分为飞机公司的备件支援、航空公司的备件支援以及 AOG 备件支援。飞机公司为保证所生产的飞机的备件需要,在各地建立备件中心库和备件分库。

6. 培训(训练)

军用飞机的使用人员、维修人员和管理人员都需要培训,培训可分为两个阶段,即初始培训阶段与后续培训阶段。

民机用户培训是飞机制造公司产品支援的内容之一,也是飞机公司的责任。通过培训使用户从飞机的营运中获利,这是飞机制造公司和用户的共同愿望,也是飞机制造公司对用户培训的最终目的。

7. 外场技术服务

外场技术服务包括:新机首飞、科研试飞、定型试飞而进行的技术服务、试飞大纲的编制、外场信息的反馈等。

在军用飞机、发动机和机载设备的设计与生产单位,都应该设置承办外场服务工作的机构,配备有经验的技术人员;制定相应的规章制度,沟通承制方与订购方之间的联系渠道。

从新机方案阶段开始,外场技术人员就应该参加研制活动,以文件或口头说明的方式向飞机设计人员反映外场信息,提出改进设计的建议。同时通过参与研制活动了解飞机和保障系统的设计特点,为以后做好外场服务工作积累信息。在飞机投入试飞前,外场工程师应负责编写试飞大纲,组织准备首飞评审文件,保证科研试飞与定型试飞正常进行。

一般民用产品厂家从提高信誉、改进质量、争取用户等因素考虑,都十分重视用户的保障工作,加强售后服务已成为商品竞争的重要手段。其外场技术服务包括:用户服务、机场服务、维修更改以及停产飞机的技术服务。

11.3.2　军民机维修保障系统的差异

军用飞机与民用飞机综合保障工作的基本内容与要求是一致的,但在管理方法、组织机构、工作程序、名词术语等方面存在不少差别。这里仅就民用飞机与军用飞机之间的主要不同的特点分述如下:

1) 民用飞机是一种商品,是一种进入市场竞争的商品。民用飞机的采购者可能是企业,也可能是专业机构或消费者个人。而军用飞机可视为一种特殊的商品,由政府或军方采购、定价、订货。

2) 新型飞机的目标与要求的来源不同。

军机来源于政府或军事部门对新机作战效能与费用的要求,而民机的发展目标与要求来源于市场,企业要跟着市场走,根据现在市场与潜在市场的需要,提出并确定新型飞机发展的目标及要求。

3) 全寿命费用的划分存在不同。

① 民机制造厂商付出的研制费将按计划生产架数分摊到各架飞机的价格中,靠用户的购机费逐步予以回收。军机是政府投资搞研制,不存在企业投资回收问题。

② 民机采购费用中,含生产成本、研制费的摊销、销售及售后服务费、税金等,航空公司购机前,通常需进行投资分析与决策。军用飞机的采购费用包括生产成本和地面保障设备的费用以及作战期间的备件费用。而民用飞机的这部分设备与备件通常是分开购买的。

③ 航空公司的使用费用分为直接使用费用与间接使用费用。以飞机买价(含一定数量的备件及备用发动机)为基础的飞机的折旧费及地面设施的折旧费(或使用费),以及保险费都是使用费用的一部分。航空公司不仅要控制单机使用费用,还要改善经营管理,研究机队构成、航班表、进行航线分析等,以求得较好的营运效益。

④ 对于军机,通常还需付出数额不大的处置费,处置费用在民机是个残值,因为它们在销售市场上还有些价值(一般是买价的 10%)。

4) 飞机技术方案的特点。

民用飞机对安全性、经济性、舒适性有较高的要求。

思考题

1. 确定保障资源的依据以及确定基本过程是什么？

2. 确定保障设备品种的原则是什么？

3. 确定保障设备数量的方法有哪些？

4. 建立保障系统应注意哪些问题？

5. 绘制军机综合保障组织机构图和民机产品支援组织机构图。

6. 指出军民机维修保障系统的共性与差异。

第12章　保障性试验与评价

保障性试验与评价是掌握飞机设计缺陷、验证飞机设计与保障系统建设是否达到保障性要求的重要而有效的决策手段,它贯穿于飞机的研制与生产的全过程并延伸到使用阶段。

12.1　基本概念

12.1.1　保障性试验与评价的定义

保障性试验与评价(Test and Evaluation of Supportability)是指通过试验将飞机系统、整机或部件与技术要求和产品规范进行比较,以评估飞机的保障性水平,检查保障系统是否与飞机匹配。保障性试验与评价包括两个方面内容:一是试验,二是评价。试验是手段,评价是目的。

试验与评价是两个有联系而又有区别的术语。试验指硬件(或软件)实际的试验,以便获取数据资料。评价则是合乎逻辑的集合与分析试验数据、以便作出决策的过程。保障性试验与评价包括了一系列试验和评价,其中有些评价与试验紧密结合,通过单项试验即可得到决策(如保障资源及操作规程试验);有些评价需要综合多方面的试验才能作出,如可用性的评价。关于上述观点,本章对试验与评价分别加以阐述,当然其中有些界限也不是绝对的。

12.1.2　保障性试验与评价的目的

航空保障性试验与评价的目的是衡量飞机系统在整个研制过程中的保障性,评价计划的保障系统的使用效能;确定保障性方面存在的问题和改进措施。具体可包括以下五个方面:

1) 提供保障性和有关保障系统方面的实测数据,评价飞机达到规定保障性要求的程度;

2) 验证定量的保障性和有关的保障性设计要求与合同符合的程度,提出改进措施;

3) 暴露保障性存在的问题,以便在研制过程中得到解决,包括飞机硬件、软件、保障计划、保障资源或使用原则等方面的改进;

4) 估测由于采取纠正措施而引起的战备完好性、任务完成性、费用和保障资源方面的变更;

5) 测定和分析使用后的装备系统的有关保障性数据。确定在使用后达到规定保障性目标值发生的偏差,拟定进一步改进措施。

从上面所需达到的目的来看,保障性试验与评定内容十分丰富,需要进行多种多样各具特点的试验与评价。

12.1.3　保障性试验与评价的主要类型

保障性试验与评价有多种分类方法,从不同的角度描述了试验与评价工作的作用与目的。

按照试验与评价的对象划分,保障性试验与评价可分为系统任务执行/战备完好性评估、与保障性有关设计要求的试验与评价、保障资源的试验与评价。

按照试验与评价工作的时机,保障性试验与评价可分为论证阶段的试验与评价、方案阶段的试验与评价、工程研制阶段的试验与评价、设计定型阶段的试验与评价、生产定型阶段的试验与评价、使用阶段的试验与评价。

保障性试验与评价还可分为研制试验与评价和使用试验与评价两种。

12.1.4　保障性试验与评价的特点

1. 综合性持点

保障性试验与评价要考虑战备完好性或持续适航性,又要考核保障系统的使用效果,这就一方面要综合诸多项目和诸多专业工程的试验结果来满足其需要(这些试验包括可靠性试验、维修性验证试验、安全性验证、环境试验、耐久性试验及其他试验等);另一方面又必须将飞机及分系统与保障系统综合起来进行试验,并须将综合保障各专项试验(如保障验证、技术资料审核等)的结果综合加以评定。这是因为保障性是取决于可靠性、维修性、测试性与运输性等设计持性和计划的保障资源满足战备完好性或持续适航性要求一个综合性能。因此,很难用单项指标参数去评估保障性的好坏,也很难用单项试验的结果来作出完整的评价。

2. 连续性特点

保障性试验与评价贯穿于航空装备方案论证至部署使用初期的各个阶段。这是因为自确定保障性要求起就要进行必要的试验和评价,尽管这种试验是利用类似系统已有资料进行的,或为验证采用新技术而模拟的,所得出的试验结果比较概略。其后各阶段中考核备选的保障方案和采用的保障资源、评价可靠性、维修性等设计特性、评价各项保障资源等都需要进行必要的试验与评价,以便发现保障方面的缺陷和提出改善措施,为各阶段的综合保障工作的决策提供重要的依据。各阶段的试验对象,随研制的进展而变化,如模型与试验板、样机及产品等(见图 12.1)。保障性的评估效果随着试验对象和试验环境条件的真实性的提高而提高,保障性的最终评价只有在部署后的保障性试验与评价时才能确定。

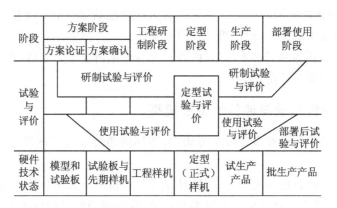

图 12.1　寿命周期阶段的试验与评价

12.2　保障性试验

保障性的大多数评价工作都需要试验工作提供技术支持。下面介绍常用保障性试验项目以及试验的环境要求。

12.2.1　可靠性与维修性试验

可靠性试验与维修性试验与保障性试验关系极为密切。通过可靠性试验,测定平均故障间隔时间(T_{BF})或平均维修间隔时间(T_{BM});通过维修性试验,测定平均修复性维修时间($\overline{M}_{BM}$)、平均预防性维修时间($\overline{M}_{PT}$)、最大维修时间($\overline{M}_{max}$)以及每工作小时维修工时等。可靠性与维修性数据是评估使用与保障费用、备件的种类与需求率,以及保障设备的种类、数量和利用率等各项保障性指标要求的必要数据。这两项试验分别是可靠性工程和维修性工程的重要内容。必须强调指出,保障性评估关心的是在实际使用环境里飞机系统表现的可靠性与维修性,即可靠性与维修性的使用值。

12.2.2　保障验证试验

保障验证试验是为了评价飞机的维修性指标是否达到和推荐的飞机保障包是否适用,利用飞机研制样机(或产品)和飞机维修用的主要保障设备与测试设备进行的非破坏性使用与维修工作试验。该试验应与维修性验证及飞机功能的技术状态审核同时进行。在保障验证期间,除评价飞机使用与维修性外,还评价保障设备(包括测试、测量与诊断设备、工具及其他保障设备等)、使用与维修手册、人员数量与技术等级要求等与飞机的匹配及协调程度,此外还验证修理零件,保障设备的选择和分配,以及分配给相应维修级别的维修工作相规定的维修时间标准等。

保障验证试验的主要内容如下:

1）提供评价飞机定性维修性方面的设计数据,例如可达性、容易维修程度、模块化、测试点的布置、人为因素、安全性、以及取消不必要的预防性维修检查与保养等。

2）由操作员或乘员及基层级进行的全部维修工作和中继级所进行的某些选定的维修工作。

3）验证人员数量与技术等级要求、训练大纲与训练设备以及在使用与维修手册的试行稿中维修工作的说明及插图的适用性。

4）检查修理零件的选择与分配、工具与保障设备(包括测试、测量与诊断设备)的适用性,各维修级别上人员技能和维修能力与所分配的维修工作的适应性,以及在维修分配表上的维修时间标准的准确性。

5）检查使用机内测试设备、自动测试设备、软件程序以及外部的测试与诊断设备的故障查找诊断程序和测试能力。

12.2.3　人素工程试验

人素工程试验是指对按照要求规定的操作人员的体型、体力与其他能力(含生理与心理)是否适合新研机型系统的使用与维修工作的一种试验。该项试验通常是在研制试验中单独进行,也可以结合其他试验如维修性验证试验一起进行。由该试验收集的保障性数据一般有:

1）不同维修人员人体的各种测量数据;

2）使用维修工具所需的力量数据;

3）技术资料的阅读等级水平;

4）在重复性的维修工作中诱发的差错率。

12.3　保障性评价

保障性评价是将保障性试验与分析所取得的数据资料(包括部署后在使用环境中收集的数据)进行逻辑的集合与分析,用以对飞机的保障性设计和综合保障作出决策的一个过程。这个过程又可以看作是贯穿于飞机研制的设计→试验→评价→再设计的反复选代过程中的一个环节。因此,实施保障性评价是确保对飞机保障性设计特性和保障系统进行优化的一种定量的方法和技术的应用。

12.3.1　保障性评价的基本过程

图 12.2 为通用的保障性评价过程功能图。评价开始于一个缺陷或需求,并将这项需求明确为满足装备保障性要求必需考虑的问题。所谓关键问题是指对飞机的性能、使用、保障、费用及进度或其他能力有影响的问题或对于进入下一研制阶段极为重要的问题,例如,军机基层级平均修复性维修间隔时间(T_m)超过规定作战任务要求,就是影响战备完好性或持续适航的关键问题,此问题在方案阶段后期一经发现,

工程研制阶段即予以评价解决。

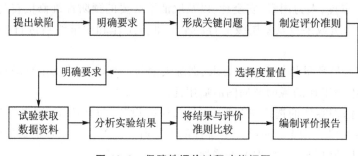

图 12.2　保障性评价过程功能框图

12.3.2　评价保障包和保障资源

1. 评价保障包

保障系统由技术手册、零部件、各种保障设备与保障设施、使用与维修人员等保障资源组成。随着研制的进展，飞机或其分系统不同阶段的样机（如原理样机、初始机、试验样机、正式样机等）相继产生。与此同时，要有与这些样机相对应的保障包作为保障系统的"样机"予以保障。飞机的保障包（国外称为系统保障包 SSP）是为某一机型在使用（部署于现场）环境中按初始计划配给数量的一整套保障资源的组合包。它要在试验与评价之前提供（提供该次试验所需的保障包），经试验与评价后，以便评定规划的保障能力。提出保障包并予以评价的概念，体现了飞机与保障资源的综合以及保障资源之间的综合和相互协调。

根据上述定义，对于保障包及其评价还应明确以下几点：

1）保障包是保障资源的组合，但又区别于一般概念上的保障资源，即它在保障资源的数量与配置上是对保障一架飞机而言的，并且是在使用环境中计划的保障资源（如中继级维修时为某一部件应提供的初始备件数），它包括基层级与中继级维修所需的各种保障资源（不含基地级的）。

2）保障包是保障系统的"样机"，因而保障包中的保障资源的内容或数量是随飞机的研制进展，通过试验与评价不断地明确、细化与完善的。每一研制阶段都有一个相应的保障包。在研制的早期阶段，保障包可能包括最基本的故障查找程序的技术手册和专用测试设备的试验电路板。只有在工程研制阶段的后期，当完整的飞机样机或初始产品要进行试验时，保障系统准备处于现场使用的工作条件，这时应有的全套保障资源（硬件及软件）才是外场部署使用的飞机保障包。保障包实际上是一份逐步完整的保证飞机实际使用的资源项目的清单，最终完整的保障包清单除规定的试验要求外，还包括下列内容：

① 维修配置表（或称维修分配表）；

② 技术文件与资料；

③ 备件与修理零件；

④ 训练器材；

⑤ 通用工具与专用工具；

⑥ 测试、测量与诊断设备；

⑦ 使用和维修人员的数量与技术等级；

⑧ 训练大纲和教材；

⑨ 运输与装卸设备；

⑩ 校准程序与设备；

⑪ 移动与固定的保障设施；

⑫ 嵌入式计算机软件的要求；

⑬ 其他保障设备。

3）为了保证试验能顺利实施和通过试验对保障包作出评价，在保障性试验之前应编制保障包项目清单，并且作为试验资源在试验开始之前及时就位在试验场上。评价保障包的试验方案要保证保障包的所有关键资源都能得到试验与评价，通过试验获取的数据是评价综合保障要素的重要数据来源。

2．评价综合保障要素（保障资源）

（1）评价综合保障要素的一般程序

① 按寿命周期阶段的阶段分界点（或阶段评审点），分别详细地列出各阶段试验与评价的各要素的具体要求；

② 按要求制定各个要素的评价规划，其中主要包括：各维修级别上的资源数量和要求、资源与飞机系统的兼容性、资料的正确性、人员选择的适用性、各类保障的模拟和实际活动、需要协同的试验等等；

③ 通过保障性试验获取各个要素评价所需的数据资料；

④ 分析数据资料作出各要素是否满足要求的评价；

⑤ 找出保障性缺陷及其对战备完好性和使用与保障费用的影响，并制定纠正的措施。

（2）综合保障要素的评价内容

1）评价维修规划。检查维修工作是否正确地分配到各维修级别，执行维修工作的保障设备和人员的选用是否恰当。评价手段是采用结构完整的保障验证试验，试验至少应包括所有的基层级和经选择的中继级的维修工作。

2）评价人员与技术等级以及训练与训练保障。确定在使用环境中保障装备系统所需人员的数量和技术等级，评价所需人员按训练大纲实施训练能否胜任新研装备系统的使用与维修工作以及训练装置的数量与功能是否符合训练要求。

其中应进行：按维修级别与布局核实人员数量与技能；按人员的技术等级核实经历的时间和工时消耗，对于人员技能配合情况的评价；人员训练方案的评价以及对于训练装置和资料要求的核实等。

3) 评价供应保障。评价供应保障就是检查按供应保障计划提供为保持战备完好状态的备件及其他供应品的数量和类型是否充足与齐备。

其中应进行：按维修级别和布局核实备件的种类和数量；供应及时性（需要时是否能取得备件）的验证；器材的更换率、报废率、耗损率的核实；库存周转时间和供应线转送时间的核实，对于储存器材维修要求的评价；备件、修理零件更换与库存策略的评价以及储备风险率的确定等。

4) 评价保障设备。确定并检查保障设备的有效性。按保障设备计划要求配备的正确性以及满足这些要求所取得的进展。

其中应进行：按维修级别和布局对保障设备种类和数量的验证，保障设备可用性的验证，保障设备使用串酌验证（使用频次、布局、使用时间百分率、使用轻便性）以及对于保障设备维修要求的评价（计划和非计划的维修、停机时间及其保障资源要求）等。

5) 评价技术资料。评价技术资料是否准确、完整、通俗易懂，是否满足使用与维修工作的需要，并保证飞机及保障系统上的任何更改都正确地反映在技术资料上。

其中应核实在使用与维修手册中所载资料与数据的准确性及资料的表述方法是否恰当，以及现场数据、收集和分析是否恰当等。

6) 评价保障设施。评价飞机系统的使用、维修、储存设施是否满足所需的面积、空间、基本设备等使用要求和温湿度、洁净度等环境条件的要求。

其中应核实设施、使用、维修和训练设施及其使用率是否恰当，并评价有关使用、维修与训练设施等所需保障资源是否满足要求。

7) 评价包装、装卸、储存和运输性。评价飞机及其保障设备等项目的实体参数（长、宽、高、净重、总重、重心）、承受的动力学极限参数（振动、冲击加速度、挠曲、表面负荷等）、环境极限参数（温度、气压、湿度、清洁度）、各种导致危险的作用（人员安全、射线、静电、弹药、生物等因素）以及包装等级是否符合规定的运输要求；能否使用常规的提升、装卸设备和运输工具，提升与拴系点的有关尺寸、强度和标志是否适当等。

其中应按维修级别和布局核实运输与搬运设备的种类和数量；验证运输与搬运设备的可用性和使用率；验证交付的反应时间以及对运输与包装规程和有关文件的评价等。

8) 评价计算机资源保障。评价飞机上嵌入式计算机系统和自动测试设备的保障资源中，有关硬件的满足程度和软件程序的精度、文档和维护的适用性和正确性。要进行软件的是否恰当的验证（等级、精度、细节、广泛性）和软件与装备及其他要素兼容性的验证等。

思考题

1. 保障性试验与评价的目的是什么？
2. 保障性试验与评价的分类方式主要有哪些？
3. 什么是保障包？为什么要对保障包进行试验与评价？
4. 如何运用综合评价技术进行保障要素(保障资源)的综合评价？
5. 试述寿命周期各阶段的保障性试验与评价工作。

参考文献

[1] 《飞机设计手册》总编委会.飞机设计手册——产品综合保障[M].北京：航空工业出版社,1996.

[2] 单志伟,等.装备综合保障工程[M].北京：国防工业出版社,2007.

[3] 马绍民.综合保障工程[M].北京：国防工业出版社,1995.

[4] 杨为民,等.可靠性维修性保障性总论[M].北京：国防工业出版社,1995.

[5] 徐宗昌,等.装备保障性工程与管理[M].北京：国防工业出版社,2006.

[6] 市田嵩.维修性与维修后勤保障[M].北京：机械工业出版社,1988.

[7] 张恒喜,等.军用飞机型号发展工程导论[M].北京：国防工业出版社,2004.

[8] 王绍印.故障模式和影响分析（FMEA）[M].广州：中山大学出版社,2003：164-168.

[9] 饶枝建.故障模式、影响及危害性分析[M].华盛顿：罗姆可靠性分析中心,1993.

[10] 盛坚.FMEA与质量缺陷的预防[J].世界标准化与质量管理,2000(2)：17-19.

[11] 曹茂国,钱金善,等.航空发动机可靠性分析技术 FMEA_FMECA[J].航空发动机,1995：11-15.

[12] 戴姆勒克莱斯勒、福特和通用汽车公司的失效模式及后果分析（FMEA）工作组.潜在故障模式和后果分析参考手册第三版[Z].戴姆勒克莱斯勒、福特和通用汽车公司：2001.7.

[13] 任立明,周海京,顾长鸿,等.基于 Saher 仿真软件的量化 FMEA 技术研究[R].北京：中国航天标准研究所,2002.

[14] 故障模式、影响及危害性的分析指南：GJB 1391A—2004[S].北京：总装备部军标出版发行部,2004.

[15] 黄李,张亮,任立明.FMEA 分析验证技术在国内航天的研究状态及前景[J].质量与可靠性,2011(1)：13-14.

[16] 翁洋,高春霞,姚学荣,等.浅析基于可靠性为中心的维修分析方法[J].科技创新与应用,2014(15)：86-86.

[17] 周学兵,殷国富.以可靠性为中心的装备维修管理系统[J].机械工程与自动化,2008(1)：10-12.

[18] 康锐,石荣德.计算机辅助飞机结构 RCMA[J].航空学报,1995,16(S1)：94-99.

[19] 郑重,徐廷学,王相飞.飞航导弹以可靠性为中心的维修分析研究[J].飞航导弹,2011,1：44-48.

[20] 赵建忠,丁广兵,郭宏超. 以可靠性为中心的维修分析在导弹武器装备维修工作中的应用研究[J]. 质量与可靠性,2012(1):10-13.

[21] 苏艳,戴顺安. 可靠性工程译著[M]. 北京:国防工业出版社,2018,12.

[22] 徐宗昌. 保障性工程[M]. 北京:兵器工业出版社,2002.

[23] 徐宗昌. 关于 CALS 战略的研究及对在我国推行 CALS 战略的有关问题探讨[R]. 北京:中国国防科学技术报告,1997.

[24] 朱兴动,等. 武器装备交互式电子技术手册——IETM[M]. 北京:国防工业出版社,2009.

[25] 徐宗昌. 装备 IETM 研制工程总论[M]. 北京:国防工业出版社,2012.

[26] 徐宗昌. 装备 IETM 的互操作性与交互性[M]. 北京:国防工业出版社,2014.

[27] 雷育生. IETM 技术体系研究[D]. 北京:装甲兵工程学院,2010.

[28] 朱兴动,等. 武器装备交互式电子技术手册[M]. 北京:国防工业出版社,2009,12.

[29] International Specification for Technical Publications Utilizing a Common Source Data Base 2.3[S]:ASD/ATA S1000D,2007.

[30] International Specification for Technical Publications Utilizing a Common Source Data Base 4.0[S]:ASD/AIA/ATA,2000.

[31] 杜勇智. XML 数据库技术在 IETM 中的应用研究[D]. 北京:装甲兵工程学院,2006.

[32] 张宝珍. 预测与健康管理技术的发展与应用[J]. 测控技术,2008,27(2):5-7.

[33] 曾声奎,吴际. 故障诊断与健康管理(PHM)技术的现状与发展[J]. 航空学报,2005,26(5):626-632.

[34] Andrew Hess,Giulio Calvello,et al. PHM the Key Enable for the Joint Strike Fighter(JSF) Autonomic Logistics Support Concept[C]. Proceedings of the 58th Meeting of the Society for MFPT. April 25-30,2004.

[35] 刘志伟,刘锐,徐劲松. 复杂系统故障预测与健康管理(PHM)技术研究[J]. 计算机测量与控制,2010,18(12):2687-2689.

[36] Pecht M G. Prognostics and Health Management of Electronics[M]. New York:Wiley-Interscience,2008.

[37] 彭宇,刘大同,彭喜元. 故障预测与健康管理技术综述[J]. 电子测量与仪器学报,2010,24(1):1-9.

[38] 梁旭,李行善,张磊,等. 支持视情维修的故障预测技术研究[J]. 测控技术,2007,26(6):5-8.

[39] 张宝珍,曾天翔. PHM:实现 F-35 经济可承受性目标的关键使能技术[J]. 航空维修与工程,2005(6).

[40] 苏建军,朱红,刘继伟,等. 便携式维修检测组合(PMA-PIP)系统的设计[J]. 计

算机测量与控制,2009,17(12):2394-2396.

[41] 朱来辉,曹炜,张珏. PMA 及其国内外研究现状综述[J]. 装备制造技术,2012(6):270-272.

[42] 宋博林. 可穿戴设备的现状和未来发展方向概述[J]. 硅谷,2014(8):9-10.

[43] 张宝珍,曾天翔. 便携式维修辅助设备及其在美军装备中的应用[J]. 测控技术,2002,21:55-59.

[44] 孟飞,吕永健. 飞机维修保障中开发和应用 PMA 的几点思考建议[J]. 航空维修与工程,2008(4):44-47.